毫无障碍学Python

邓文渊　著

中国水利水电出版社
www.waterpub.com.cn
·北京·

内 容 提 要

这不是一本普通的Python教材。本教材经过了精心的设计，基础知识系统完整，案例设计流行、精彩但又经过精心技术处理，突出了精、新、小、实的特点。

本书编写之前，作者先深入分析了Python语言的核心应用领域内及企业应用热点，从而抽象并亲自开发出爬虫（网络数据抓取）、大数据分析、人脸及验证码破解（图像识别）、绘图、游戏开发等综合应用案例，然后再把这些案例中涉及的知识点进行整理列表以及系统性设计及完整性扩充，从而形成了本书的基础架构。本书针对每个知识点又独立设计了"最小化"实例。这样，不管是基础知识教学还是综合案例教学，都保证了易教性、易学性、实用性的特点。

本书特别适合于Python高校大数据、人工智能、云计算等相关专业的教材使用。

图书在版编目（ＣＩＰ）数据

毫无障碍学Python / 邓文渊著. -- 北京 : 中国水利水电出版社, 2017.9（2018.3 重印）
ISBN 978-7-5170-5834-2

Ⅰ. ①毫… Ⅱ. ①邓… Ⅲ. ①软件工具－程序设计 Ⅳ. ①TP311.561

中国版本图书馆CIP数据核字(2017)第221280号

责任编辑：周春元　　加工编辑：孙　丹　　封面设计：梁　燕

书　　名	毫无障碍学 Python HAO WU ZHANGAI XUE Python
作　　者	邓文渊　著
出版发行	中国水利水电出版社 （北京市海淀区玉渊潭南路 1 号 D 座　100038） 网址：www.waterpub.com.cn E-mail：mchannel@263.net（万水） sales@waterpub.com.cn 电话：（010）68367658（营销中心）、82562819（万水）
经　　售	全国各地新华书店和相关出版物销售网点
排　　版	北京万水电子信息有限公司
印　　刷	三河市鑫金马印装有限公司
规　　格	170mm×230mm　16 开本　20.75 印张　328 千字
版　　次	2017 年 9 月第 1 版　2018 年 3 月第 2 次印刷
印　　数	3001—5000 册
定　　价	58.00 元（附 1 张 DVD）

前　言

●关于Python

爬虫、云计算、大数据、人工智能等，对于每一个身处上述热点领域中的开发者而言，如果说有一个共同的、无法忽视的存在，那一定是Python。

Python是一种编程语言，翻译过来为“大蟒蛇”之意。在众多开发语言中，在众多开发领域中，Python能够脱颖而出，一定有它内在的原因。

Python是一种面向对象的语言。所以它具备了面向对象语言所具备的所有优点，如可复用性、可移值性、可扩展性等。

Python是一种解释型编程语言。Python代码的运行无须编译即可运行。这虽然谈不上是Python语言的优点，甚至可能导致运行效率较低，但对于初学者来说，无论是从理解上还是从程序的运行过程上，还是比较简单的。

……

这是Python流行的根本原因吗？上述每一个特点，我们似乎都能找到比Pyhton表现更加突出的竞争对手。笔者认为，Python的火，根本原因应该在于它的易用性和易学性。易用是根本，易学是前提。怎么理解呢？

●关于Python的易用性

简单来讲，易用性就是指某种语言能不能轻松地解决复杂程序的开发问题。

突然想到一个老掉牙的造车问题。我们可以自己制作每一个轮子，我们可以自己制造每一台发动机，但显然，这样造车的一般结果是车未造成身先死。

程序开发也是一样。我们开发一个应用程序，尤其是复杂程序，如果每一行代码都要我们自己编写，那就太痛苦了。

是不是有众多可选的功能模块（当然你也可以叫包、组件等），是要花钱还或是花多少钱能够获得这些模块，是选择使用哪种语言的决定性因素。

而Python语言可选的功能组件丰富、开源、免费。而恰是由于在网络数据抓取、图像识别、人工智能等热点领域，Python的功能组件尤其丰富，才造就了其在这些领域的流行和炙手可热。

●关于Python的易学性

我们都知道用C语言做底层开发，很需要技术，工资也很可观，但为什么不都去学C呢？

光一个指针，80%的学习者就英勇就义了吧。所以，只好用不好学的语言，问题很大。

那Python是好学的吗？貌似大家都说是。作为过来人，本人对此观点深表不赞同！谁学谁知道。

解决Python语言的易学性，从而让众多读者享用Python的易用性，正是本书编写的核心目标。

●本书特点

首先说，这不是一本普通的Python教材。本书的编写经过了长时间的精心设计。我们说说本书的大概设计过程。

本书编写之前，作者先深入分析了Python语言的核心应用领域及企业应用热点，从而抽象并亲自开发出爬虫（网络数据抓取）、大数据分析、人脸及验证码破解（图像识别）、绘图、游戏开发等综合应用案例。本书的基础知识点都是由案例涉及的知识点整理，并在此基础上进行系统性及完整性设计而成。

所以本书基础知识的系统性与完整性自不必说。

另外，本书针对每个知识点又独立设计了“最小化”实例。这样，教师授课时可以一点一例，学生学习时处处可操作，保证了易教、易学的特点。

很多读者也许经常看见“网络爬虫”方面的书。常规来说，光一个网络爬虫，的确可以写一本书了。

有读者不免疑问，本书涉及了爬虫、图像识别等很多热点领域，那到底我们能不能真正把案例做出来呢？

这正是本书的难能可贵之处。本书的案例都是作者亲自开发，经过了简化优化，既保证了核心知识对应功能的实现，又突出了精、新、小、实的特点。所以，读者可以在有限有时间内学到不同的热门应用。

好讲、好学、无障碍、学而有用是本书最大的特点。

本书特别适合作为高校大数据、人工智能、云计算等相关专业的教材使用。

SUPPORTING MEASURE

学习资源说明

为了确保您在学习本书内容时能得到完整的学习效果，并能快速练习或观看范例效果，本书在光盘中提供了许多相关的配套内容供读者练习与参考。

光盘内容

1. **本书范例**：将各章范例的完成文件依章节名称放置各文件夹中。

2. **教学影片**：在应用程序开发过程中的许多学习重点，有时通过教学视频影片的导引，会胜过阅读大量的说明文字。作者特别将书本中较为繁琐但在操作上十分重要的地方，录制成教学视频。读者可以根据观看视频中的一些操作，再搭配书中的说明进行学习，可起到事半功倍的效果。

本书配有教学视频的章节，在目录上会有一个视频的图标。

专属网站资源

为了加强读者服务，并持续更新书上相关的内容，我们特提供本书的相关资源，读者可以从文章列表中获取相关的勘误或其它的相关信息。

藏经阁专栏　http://blog.e-happy.com.tw/?tag=程序特训班

程序特训班粉丝团　https://www.facebook.com/eHappyTT

注意事项

本光盘内容是供读者自我练习以及培训机构教学之用，版权分属于文渊阁工作室与提供原始程序的公司所有，请勿复制本光盘作其他用途。

CONTENTS

本书目录

Chapter 10

实战：人脸识别及验证码图片破解 205

Chapter 11

实战：Firebase 实时数据库应用 231

Chapter 01

轻松配置 Python 开发环境

Python 编程语言是一种面向对象的解释型编程语言。据权威机构统计，Python 与 C、Java 目前位居最受欢迎编程语言的前三名。

Python 可在多平台开发及运行，本书以 Windows 系统作为开发平台，并以 Anaconda 开发套件做为开发环境，此开发环境不但包含超过 300 种常用的科学数据分析组件，还内建了 Spyder（IDLE 编辑器的加强版）编辑器及 Jupyter Notebook 编辑器。

Spyder 作为开发 Python 程序的编辑器，除了可以编写及运行 Python 代码，还具有智能输入及强悍的程序调试功能。

1.1 Python 编程语言简介

Python 编程语言的创始人是吉多范罗苏姆（Guido van Rossum），它是一种面向对象、编译型编程语言。据一些较权威的机构（如 IEEE、CodeEval）统计，Python 与 C、Java 目前位居最受欢迎的程序语言前三名。

1.1.1 Python 发展史

20 世纪 80 年代，IBM 和苹果公司掀起了个人电脑的浪潮，但这些个人电脑的配置很低，早期的苹果个人电脑只有 8MHz 的 CPU 频率和 128KB 的内存空间，因此当时编写程序的主要工作是优化程序，以便让程序能够运行。为了提高程序的运行效率，当时的编程语言（如 C、Pascal 等）也迫使程序员要像计算机一样思考，以便能写出更符合机器口味的代码，这些代码对人类来说却是非常的晦涩难懂。

1989 年 12 月，吉多范罗苏姆（Guido von Rossum）在荷兰国家数学及计算机科学研究所开发出了 Python 语言。Python 拥有 C 语言的强大功能，能够全面调用计算机的各种功能接口，易学易用又具备良好的扩展性，受到广大开发者喜爱。

Python 2.0 于 2000 年 10 月 16 日发布，实现了完整的垃圾回收功能，并且支持 Unicode。同时，整个开发过程更加透明，其在社区影响逐渐扩大。

Python 3.0 于 2008 年 12 月 3 日发布，此版本不完全兼容之前的 Python 代码。不过，很多新特性后来也被移植到了旧的 Python 2.x 版本。

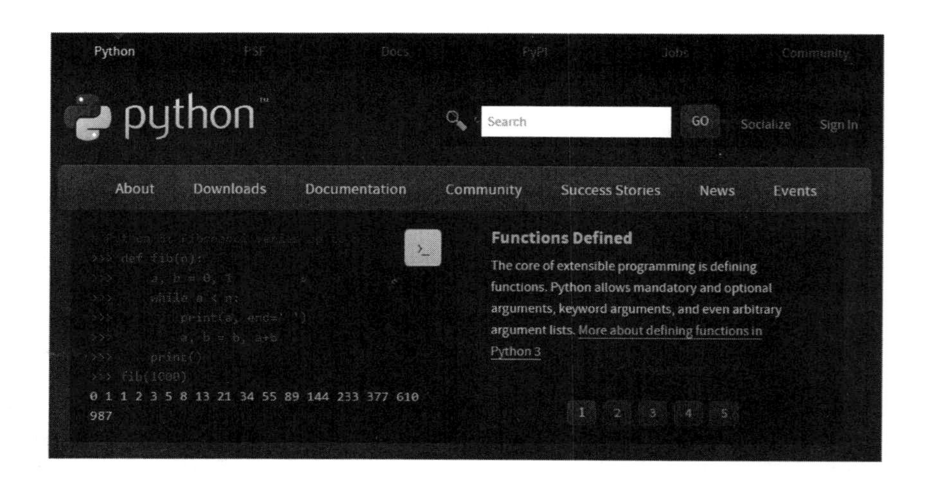

1.1.2 Python 特色

Python 语言受到如此多开发人员的青睐，当然有其独到之处。下面我们详述一下 Python 语言的特色，让读者了解 Python 的威力与定位，从而坚定大家学习并使用 Python 的决心。

- 简单易学：Python 的语法很简单，一个具有良好可读性的 Python 程序就像读英语一样，虽然 Python 的语法要求比较严格，但能够让大家学习时更专注于解决问题而不是语言本身。
- 免费且开源：Python 是一种开源语言，其源码是自由且开放的。换句话说，你可以自由地发布这个软件的拷贝、阅读源码、修改源码，或者把它的一部分用在新的开源软件中。
- 高级编程语言：Python 是一种高级编程语言，开发人员编写程序时，无须考虑底层细节，比如如何管理内存等。
- 移植性强：由于 Python 的开源特性，Python 可以被移植到许多平台。如果开发者在开发过程中谨慎地避免使用依赖于系统的特性，那么 Python 程序无须修改就可以在下列平台上运行：Linux、Windows、FreeBSD、Macintosh、Solaris、OS/2、Amiga、AROS、AS/400、BeOS、OS/390、z/OS、Palm OS、QNX、VMS、Psion、Acom RISC OS、VxWorks、PlayStation、Sharp Zaurus、Windows CE。
- 解释型程序语言：Python 语言写的程序不需要编译成二进制代码，而是可以直接运行源码。在计算机内部，Python 解释器会把源码转换成字节码的中间形式，然后再把它翻译成计算机使用的机器语言并运行，这也使得 Python 程序更加易于移植。
- 可嵌入性：Python 语言可与 C 语言互相嵌入运用。设计者可以将部分程序用 C 或 C++ 编写，然后在 Python 程序中使用它们；也可以把 Python 程序嵌入到 C 或 C++ 程序中。
- 丰富的套件：Python 提供了许多内置的标准套件，以及许多第三方的高质量套件。它可以帮助你处理各种工作，包括正则表达式、单元测试、数据库、浏览器、CGI、FTP、电子邮件、XML、XML-RPC、HTML、加密系统、GUI（图形用户界面）等。

1.2 内置的 Anaconda 开发环境

Python 可在多种平台开发运行，本书以 Windows 系统作为开发平台。

Python 的系统内置 IDLE 编辑器可编写及运行 Python 程序，但其功能过于简单，本书以 Anaconda 套件组作为开发环境，不但包含超过 300 种常用的科学及数据分析套件，还内置了 Spyder（IDLE 编辑器加强）编辑器及 Jupyter Notebook 编辑器。

1.2.1 安装 Anaconda 套件

Anaconda 是最优秀的的 Python 开发环境，它具备以下特点：

- 内建了很多流行的科学、工程及数据分析工具。
- 完全免费及开源。
- 支持 Linux、Windows 及 Mac 平台。
- 支持 Python 2.x 及 3.x，且可自由切换。
- 内建 Spyder 编辑器。
- 内建 jupyter notebook 编辑器。

安装 Anaconda 的步骤如下：

Step 1 在浏览器打开 Anaconda 官网 https://www.continuum.io/downloads 下载页面，在 DOWNLOAD ANACONDA NOW 下方单击 Windows 图标。

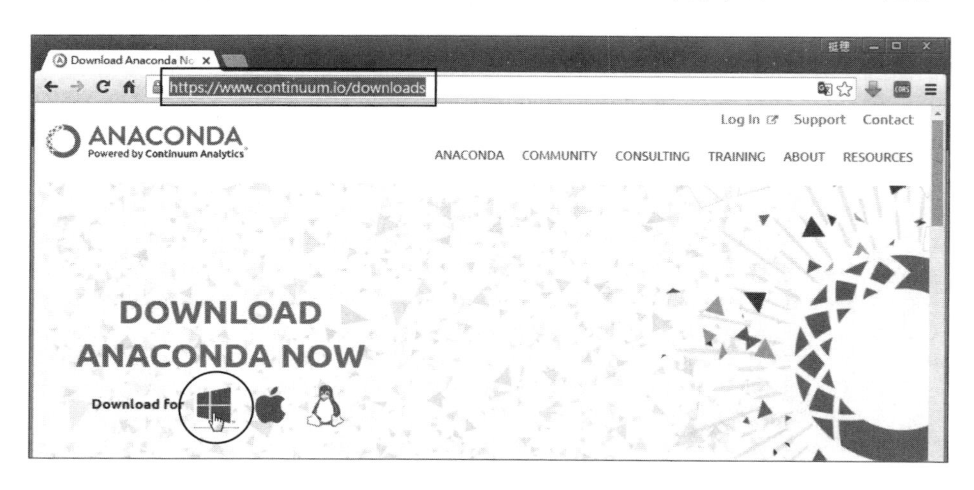

Step 2 下载文件分为 Python 3.x、Python 2.x 及 64 位、32 位四种版本，用户根据需要单击适当版本（本书范例在 Python 3.5 环境下操作）。

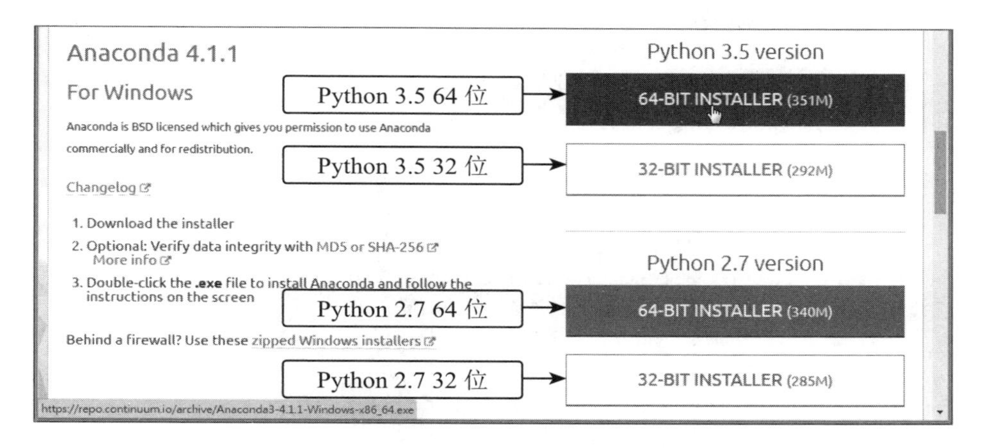

Step 3 下载后双击 Anaconda3-4.1.1-Windows-x86_64.exe 文件开始安装，在开始页面单击 Next 按钮，然后在授权页面单击 I Agree 按钮。

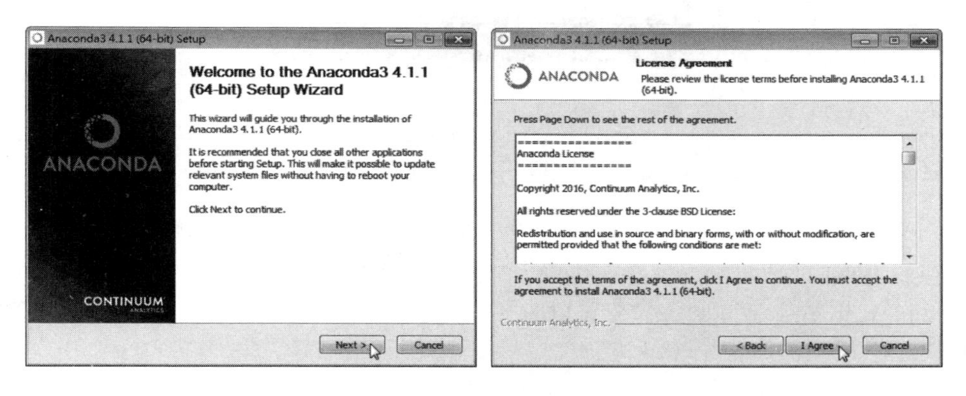

Step 4 连续单击两次 Next 钮后，在设置页面单击 Install 按钮开始安装。

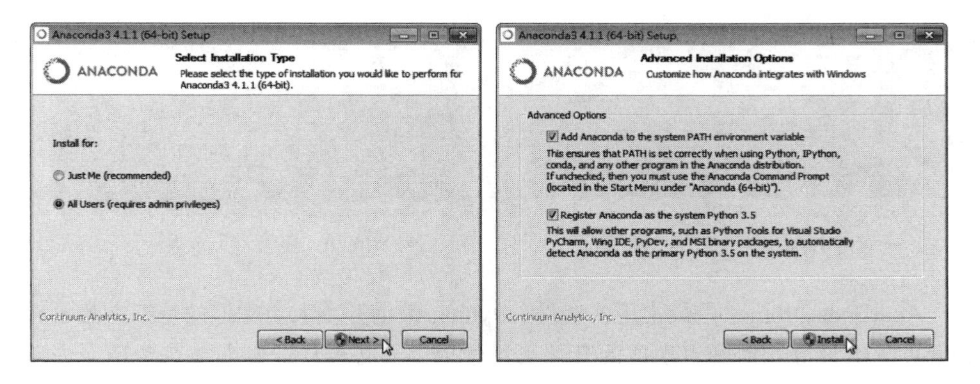

Step 5 安装需要较长一段时间才能完成。安装完成后，在“开始 / 所有程序”下的 Anaconda 3 中可以看到 8 个项目，较常用的是 Anaconda Prompt、IPython、Jupyter Notebook 及 Spyder。

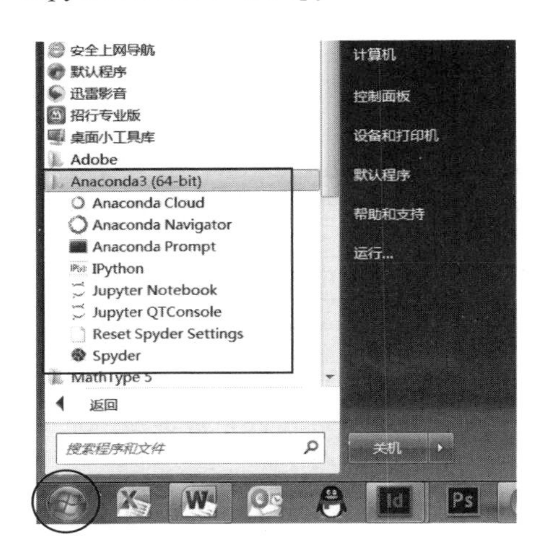

1.2.2 Anaconda Prompt 套件

Anaconda Prompt 命令窗口类似 Windows 的命令提示字符，在提示符下输入命令后按 Enter 键即可运行。Anaconda Prompt 命令窗口标题栏显示的是“Anaconda Prompt”，以示与 Windows 命令窗口的区别。Anaconda Prompt 命令窗口下提示符的默认路径为“C:\Users\ 计算机名称”。

单击“开始 / 所有程序 /Anaconda3 (64-bit)/Anaconda Prompt”命令即可打开 Anaconda Prompt 命令窗口。

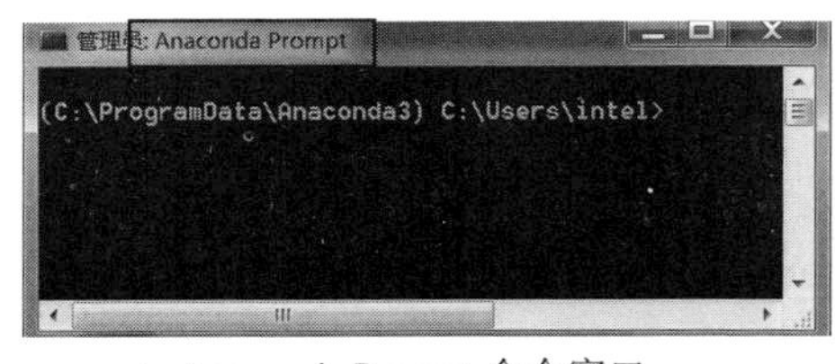

▲ Anaconda Prompt 命令窗口

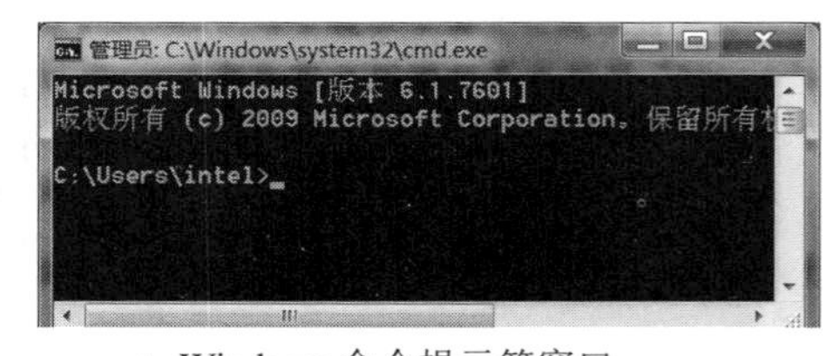

▲ Windows 命令提示符窗口

Anaconda Prompt 是最常用的套件。Python 最为开发人员称道的是拥有数量庞大的套件，大部分功能都有现成的套件可以使用，不必再让开发人员花费精力去自行开发。由于安装 Anaconda 时已安装了许多常用套件，开发人员要使用新套件时，可以先检查系统中是否已安装，以避免重复安装。

显示 Anaconda 已安装套件的命令为：

```
conda list
```

命令窗口会按照字母顺序列出已安装的套件名称及版本：

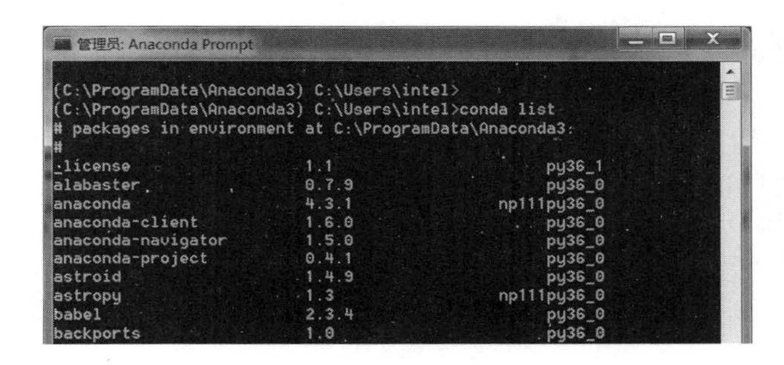

如果确定套件已安装，为确保套件是最新版本，可运行更新套件命令进行更新：

```
conda update 套件名称
```

例如，要更新 ipython 套件，命令如下：

```
conda update ipython
```

若套件未安装，则可手动进行安装。安装套件的命令有三种，第一种命令为：

```
conda install 套件名称
```

例如，安装“numpy”套件：

```
conda install numpy
```

安装界面与更新套件相同，会先搜寻套件并显示套件信息，然后输入“y”开始安装。

第二种命令为：

```
pip install 套件名称
```

第三种命令为：

```
easy_install 套件名称
```

安装套件命令

多数套件可用上述三种安装命令中的任何一种来安装，但某些套件只能使用特定安装命令才能安装，建议尝试安装命令的顺序为 conda、pip、easy_install。

对于用这三种安装命令都无法顺利安装的套件，就要到该套件的官网上查看详细信息了，然后再根据说明进行安装套。

若确定所装套件不会再用，可以将其删除以节省空间并提高速度。删除套件的命令为：

```
conda uninstall 套件名称
```

例如，我们要删除“numpy”套件：

```
conda uninstall numpy
```

easy_install 命令

pip命令的语法与conda完全相同，只需将conda改为pip即可，例如用pip命令删除套件的命令为“pip uninstall 套件名称”。

easy_install 命令的更新和删除套件功能则是通过参数的方式来实现。easy_install 的更新套件命令为:

```
easy_install -U 套件名称
```

注意“U”为大写。

easy_install 的删除套件命令为:

```
easy_install -m 套件名称
```

1.2.3 在命令窗口运行你的第一个 Python 程序

用户可以在 Anaconda Prompt 命令窗口中运行 Python 程序。

打开本书所附光盘中第 1 章的 sum.py 小程序，可以看到其中的程序代码为：

```
a=12
b=34
sum=a+ b
print(" 总和 = " + str(sum))
```

运行结果为："总和 = 46"（详细的程序讲解请参考本书第 2 章）。

一般情况下，我们会先把光盘内容复制到 D:\pythonex 文件夹，这样，sum.py 文件的路径为：d:\pythonex\ch01\sum.py 。此时，我们可以在 Anaconda Prompt 命令窗口中运行通过下面的 Python 命令来运行该程序：

```
python d:\pythonex\ch01\sum.py
```

运行结果如下左图。

需要重复运行同一个文件夹中的多个 Python 文件，若每次都输入完整路径会非常麻烦，此时我们可先切换到该文件夹，直接通过"python 文件名"命令就可运行。如下右图。

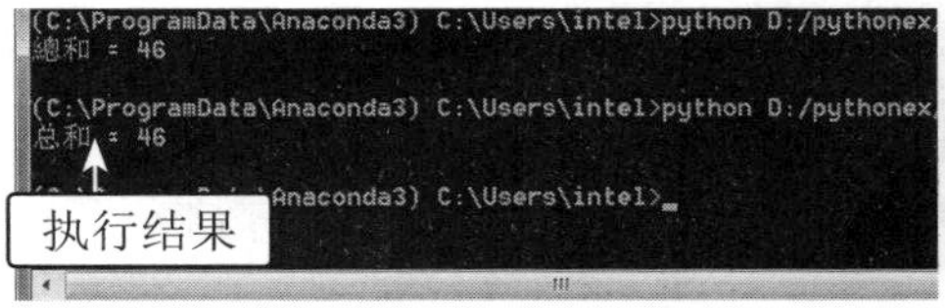

(C:\ProgramData\Anaconda3) C:\Users\intel>python D:/pythonex
總和 = 46

(C:\ProgramData\Anaconda3) C:\Users\intel>python D:/pythonex
总和 = 46

Anaconda3) C:\Users\intel>_

执行结果

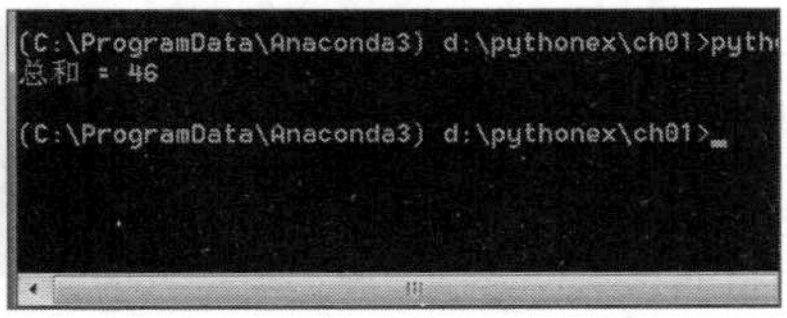

(C:\ProgramData\Anaconda3) d:\pythonex\ch01>pyth
总和 = 46

(C:\ProgramData\Anaconda3) d:\pythonex\ch01>_

1.2.4 用 Anaconda Prompt 建立虚拟环境

Python 2.x 程序与 Python 3.x 并不完全兼容，也就是 Python 2.x 的程序文件不一定能在 Python 3.x 环境下运行。我们在 1.2.1 节的安装 Anaconda 时选择了 Python 3.x 环境，那怎样才可以运行 Python 2.x 程序呢？难道要再安装一套 Python 2.x 环境的 Anaconda 吗？完全不需要，通过建立 Anaconda 虚拟环境即可解决此问题。

Anaconda 虚拟环境可以生成全新的 Python 环境，而且创建虚拟环境的数量也没有限制，用户可根据需求建立多个虚拟环境。建立指定 Python 版本虚拟环境的命令为：

```
conda create -n 虚拟环境名称 python= 版本 anaconda
```

Python 2.x 虚拟环境的版本号为为"2*"; Python 3.x 虚拟环境的版本号为"3*"。

例如，要建立名为 python27env、版本为 2.x 的 Python 虚拟环境（最好取有意义的名称，python27 表示要建立的是 Python 2.7 版本，env 表示虚拟环境）：

```
conda create -n python27env python=2* anaconda
```

建立虚拟环境需要较长的时间（约数十分钟），占用的硬盘空间也较大（约 1 ～ 1.5GB）。虚拟环境的实体位置位于 Anaconda 安装目录的 envs 文件夹中，虚拟环境所有文件会存放在以虚拟环境名称命名的文件夹中。

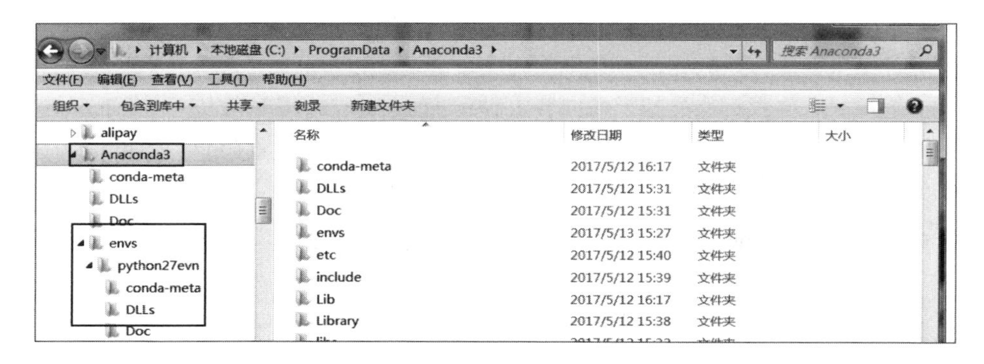

切换到虚拟环境的命令为：

```
activate 虚拟环境名称
```

例如，我们要切换到 python27env 虚拟环境：

```
activate python27env
```

通过 Anaconda Prompt 命令窗口中每行的提示文字可判断当前处于哪一个 Python 版本的环境：

虚拟环境中的各种操作的方式与 Anaconda 环境完全相同。

Anaconda 建立虚拟环境时会在程序集中按虚拟环境名称建立各种快捷方式，以方便使用各种虚拟环境功能，如下图所示。

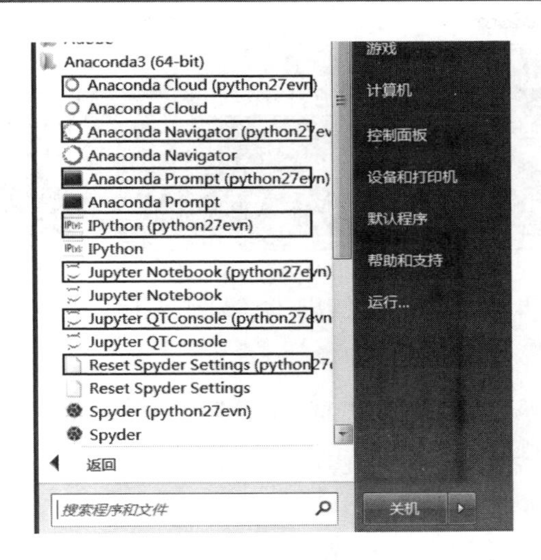

所以，我们通过直接运行“开始 / 所有程序 /Anaconda3(64-bit)/Anaconda Prompt (python27env)”，同样可以打开 python27env 虚拟环境的 Anaconda Prompt 命令窗口。

关闭虚拟环境并返回原来的 Python 环境的命令为：

```
deactivate
```

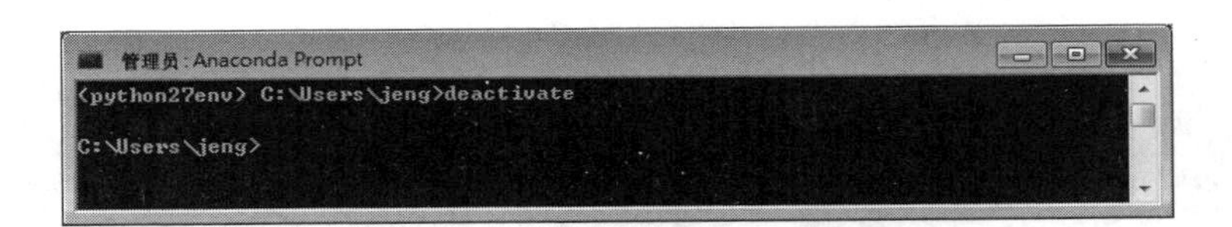

有时候，我们可能需要测试一些功能套件或程序，但又担心会破坏现有 Python 环境，从而造成无法恢复的情况，那么我们可以在 Anaconda 中建立一个与现有 Python 环境完全相同的虚拟环境来解决这个问题。复制现有 Python 环境的命令为：

```
conda create -n 虚拟环境名称 --clone root
```

例如，建立与现有 Python 环境相同的名为 Anaconda35Test 的虚拟环境：

```
conda create -n Anaconda35Test --clone root
```

建立多个虚拟环境后，可使用下列命令查看所有虚拟环境名称：

```
conda info -e
```

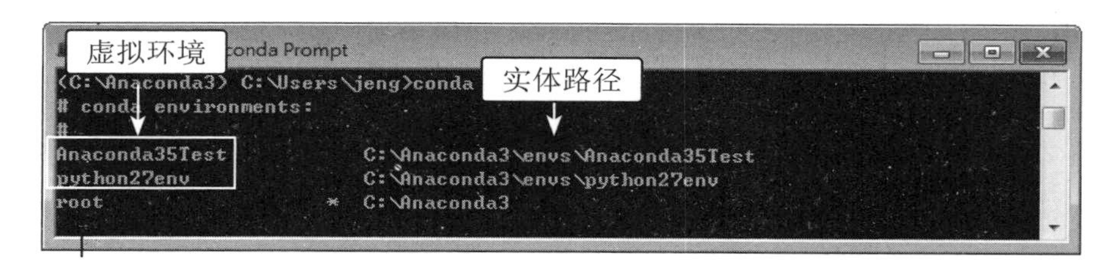

若是虚拟环境不再使用，可通过以下命令将其删除，：

```
conda remove -n 虚拟环境名称 --all
```

例如，通过以下命令可删除 python27env 虚拟环境：

```
conda remove -n python27env --all
```

1.2.5 IPython 交互式命令窗口

IPython 命令窗口是 Python 命令窗口的加强版。在 Ipython 中，我们可用交互模式实时运行所输入的 Python 程序代码。

运行“开始 / 所有程序 /Anaconda3(64-bit)/IPython”，即可打开 IPython 命令窗口，在 IPython 命令窗口中输入 Python 程序代码，按 Enter 键将立刻运行并显示运行结果。

```
IPython: C:intel/Documents
Python 3.6.0 |Anaconda custom (64-bit)| (default, Dec 23 2016, 11:57:41) [MSC v.
1900 64 bit (AMD64)]
Type 'copyright', 'credits' or 'license' for more information
IPython 6.0.0 -- An enhanced Interactive Python. Type '?' for help.

In [1]: print("欢迎使用python")
欢迎使用python

In [2]:
```

输入程序代码后按 Enter 键

运行结果

每一列程序代码都具有延续性，例如下图为设置两个变量，再打印两数总和：

```
IPython: C:intel/Documents
In [6]: a=12

In [7]: b=34

In [8]: print("总和="+str(a+b))
总和=46
```

除了交互式运行程序代码外，IPython 命令窗口还提供了许多其它实用功能。

重复使用程序代码

如果要输入的程序代码与曾经输入过的程序代码相同，则可以通过修改曾经输入过的代码来实现。按“↑”键可显示上一行程序代码，按“↓”键可显示下一行程序代码，找到程序代码后加以修改，按 Enter 键即可运行。

查看全部程序代码

当程序代码数量较多时，常会忘记前面曾经输入过的程序代码，此时可通过 history 命令观看全部程序代码。

```
IPython: C:intel/Documents
In [9]: history
a=12
b=34
print("总和="+str(a+b))
history

In [10]:
```

全部程序代码

使用帮助

IPython 命令窗口提供了非常强大的帮助功能，我们只需在变量、命令、函数或套件等的名称后面加上“?”，就可以显示该项目的使用帮助。

```
IPython
In [6]: print?
Docstring:
print(value, ..., sep=' ', end='\n', file=sys.stdou

Prints the values to a stream, or to sys.stdout by
Optional keyword arguments:
file:  a file-like object (stream); defaults to the
sep:   string inserted between values, default a sp
end:   string appended after the last value, defaul
flush: whether to forcibly flush the stream.
Type:      builtin_function_or_method
```

▲ print 命令帮助

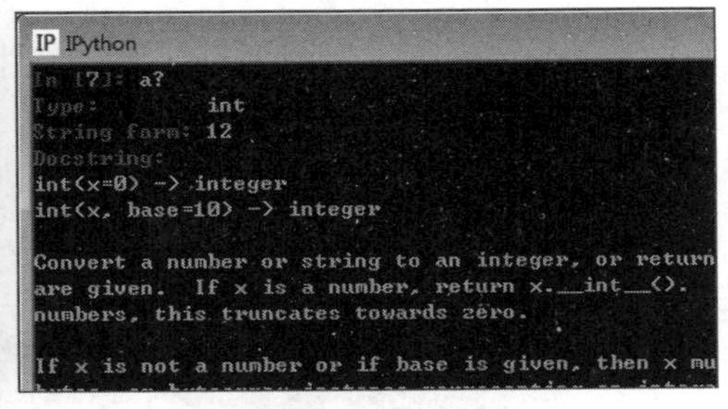

▲ 变量 a 的帮助

智能输入

我们在编写代码时，经常遇到的问题是输入错误，所以很多大型编辑软件都设计了智能输入的功能，这不但可加快输入速度，还可减少用户输入时产生的错误。IPython 命令窗口也有智能输入的功能，可用于变量、命令、函数、套件等的输入，可有效减少输入错误的发生。

用户在 IPython 命令窗口输入部分字符后按 Tab 键，如果包含输入字符的名称超过一个，系统会列出所有名称让用户参考，以便用户可以进行输入。例如输入“p”后按 Tab 键：

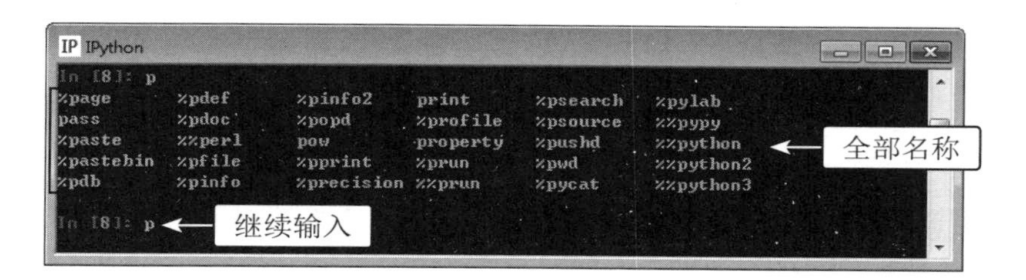

若包含输入字符的名称只有一个，系统就自动完成输入。例如继续输入“pri”后按 Tab 键，就自动完成 print 输入：

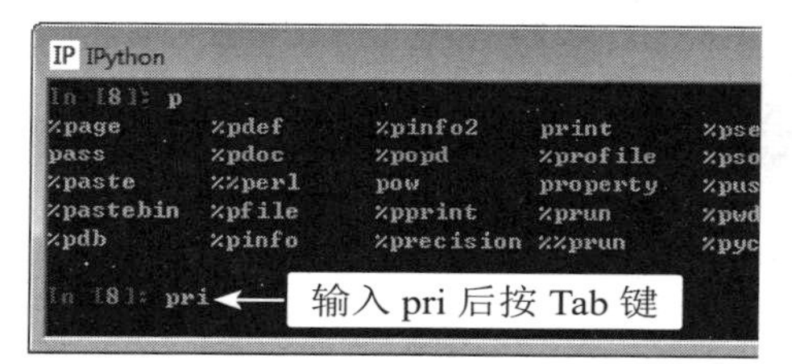

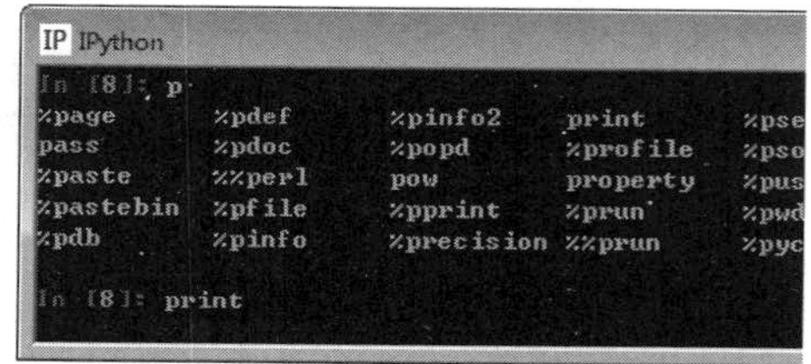

运行 Python 程序

IPython 命令窗口运行 Python 程序文件的命令为：

```
%run Python 程序文件路径
```

例如，运行“d:\pythonex\ch01”文件夹中的的 sum.py 文件：

```
%run d:\pythonex\ch01\sum.py
```

```
IPython: C:intel/Documents
In [10]: %run d:\pythonex\ch01\sum.py
总和 = 46
```

运行结果

1.3 Spyder 编辑器

Anaconda 内建了 Spyder 作为开发 Python 程序的编辑器。在 Spyder 中可以编写及运行 Python 程序，Spyder 也提供了智能输入及强悍的程序调试功能。另外，Spyder 还内建了 Python 命令窗口及 IPython 命令窗口。

1.3.1 启动 Spyder 编辑器及文件管理

运行“开始 / 所有程序 /Anaconda3 (64-bit)/Spyder”，打开 Spyder 编辑器。编辑器左上方为程序编辑区，可在此区域编写代码；右上方为对象、变量、文件浏览区；右下方为命令控制台区域，包含 Python 控制台窗口及 IPython 控制台窗口，在此区域可以用交互模式立即运行用户输入的 Python 程序代码。

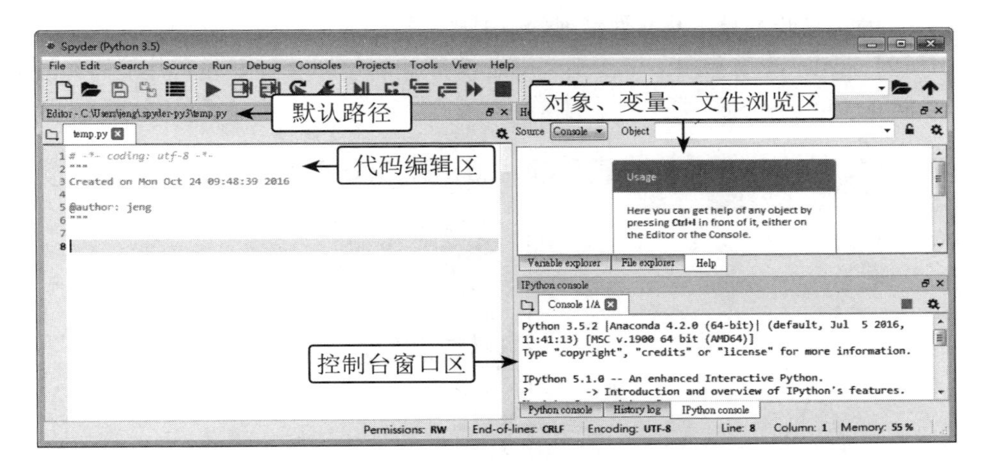

打开文件

启动 Spyder 后，默认打开的文件为“C:\Users\计算机名称\.spyder2-py3\temp.py”。若要建立新的 Python 程序文件，可运行 File/New file 或单击工具栏中的 按钮。编写代码的过程中要注意经常进行存盘操作。

要打开已存在的 Python 文件，可运行 File/Open 或单击工具栏中的 按钮，在 Open file 对话框中单击文件即可打开。

Spyder 还提供了两种快速打开文件的方法：一种是从文件管理器中把文件拖到 Spyder 代码编辑区，例如把文件 D:\pythonex\ch01\loop.py 拖到 Spyder 代码编辑区就可以打开该文件：

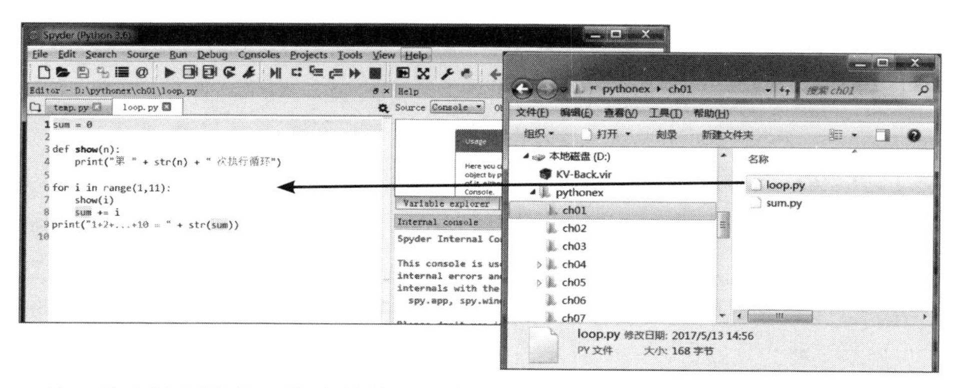

第二种方法更简单，从文件管理器中把文件拖到快速启动栏的 Spyder 图标，就会切换到 Spyder 应用程序，再拖到 Spyder 程序编辑区即会打开该文件。例如拖动 D:\pythonex\ch01\loop.py 文件：

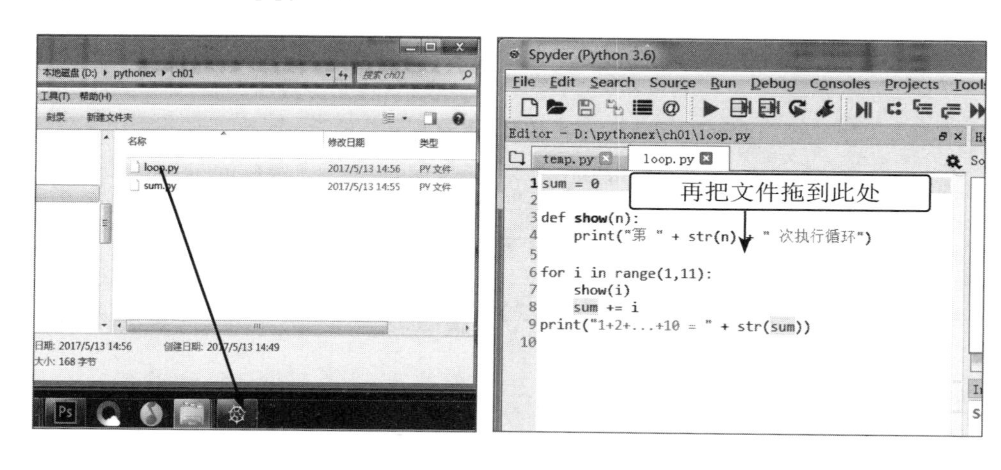

运行程序

从 Run 菜单下运行 Run 命令或单击工具栏中的▶按钮都可以运行程序，运行结果会在控制台窗口区显示。例如下图为 loop.py 程序的运行结果。

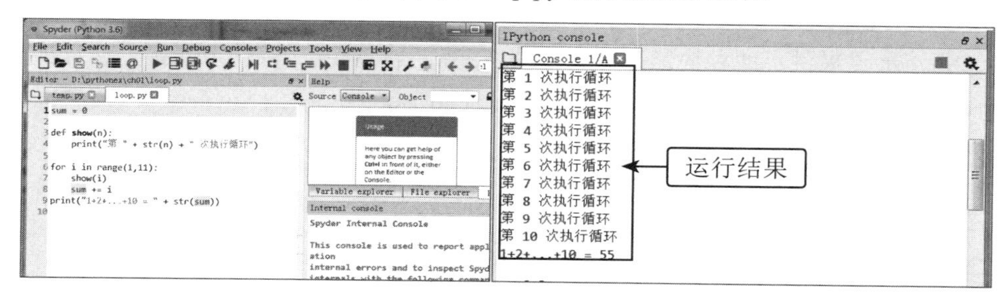

1.3.2 Spyder 智能输入

Spyder 的智能输入功能与 IPython 命令窗口类似，但操作方式比 IPython 命令窗口更方便。用户在 Spyder 程序编辑区输入部分文字后按 Tab 键，系统会列出所有可用的项目让用户选择。列出的项目中除了内置命令外，还包括自定义变量、函数、对象等。例如在 loop.py 程序中输入“s”后按 Tab 键：

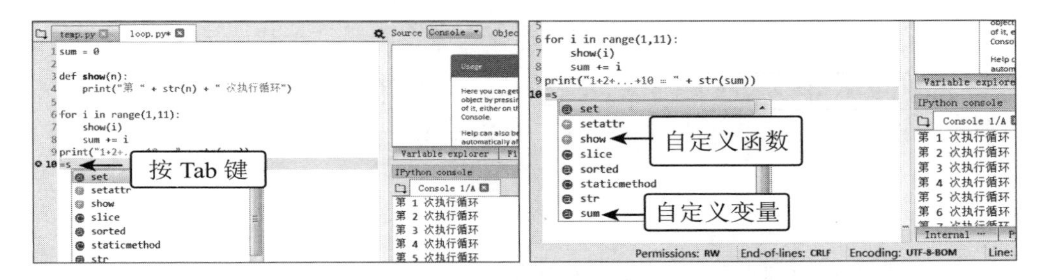

用户可按“↑”键或“↓”键上下移动进行选取，找到正确项目后按 Enter 键即完成了输入。例如输入“show”：

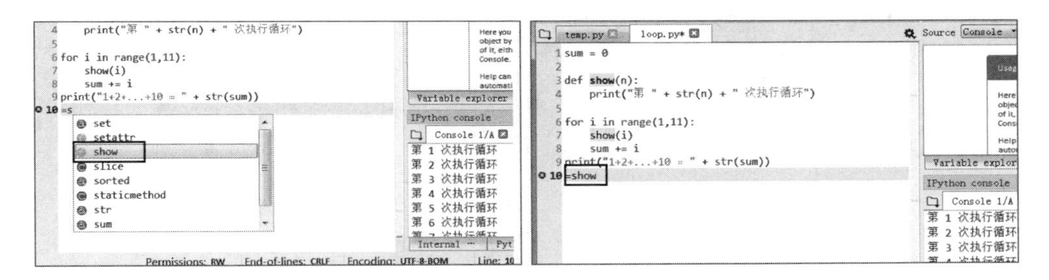

1.3.3 程序调试

如何调试代码一直是困扰开发人员的问题，如果没有良好的调试工具及技巧，面对较复杂的程序时将会束手无策。

在 Spyder 中输入 Python 程序代码时，系统会随时检查语法是否正确，若有错误会在该列程序左方显示 ⚠ 图标，将鼠标移到 ⚠ 图标，就会提示错误信息。

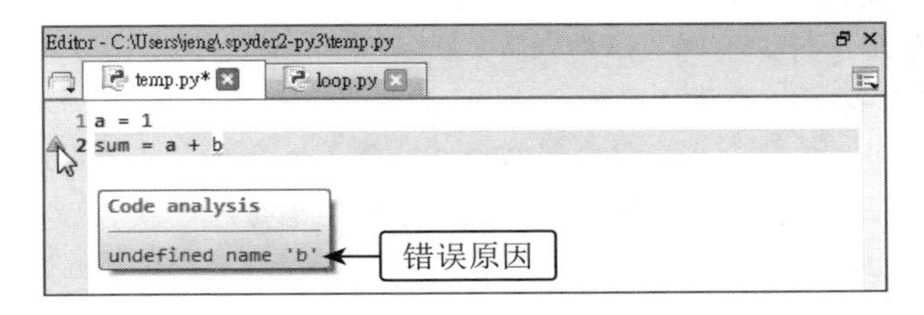

即使程序代码语法都正确，运行时仍可能发生一些无法预料的错误。Spyder 的排错工具相当强大，足以应对大部分排错需要。

首先，我们可以为程序设置断点，方法如下：单击要设置断点的程序行，按 F12 键，或者在要设置断点的程序行左方双击，程序行左方会显示红点，表示该行为断点。一个程序中可以设置多个断点。

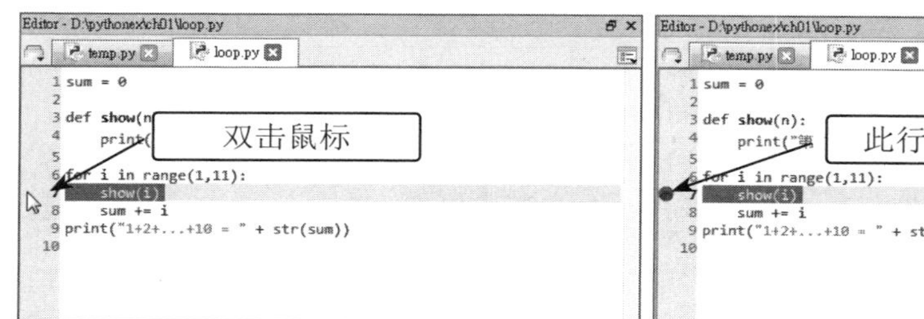

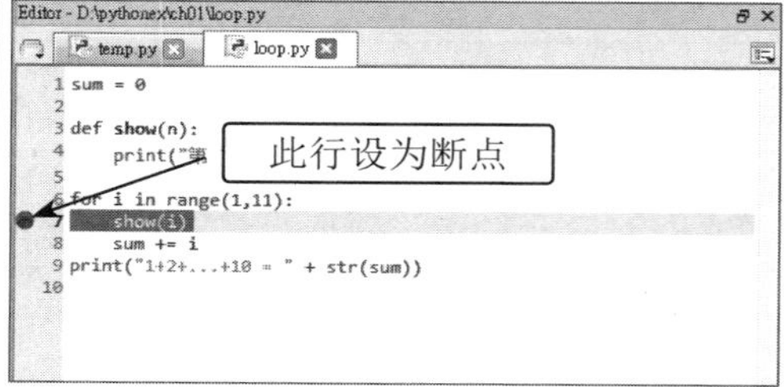

用调试模式执行程序：单击工具栏中的按钮会以调试模式执行程序，程序执行到断点时会停止（断点所在的行不执行）。此时，在 Spyder 编辑器右上方区域单击 Variable explorer 标签，会显示所有变量的当前值以便用户查看。

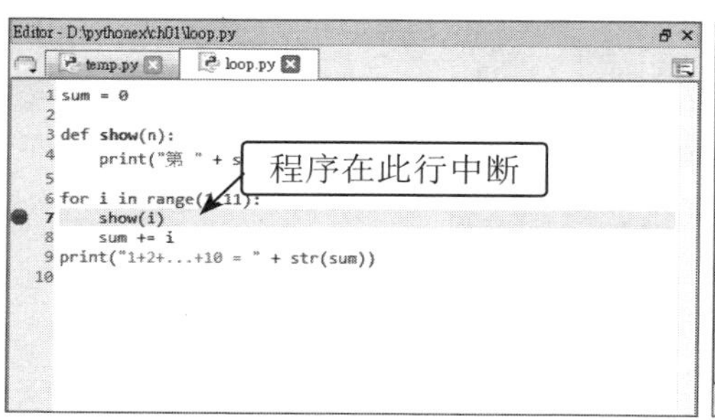

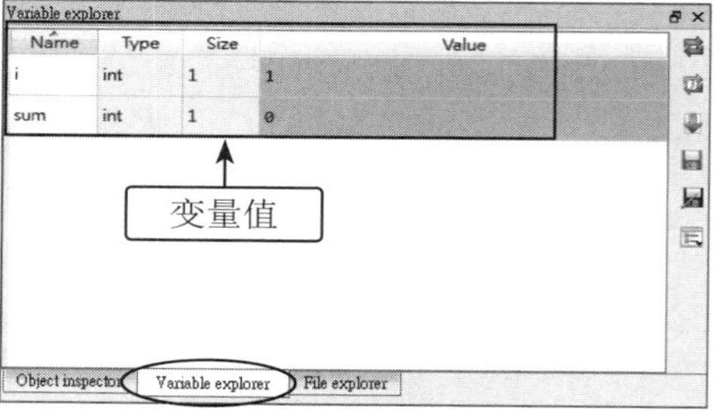

调试工具栏：在 Spyder 中调试工具栏中，可选择多种程序的运行方式，如单步运行、运行到下一个断点等，开发人员可根据需要进行选择，再结合变量值进行排错。

- ：以调试方式运行程序。
- ：单步运行，不进入函数。
- ：单步运行，会进入函数。
- ：程序继续运行，直到由函数返回或到下一个断点才停止运行。
- ：程序继续运行，直到下一个断点才停止运行。
- ：停止调试。

1.4 Jupyter Notebook 编辑器

Jupyter Notebook 是一个 IPython 的 Web 扩展套件，能让使用者在浏览器中编写及运行程序。

1.4.1 启动 Jupyter Notebook 及创建文件

运行“开始 / 所有程序 /Anaconda3 (64-bit)/Jupyter Notebook”，就可以在浏览器中打开 Jupyter Notebook 编辑器。从网址栏的“localhost:8888/”可知，这是系统在本机建立的一个网页服务器，默认的路径为 C:\Users\intel，下方会列出默认路径中所有文件夹及文件，新建的文件也会存于此路径中。右上方有 Upload 及 New 两个按钮：

- Upload：上传文件到默认路径中。
- New：新建文件或文件夹。

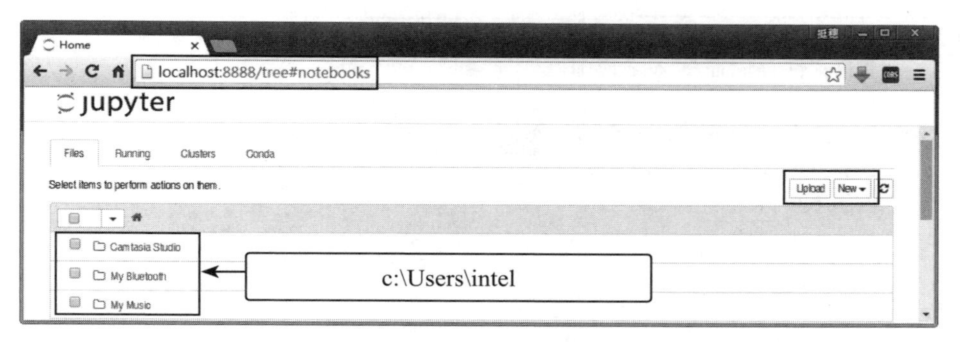

建立 Jupyter Notebook 文件：单击 New 按钮，在下拉列表框中单击 Python [Root] 选项，即可建立 Python 程序文件（TextFile 选项用于建立文本文件，Folder 选项用于建立文件夹）。

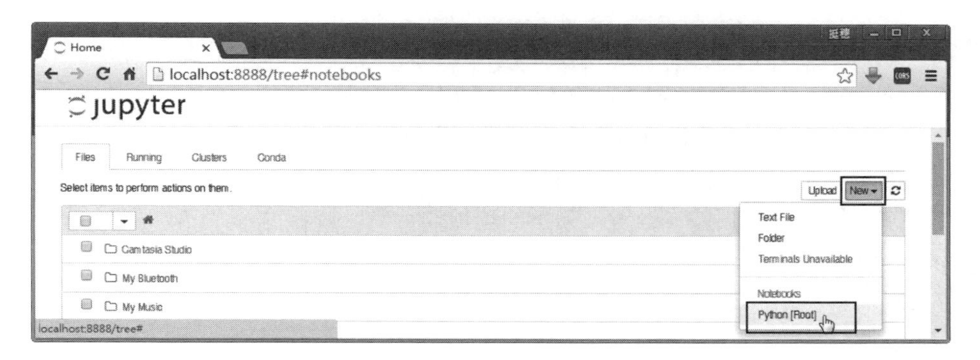

Jupyter Notebook 以 Cell 作为输入及运行单位，开发人员在 Cell 中编写及运行程序，一个文件可包含多个 Cell；建立新文件时，预设产生一个空 Cell 让开发人员输入程序代码。

默认文件名为 Untitled，单击文件名可进行修改，在 Rename Notebook 对话框中输入新文件名，单击 OK 按钮完成修改。

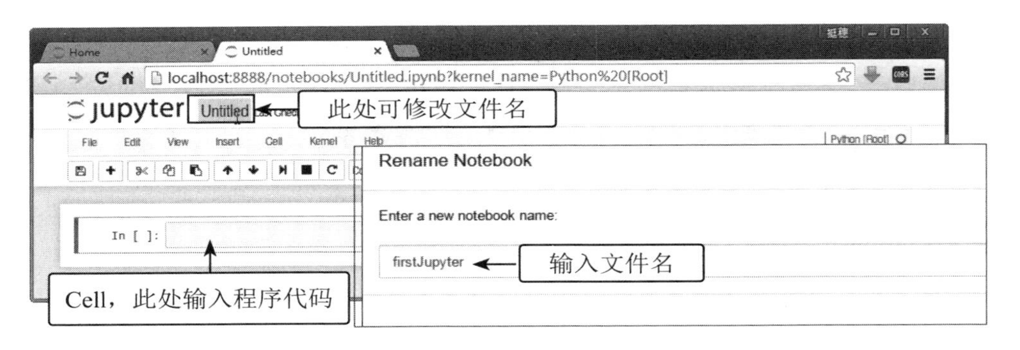

新建的文件存储在默认路径中。

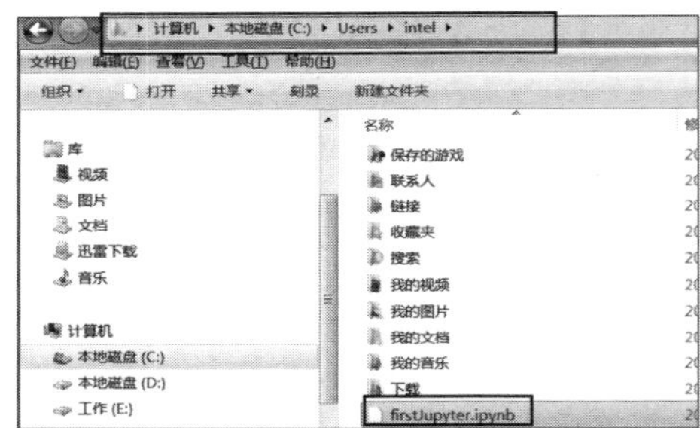

1.4.2 Jupyter Notebook 智能输入

Jupyter Notebook 智能输入功能与 Spyder 编辑器相似，但操作比 Spyder 编辑器更方便。用户在 Jupyter Notebook 的 Cell 中输入部分字符后按 Tab 键，系统会列出所有可用的选项让用户选取，所列出的选项会比 Spyder 编辑器更多（包括 IPython 命令）。例如输入“p”后按 Tab 键，列出的选项非常多，接着输入“r”，列出的就只剩下 pr 开头的选项：

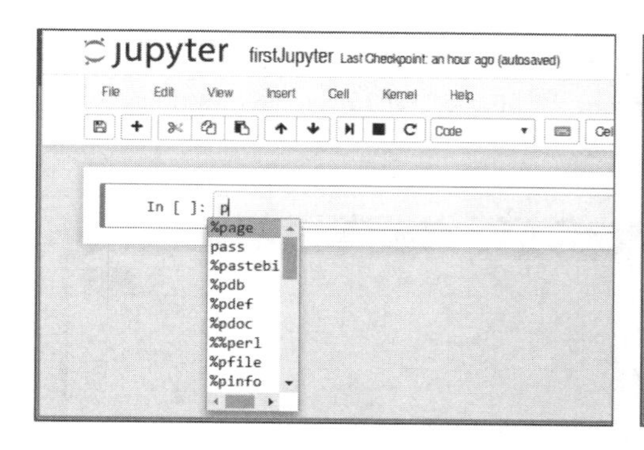

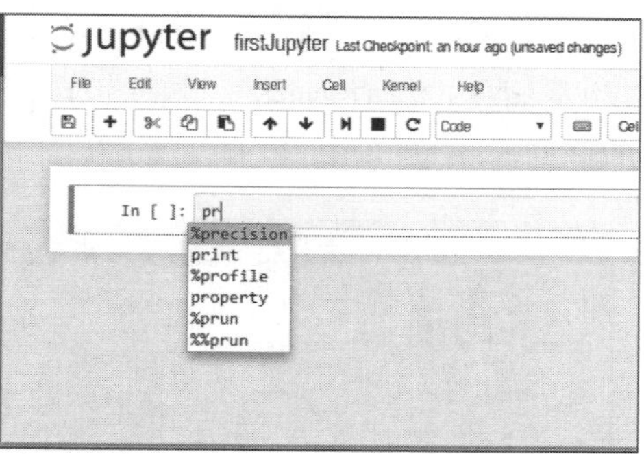

用户可通过“↑”键或“↓”键上下移动进行选取，找到正确选项后按 Enter 键就完成了输入。例如，我们要输入 print：

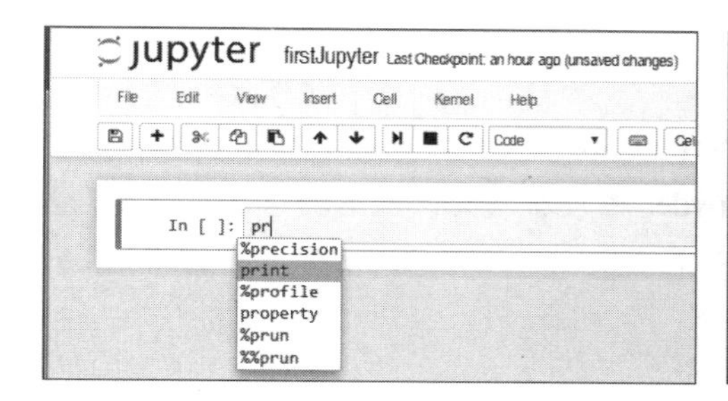

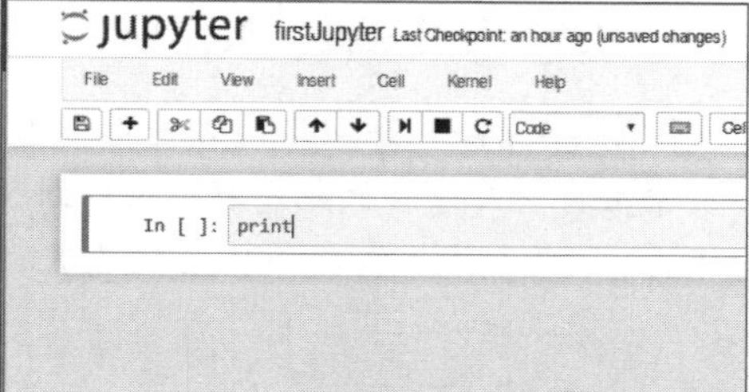

1.4.3 用 Jupyter Notebook 运行程序

Jupyter Notebook 有三种运行程序的方式：单击工具栏中的 ⏭ 按钮、按 Ctrl+Enter 或 Shift+Enter 组合键。运行的结果会显示在 Cell 下方。

单击工具栏中的 ⏭ 按钮或按 Shift+Enter 组合键运行程序后，光标会移到下一个 Cell（如果下一个 Cell 不存在，会先建立一个 Cell 再移动光标）。若是通过按 Ctrl+Enter 组合键来运行程序，则光标会停留在原来的 Cell 上。

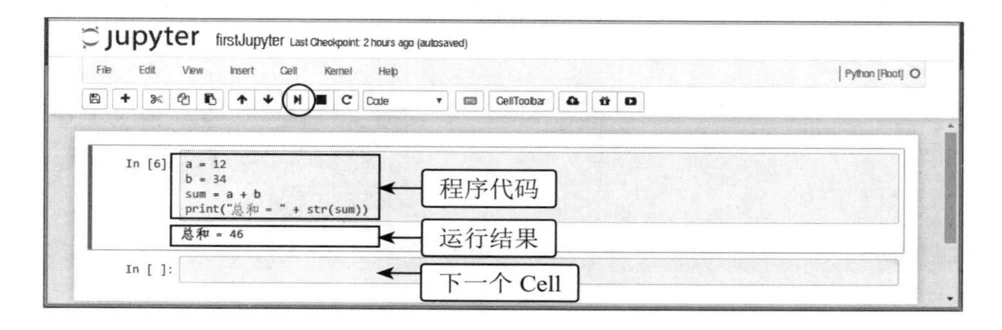

打开已有文件：如果在打开 Jupyter Notebook 时需要编辑已存在的文件，则在启动页面单击文件名即可（后缀为 .ipynb）。例如，启动 Jupyter Notebook 后打开 firstJupyter.ipynb 文件：

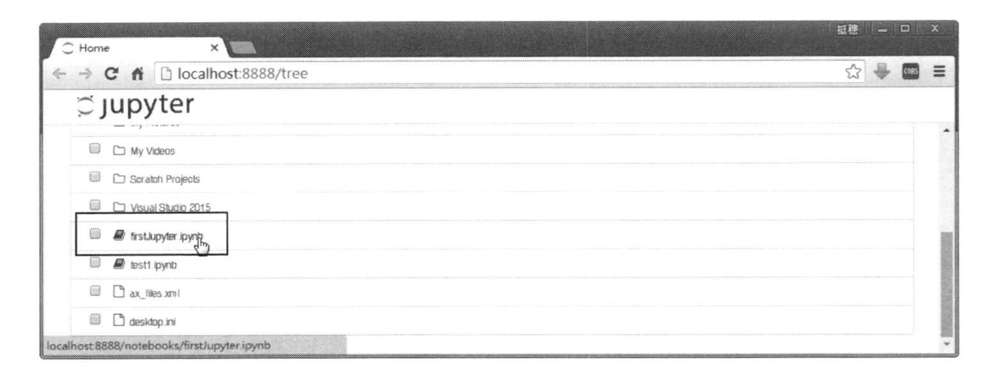

注意：Jupyter Notebook 生成的文件后缀为 .ipynb，这种文件无法直接在 Python 环境中运行，必须将代码复制后粘贴到 Spyder 编辑器或其他文本编辑器，并另存为后缀为 .py 的文件才能在 Python 环境下运行。

1.4.4 在线运行 Python

网上有许多可供学习使用的在线编写及运行 Python 程序的网站。把程序存在云端，则只要能启动浏览器，就能通过在线 Python 开发环境来进行 Python 程序开发。下面展示的 repl.it 网站，网址为 https://repl.it/languages/python3，其使用方法非常简单。我们在左侧输入程序代码后，单击上方 run 按钮或 Ctrl+Enter 组合键即可运行程序，运行结果会显示在右侧。单击 save 按钮可将文件保存在云端（先注册账号并登录后才能保存）。

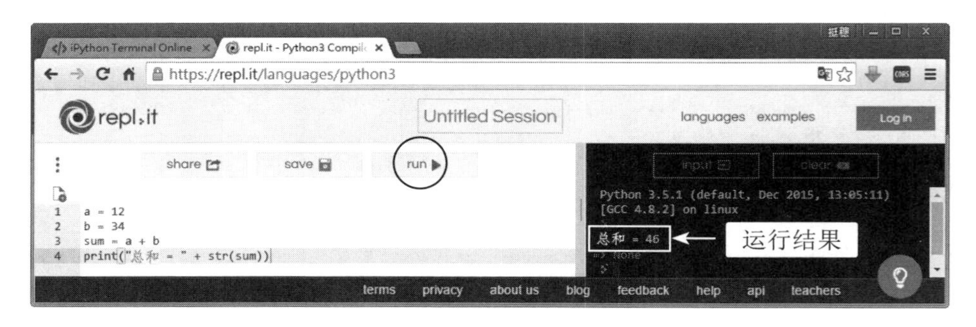

Chapter 02

基本语法与程序

变量，顾名思义就是一个内容随时可能会变化的“容器”的名称。当开发人员创建一个变量时，应用程序就会分配一块内存给这个变量使用，并以变量名称作为这块内存的标识，系统会根据变量的类型来决定分配给该变量的内存大小，开发人员可以在程序中给变量赋值。

运算符，是用来指定数据做什么运算符号。参与运算的数据称为“操作数”。例如:“2 + 3”中的“+”是运算符，“2”和“3”是操作数。

程序的执行分为顺序、分支与循环三种方式，顺序方式中代码由上往下依次执行。程序根据不同的条件而执行不同的程序代码，就是程序的分支。程序在满足一定条件时重复执行相同操作时，称为循环。

2.1 变量与数据类型

任何程序都会用到变量。变量通常用来存放临时数据，例如在一个计算成绩的程序中，会声名多个变量来存放语文、英语、数学等科目的成绩。

应用程序可能要处理五花八门的数据类型，所以有必要将数据加以分类，给不同的数据类型分配不同大小的内存，这样才能使变量达到最佳的运行效率。

2.1.1 变量

变量，顾名思义是一个随时可能会改变内容的容器的名称，就像家中的收藏箱可以放入各种不同的东西。你需要多大的收藏箱呢？那就要看你打算要收藏什么东西了。在程序中使用变量也一样，当开发人员使用一个变量时，应用程序就会配置一块内存给此变量使用，以变量名称作为这块内存的标识，系统会根据数据类型来决定所分配的内存的大小，然后开发人员就可以在程序中把各种值存入该变量中。

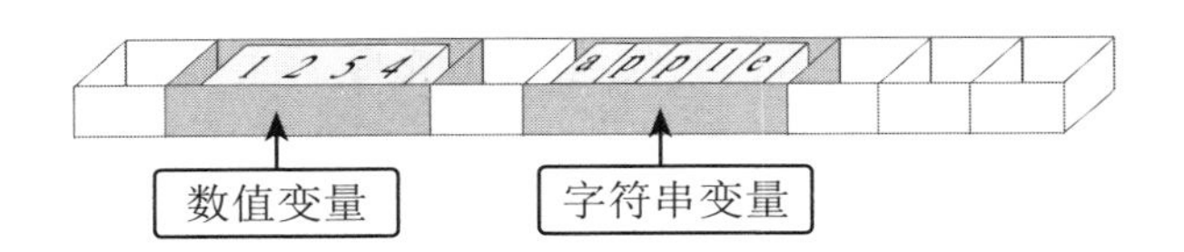

Python 变量不需要声名就可使用，语法为：

```
变量名称 = 变量值
```

例如，变量 score 的值为 80：

```
score = 80
```

使用变量时不必指定数据类型，Python 会根据变量值设定数据类型，例如上述 score 的数据类型是整型 (int)。又如：

```
fruit = "香蕉"  #fruit 的数据类型为字符串
```

> **Python 注释符号**
>
> “#”是Python的注释符号，“#”符号至本行末的代码作为程序注释不会执行，程序会跳到下一行代码执行。

如果多个变量具有相同变量值，可以一起指定变量值。例如变量 a,b,c 的值皆为

20，则可通过下列方式给变量赋值：

```
a=b=c=20
```

我们还可以在同一行指定多个变量，变量之间用“,”分隔。例如变量 age 的值为 18，name 的值为“林大山”：

```
age=18, name= " 林大山 "
```

如果变量不再使用，可以将变量删除（释放）以节省内存。删除变量的语法为：

```
del 变量名称
```

例如，删除变量 score：

```
del score
```

2.1.2 变量命名规则

为变量命名必须遵守一定规则，否则在程序执行时会产生错误。Python 变量的命名规则为：

- 变量名称的第一个字母必须是大小写字母、'_' 或中文。
- 只能由大小写字母、数字、'_'、中文组成变量名称。
- 英文字母大小写视为不同变量名称。
- 变量名称不能与 Python 内建的保留字相同。Python 的保留字有：

acos	and	array	asin	assert	atan
break	class	close	continue	cos	Data
def	del	e	elif	else	except
exec	exp	fabs	float	finally	floor
for	from	global	if	import	in
input	int	is	lambda	log	log10
not	open	or	pass	pi	print
raise	range	return	sin	sqrt	tan
try	type	while	write	zeros	

虽然 Python 3.x 的变量名称支持中文，但建议最好不要使用中文作为变量名，这样不但在写程序时输入麻烦，而且会降低程序的可移植性。

下表是一些错误变量名称的示例：

变量名称	说明
7eleven	第一个字符不能是数字
George&Mary	不能包含特殊字符“&”
George Mary	不能包含空格符
if	Python 的保留字

2.1.3 数值、布尔与字符串数据类型

Python 的数值类型又分为整型（int）及浮点型（float）。整型是指不含小数点的数值，浮点型则指包含小数点的数值，例如：

```
num1 = 34    # 整型
num2 = 67.83    # 浮点型
```

若整型数值要更改为浮点型，可在赋值时为其加上小数点，例如：

```
num3 = 34.0    # 浮点型
```

Python 的布尔类型（bool）只有两个值：True 及 False（注意 T 和 F 都是大写）。这种变量一般用在条件运算中，程序根据布尔变变量的值来判断进行何种操作。例如：

```
flag = True
```

Python 的字符串类型（str），是指变量值用一对双引号（""）或单引号（''）包起来的变量，例如：

```
str1 = "这是字符串"
```

如果字符串需要包含引号本身（双引号或单引号），可使用另一种引号包住字符串，例如：

```
str2 = '小明说："你好！"'    # 变量值为“小明说："你好！"”
```

若字符串中需要包含特殊字符，如制表符、回车符等，可在字符串中使用逃逸符：逃逸符是以 \ 开头、后面跟着一定格式的字符来表示特定含义的特殊字符。下表为 Python 的逃逸字符集：

逃逸符	意义	逃逸符	意义
\'	单引号“'”	\"	双引号“"”
\\	反斜杠“\”	\n	换行
\r	光标移到行首	\t	Tab 键
\v	垂直定位	\a	响铃
\b	后退键（BackSpace）	\f	换页
\x	以十六进制表示字符	\o	以八进制表示字符

例如：

```
str3 = "大家好！ \n 欢迎光临！"   #“欢迎光临！”会从第二行开始显示
```

2.1.4 print 及 type 命令

print 命令用来输出指定对象的内容，语法为：

```
print(对象 1[, 对象 2,……, sep= 分隔字符 , end= 终止符 ])
```

- 对象 1, 对象 2,……：print 命令可以一次打印多个对象数据，对象之间以“,”分开。
- sep：分隔符。如果要输出的多个对象间需要用指定的字符进行分隔，则可通过此参数进行设置，默认值为一个空格符。
- end：终止符，输出完毕后自动添加的字符，默认值为换行符（"\n"），所以下一次执行 print 命令会输出在下一行。

例如：

```
print("多吃水果")   # 多吃水果
print(100, "多吃水果", 60)   #100 多吃水果 60
print(100, "多吃水果", 60, sep="&")   #100&多吃水果&60，下次输出在下一行
print(100, 60, sep="&", end="")   #100&60，下次输出在同一行
```

print 命令支持参数格式化功能，即使用“%s”代表字符串，“%d”代表整数，“%f”代表浮点数，其语法格式为：

```
print(对象 % (参数行))
```

例如，用参数格式化方式输出字符串及整数：

```
name = "林小明"
score = 80
```

```
print("%s 的成绩为 %d" % (name, score))   # 林小明的成绩为 80
```

通过参数格式化的方法，可精确控制输出位置，让输出的数据整齐排列，例如：

- %5d：固定输出为 5 个字符的宽度，若输出少于 5 位，则会在数字左边填入空格（若数值大于 5 位，则会全部输出）。
- %5s：固定输出为 5 个字符的宽度，若输出少于 5 个字符，则会在字符串左边填入空格（若字符串大于 5 个字符，则会全部输出）。
- %8.2f：固定输出 8 个字符宽度（含小数点），其中小数输出为 2 位。若整数部分少于 5 位（8-3=5），会在左边填入空格符；若小数少于 2 位，会在右方填入“0”。

例如，用格式化输出的方法输出 23.8：

```
price = 23.8
print("价格为%8.2f" % price)   #价格为   23.80,左边填3个空格,右边填一个0
```

我们还可用字符串的 format 方法对字符串的输出进行格式化。用一对大括号“{}”表示参数位置，语法为：

```
print(字符串 .format(参数行))
```

例如，用字符串的 format 方法输出下列字符串及整数：

```
name = "林小明"
score = 80
print("{}的成绩为{}".format(name, score))   # 林小明的成绩为 80
```

第一对大括号代表 name 变量，第二对大括号代表 score 变量。

通过 type 方法，可以取得对象的数据类型。如果用户不能确定某些对象的数据类型时，可用 type 命令进行确认，语法为：

```
type(对象)
```

例如：

```
print(type(56))   #<class 'int'>
print(type("How are you?"))   #<class 'str'>
print(type(True))   #<class 'bool'>
```

示例：格式化输出成绩单

用 print 命令输出成绩单。（源代码文件路径：ch02\format.py）

源代码：

```
1 print(" 姓名    座号  语文   数学   英文 ")
2 print("%3s  %2d   %3d   %3d  %3d" % (" 林大明 ", 1, 100, 87, 79))
3 print("%3s  %2d   %3d   %3d  %3d" % (" 陈阿中 ", 2, 74, 88, 100))
4 print("%3s  %2d   %3d   %3d  %3d" % (" 张小英 ", 11, 82, 65, 8))
```

程序说明：

■2：座号占 2 个字符，姓名、国文、数学、英文各占 3 个字符。

执行结果：

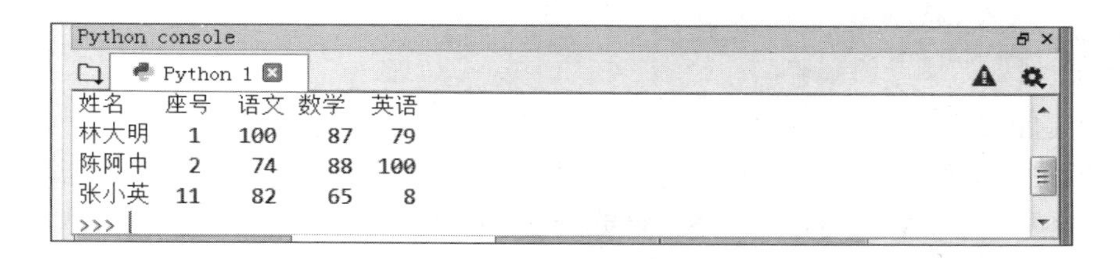

2.1.5 数据类型的转换

变量的数据类型非常重要，通常情况下只有相同类型的变量才能进行运算。Python 提供了简单的数据类型自动转换功能：如果是整数与浮点运算，系统会先将整数转换为浮点数再运算，运算结果为浮点型，例如：

```
num1 = 5 + 7.8  # 结果为 12.8，浮点型
```

若是数值与布尔值运算，系统会先将布尔值转换为数值再运算，即把 True 转换为 1，False 转换为 0。例如：

```
num2 = 5 + True  # 结果为 6，整型
```

如果系统无法自动进行数据类型转换，就要用数据类型转换命令进行强制转换。Python 的强制数据类型转换命令有：

- int()：强制转换为整型。
- float()：强制转换为浮点型。
- str()：强制转换为字符串型。

例如，整数与字符串直接相加时会产生错误：

```
num3 = 23 + "67"  # 错误，字符串无法进行加法运算
```

那么，我们可先把字符串转换为整数再进行运算，这样就可以正常执行：

```
num3 = 23 + int("67")   # 正确，结果为 90
```

再比如，用 print 打印字符串时，若把字符串和数值相加会产生错误：

```
score = 60
print(" 小明的成绩为 " + score)   # 错误，数值无法自动转换为字符串
```

把数值转换为字符串再进行相加即可正常执行：

```
score = 60
print(" 小明的成绩为 " + str(score))   # 正确，结果为“小明的成绩为 60”
```

2.2 表达式

表达式是什么？“1+1=2”中的“1+1”就是一个典型的表达式。

用来指定数据做哪种运算的符号就是“运算符”，进行运算的数据称为“操作数”。例如：“2 + 3”中的“+”是运算符，“2”和“3”是操作数。

运算符根据操作数的个数分为单目运算符和双目运算符：

单目运算符：只有一个操作数，例如“-100”中的“-”、“not x”中的“not”等，单目运算符位于操作数的前方。

双目运算符：具有两个操作数的运算符，例如“100-30”中的“-”、“x and y”中的“and”，双目运算符位于两个操作数之间。

2.2.1 input 命令

print 命令用于输出数据，而 input 命令与 print 命令相反，它是让用户由“标准输入”设备输入数据，如果没有特别设置，标准输入设备就是键盘。input 命令是非常常用的命令。比如，教师若要用电脑计算成绩，则首先要从键盘输入学生成绩。

input 命令的语法为：

```
变量 = input([ 提示字符串 ])
```

用户输入的数据存储在指定的变量中。

“提示字符串”表示输出一段提示信息，告诉用户如何输入。输入数据时，当用户按下 Enter 键后就被认为是输入结束，input 命令会把用户输入的数据存入变量中。例如，让用户输入数学成绩并输出成绩的程序代码为：

```
score = input(" 请输入数学成绩：")
print(score)
```

执行结果为：

```
Python console
Python 1
>>> runfile('C:/Users/intel/Desktop/untitled1.py', wdir='C:/Users/intel/Desktop')
请输入数学成绩:83
83
>>> |
```

2.2.2 算术运算符

用于执行普通算术运算的运算符称为“算术运算符”。

运算符	意义	示例	示例结果
+	两操作数相加	12+3	15
-	两操作数相减	12-3	9
*	两操作数相乘	12*3	36
/	两操作数相除	32/5	6.4
%	取余	32%5	2
//	取商的整数部分	32//5	6
**	(操作数 1) 的 (操作数 2) 次方	7**2	$7^2 = 49$

注意“/”“%”及“//”这三个运算符与除法相关，所以其第二个操作数不能为零，否则会提示“ZeroDivisionError”的错误。

2.2.3 关系运算符

关系运算符用于两个表达式的比较，若比较结果为真，返回 True；若比较结果假，返回 False。

运算符	含义	示例	示例结果
==	表达式 1 是否等于表达式 2	(6+9==2+13) (8+9==2+13)	True False
!=	表达式 1 是否不等于表达式 2	(8+9!=2+13) (6+9!=2+13)	True False

续表

运算符	含义	示例	示例结果
>	表达式 1 是否大于表达式 2	(8+9>2+13) (6+9>2+13)	True False
<	表达式 1 是否小于表达式 2	(5+9<2+13) (8+9<2+13)	True False
>=	表达式 1 是否大于或等于表达式 2	(6+9>=2+13) (3+9>=2+13)	True False
<=	表达式 1 是否小于或等于表达式 2	(3+9<=2+13) (8+9<=2+13)	True False

2.2.4 逻辑运算符

用于逻辑运算的运算符称为逻辑运算符。逻辑运算符用于一个或多个关系表达式进行逻辑运算。

运算符	含义	示例	示例结果
not	返回与原比较表示式的结果相反的值。如果比较结果是 True，就返回 False；反之则返回 True	not(3>5) not(5>3)	True False
and	只有两个操作数的比较结果都是 True 时，才返回 True；其余情况都返回 False	(5>3) and (9>6) (5>3) and (9<6) (5<3) and (9>6) (5<3) and (9<6)	True False False False
or	只有两个操作数的比较结果都是 False 时，才返回 False；其余情况都返回 True	(5>3) or (9>6) (5>3) or (9<6) (5<3) or (9>6) (5<3) or (9<6)	True True True False

and：两个操作数都是 True 时其结果才是 True，相当于数学上两个集合的交集，如下图：

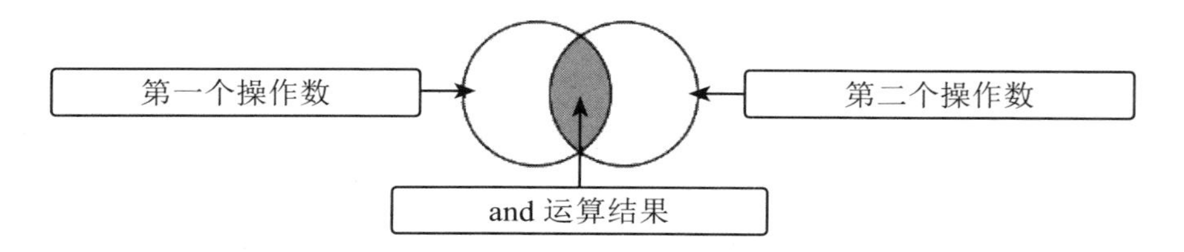

or：只要其中一个操作数是 True，其结果就是 True，相当于数学上两个集合的并集，如下图：

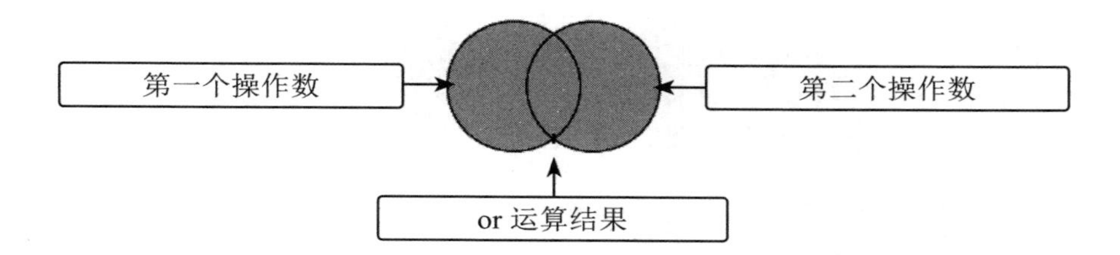

2.2.5 复合赋值运算符

在程序中，有时需要把某些变量值进行规律性改变，如在循环中需将计数变量做特定增量。通常的做法是先对变量进行运算后，再把值再赋值给原来的变量，如下面例子就是把变量 i 的值增加 3：

```
i = i + 3
```

这样的写法似乎有些麻烦，因为同一个变量名称重复写了两次。复合赋值运算符就是为简化这种运算而产生的运算符：例如：

```
i += 3   #即 i = i + 3
i -= 3   #即 i = i - 3
```

复合赋值运算符同时做了“运算”及“赋值”两项工作。

下表是以 i 变量 i（假设初值为 10）为例进行复合赋值运算的结果：

运算符	含义	示例	示例结果
+=	相加后再赋值给原变量	i += 5	15
-=	相减后再赋值给原变量	i -= 5	5
*=	相乘后再赋值给原变量	i *= 5	50
/=	相除后再赋值给原变量	i /= 5	2
%=	相除后把余数赋值给原变量	i %= 5	0
//=	相除后把商的整除部分赋给原变量	i //= 5	2
**=	做指数运算后再赋值给原变量	i **= 3	1000

案例：计算总分及平均成绩

输入三科成绩，然后计算总分及平均分。（代码位置：ch02\score.py）

程序代码：

```
1 nat = input(" 请输入语文成绩：")
2 math = input(" 请输入数学成绩：")
3 eng = input(" 请输入英语成绩：")
4 sum = int(nat) + int(math) + int(eng)  # 输入值需转换为整数
5 average = sum / 3
6 print(" 成绩总分：%d，平均成绩：%5.2f" % (sum, average))
```

程序说明

■1 ～ 3　使用 input 命令输入三科成绩。

■4　先将输入的成绩转换为整数类型，再计算其总和。

■5　计算平均成绩。

■6　打印计算结果。

执行结果

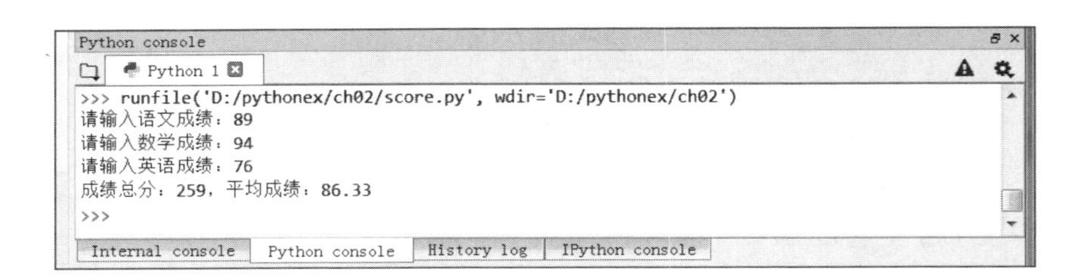

"+" 运算符的功能

运算符 "+" 可用于数值运算，也可用于字符串连接，使用时需要特别留意操作数的数据类型。

运算符 "+" 用于数值运算时是计算两个操作数的和，例如:

```
23 + 45  # 结果为 68
```

运算符 "+" 用于字符串连接时是把两个操作数的字符连接在一起，例如:

```
"23" + "45"  # 结果为 2345
```

input 命令获得的是字符串，上述程序第4行若没有把字符串转换为数值，结果将会把三个字符串连接起来，这样在第5行执行时会产生 "字符串无法进行除法" 的错误提示。

2.3 条件语句

在日常生活中，我们经常会遇到一些需要做决策的情况，然后再根据决策结果进行不同的操作。例如，暑假到了，如果各科考试成绩都及格，妈妈就提供经费让自己与朋友出国旅游；如果有某些科目挂科，暑假就要返校重修。同样的道理，程序设计也经常要根据不同情况进行不同的操作，这就是条件语句。

2.3.1 程序流程控制

程序的执行分为顺序、分支及循环这三种方式。顺序执行是指程序代码由上往下依次执行，目前为止我们前面接触到的的示例都是这种执行方式。分支方式是指如果程序遇到一些情况需要决策，并根据决策结果执行不同的程序代码。循环是指在一定条件下需要重复执行特定的程序代码。

Python 流程控制命令分为两大类：

- 分支控制：根据关系或逻辑表达式的运算结果来判断程序执行的流程，若表达式结果为 True，就执行跳转。分支控制命令的完整格式如下：

```
if...elif...else
```

- 循环控制：根据关系或逻辑表达式的运算结果来决定是否重复执行指定的程序。循环指令有两种（循环将在第 3 章详细讲解）：

```
for
while
```

2.3.2 单分支条件语句（if...）

“if...”为单分支语句，它是 if 指令中最简单的类型，语法为：

```
if (条件表达式):  #“(条件表达式)”的括号也可移除，即“if 条件表达式:”
    程序块
```

当条件表达式的值为 True 时，就会执行程序块的操作；当条件表达式为 False 时，则不会执行程序块的操作。

条件表达式可以是关系表达式（如“x>2”），也可以是逻辑表达式（如“x>2 or x<5”）。如果程序块内只有一行代码，则可以合并为一行，直接写成如下格式：

```
if (条件表达式): 代码
```

以下是单分支语句的流程图：

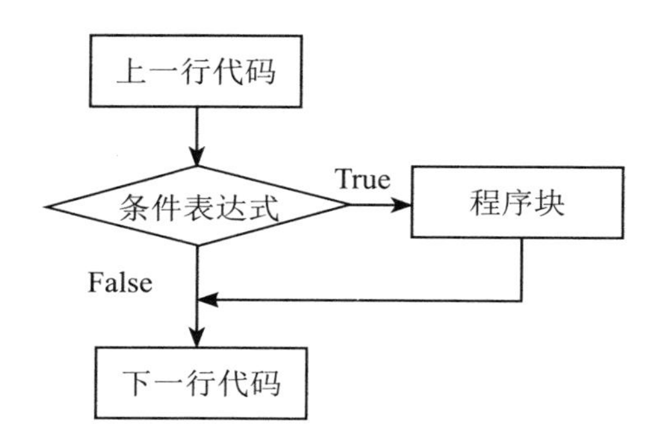

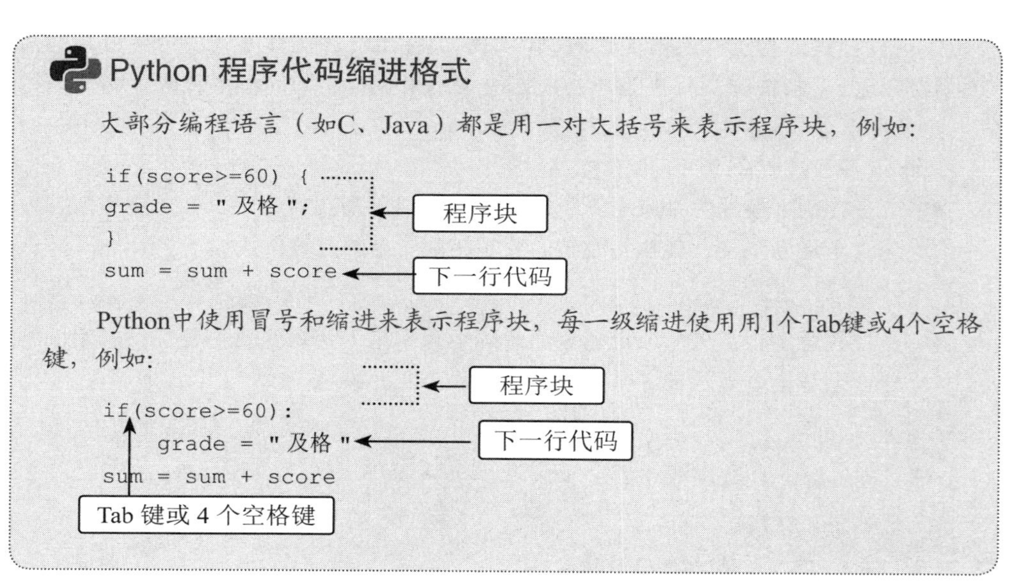

案例：密码输入判断

输入一串密码，如果输入的密码正确（1234），则显示“欢迎光临！”；如果输入的密码错误，则不显示欢迎信息。（源代码位置：ch02\password1.py）

```
Python console
Python 1
>>> runfile('D:/pythonex/ch02/password1.py', wdir
请输入密码：1234
欢迎光临！
>>>
```

```
Python console
Python 1
>>> runfile('D:/pythonex/ch02/password1.py', wdir
请输入密码：5678
>>> |
```

程序代码：

```
1 pw = input("请输入密码：")
2 if(pw=="1234"):
3     print("欢迎光临！ ")
```

程序说明

■2 ～ 3 正确的密码为“1234”，若输入的密码为"1234"，则执行第 3 行代码并输出“欢迎光临”；若输入的密码错误，则结束程序。

因为此处 if 程序块的代码只有一行，所以第 2 ～ 3 行可合并为一行：

```
if(pw=="1234"): print("欢迎光临！ ")
```

2.3.3 双分支条件语句（if...else）

如果条件表达式成立时就执行程序块内的代码，那么当条件表达式不成立时，也应该向用户提示某些信息。在样看来，貌似前面例子中的 if 语句并不完整。此时，我们就可以使用“if...else...”双分支条件语句。

“if...else...”双分支条件语句的语法为：

```
if （条件表达式）:      # 括号可以省略，即“if 条件表达式：”
    程序块一
else:
    程序块二
```

当条件表达式的值为 True 时，执行程序块一；当条件表达式值为 False 时，执行程序块二。程序块可以是一行或多行代码，如果程序块的代码只有一行，可以与 if 语句合并为一行。

以下是双分支条件语句的流程图：

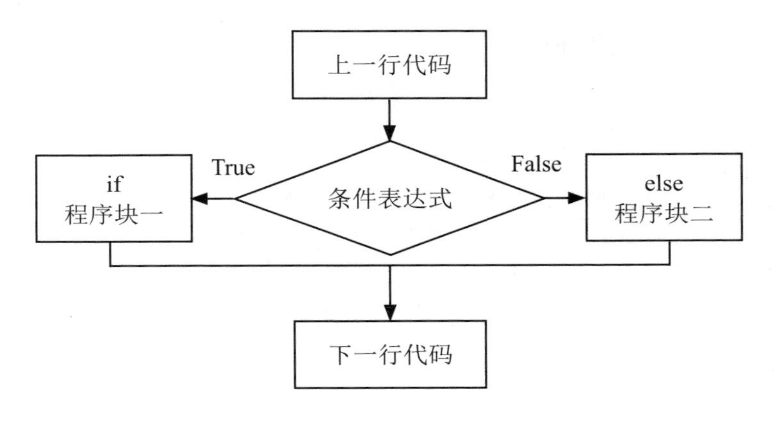

案例：高级密码判断

用户输入密码，如果输入的密码正确（1234），则显示“欢迎光临！”；如果输入的密码错误，则显示“密码错误！”。（源代码位置：ch02\password2.py）

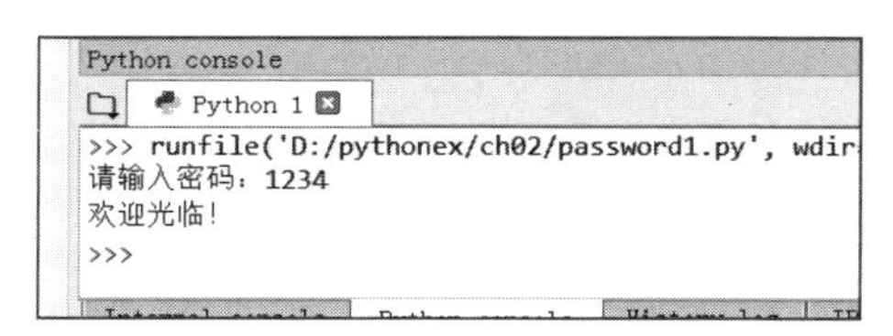

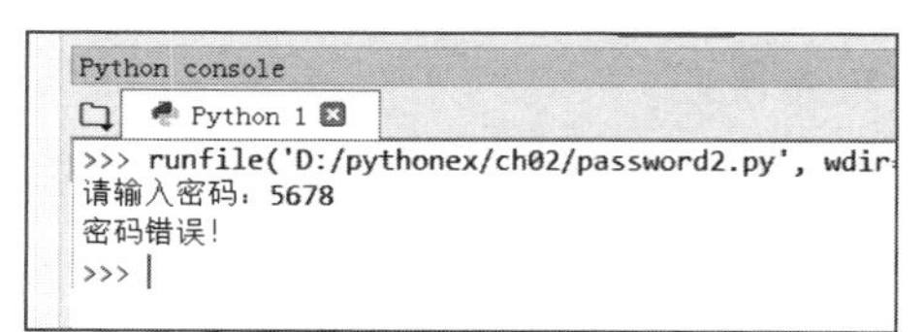

程序代码：

```
1 pw = input("请输入密码：")
2 if(pw=="1234"):
3     print("欢迎光临！")
4 else:
5     print("密码错误！")
```

程序说明

- 2～3 若输入的密码正确，则执行第 3 行代码。
- 4～5 若输入的密码错误，则执行第 5 行代码。注意第 4 行代码要从开头开始处输入，不要缩进。

2.3.4 多分支条件语句（if...elif...else）

现实中很多情况都不是一个条件语句就能完成判断的。例如，对于学生的成绩的处理，除了判断是否及格，还需要根据分数的高低把及格者分成不同等级（如优、良等），这时就要用到多分支条件语句“if...elif...else”。

“if...elif...else”可在多个条件中选择一个进行执行，哪一个条件表达式为 True，就执行哪个条件内的程序块；如果所有条件都为 False，则执行 else 内的程序块；若省略 else，则条件表达式都是 False 时，将不执行任何操作。“if...elif...else”的格式为：

```
if (条件表达式一) :
    程序块一
elif (条件表达式二):
   程序块二
elif (条件表达式三):
    ...
else:
   程序块 else
```

当“条件表达式一”为True时，执行程序块一，然后跳出if多分支语句；“条件表达式一”为False时，则继续检查“条件表达式二”，若“条件表达式二”为True，执行程序块二，依此类推。如果所有的条件表达式都是False，则执行else后的程序块。

以下是多向条件语句的流程图（以两个条件表达式为例）：

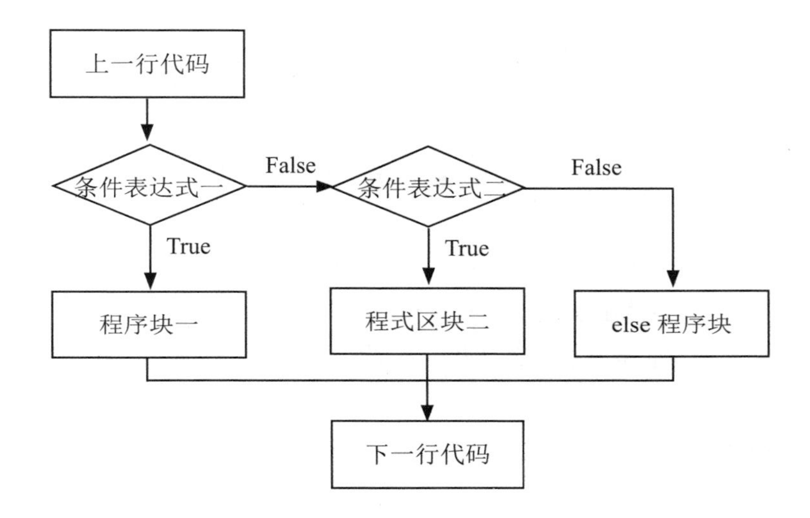

案例：判断成绩等级

输入学生成绩，90分以上的显示“优秀”，80～89分的显示甲”，70～79分的显示“乙”，60～69分的显示“丙”，60分以下显示“不级格”。（源代码位置：ch02\grade.py）

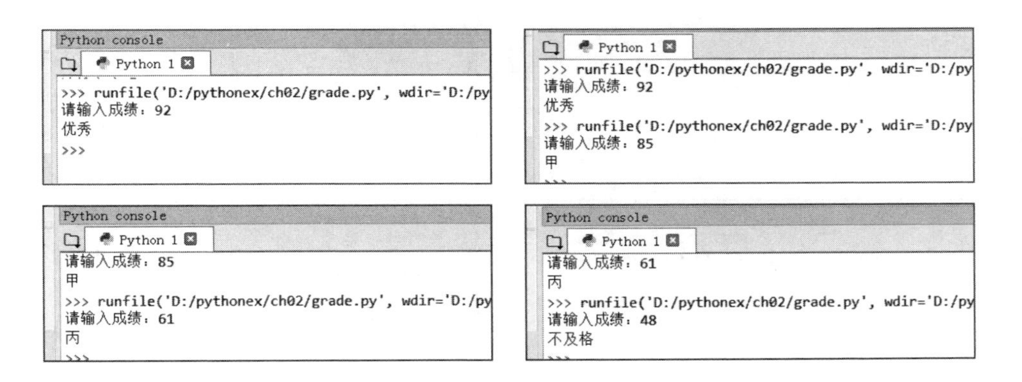

程序代码：

```
1 score = input("请输入成绩：")
2 if(int(score) >= 90):
3     print("优秀")
4 elif(int(score) >= 80):
5     print("甲")
6 elif(int(score) >= 70):
7     print("乙")
8 elif(int(score) >= 60):
9     print("丙")
10 else:
11     print("不及格")
```

程序说明

- 2 ～ 3　若输入的成绩在 90 分以上，输出“优秀”。
- 4 ～ 5　若输入的成绩在 80 分以上，输出“甲”。
- 10 ～ 11　若前面条件都不成立表示分数在 60 分以下，输出“不及格”。

2.3.5 条件嵌套

在条件语句（if...elif...else）之中，还可以包含条件，称为条件嵌套。系统并没有规定条件嵌套的层数，但层数太多会降低程序可读性，而且维护较困难。

案例：商店折扣计算

输入顾客的购物金额，若金额在 100000 元以上就打八折，金额在 50000 元以上就打八五折，金额在 30000 元以上就打九折，金额在 10000 元以上就打九五折。

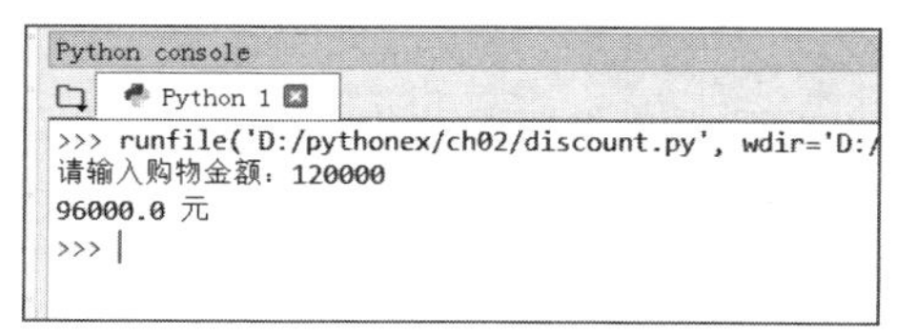

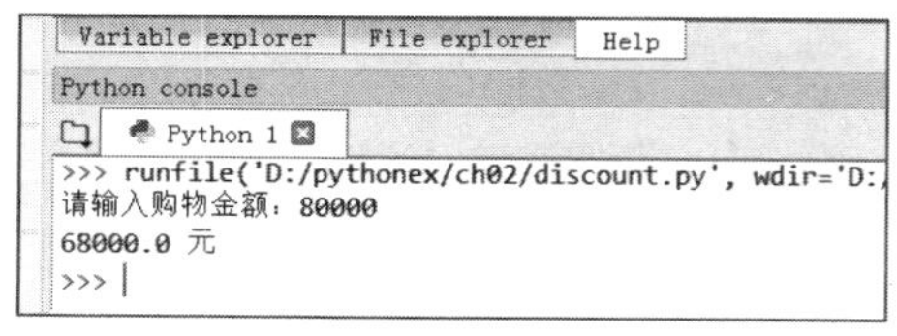


```
Python console
Python 1
>>> runfile('D:/pythonex/ch02/discount.py', wdir='D:/
请输入购物金额：40000
36000.0 元
>>>
```

```
Python console
Python 1
>>> runfile('D:/pythonex/ch02/discount.py', wdir='D:/
请输入购物金额：5000
5000 元
>>>
```

程序代码：

```
 1 money = int(input("请输入购物金额："))
 2 if(money >= 10000):
 3     if(money >= 100000):
 4         print(str(money * 0.8), end=" 元\n")   # 八折
 5     elif(money >= 50000):
 6         print(str(money * 0.85), end=" 元\n")   # 八五折
 7     elif(money >= 30000):
 8         print(str(money * 0.9), end=" 元\n")   # 九折
 9     else:
10         print(str(money * 0.95), end=" 元\n")   # 九五折
11 else:
12     print(str(money), end=" 元\n")   # 不打折
```

程序说明

- 1　输入的金额默认为字符型，由于要参与后续计算，所以需转换为整型。
- 2　第 2 行和第 11 行为外层条件，若金额达 10000 元以上就执行第 3 ～ 10 行的内层条件。
- 3 ～ 4　若金额达 100000 元以上就执行第 4 行（金额打八折）。由于第 1 行已将 money 转为整型，第 4 行打印时需再转为字符串。使用 end 参数加上字符“元”并换行。
- 5 ～ 8　分别打八五折及九折。
- 9 ～ 10　内层条件结束：金额在 10000 ～ 30000 元间打九五折。
- 11 ～ 12　外层条件：金额未达到 10000 元不打折。

Memo

Chapter 03

循环、数据结构及函数

Python 的循环命令有两个：for 循环和 while 循环。for 循环用于执行固定次数的循环，while 循环用于执行次数不固定次数的循环。

列表（List）与其它编程语言中的数组（Array）相同。每个列表拥有一个名称，作为该列表的标识；列表中每一个数据称为元素，这样就可以轻松存储大量的数据。

元组在结构上与列表相同，不同之处在于元组的元素个数及值都不能改变，而列表的元素个数及值则可以改变。

字典结构也与列表类似，其元素是以“键—值”对方式存储，这样就可通过“键”来获取“值”。

在较大的程序中，通常会把具有特定功能或经常重复使用的具有特定功能的代码段定义为独立的代码段，称为“函数”。

3.1 循环

计算机最擅长处理的工作就是执行重复的事情，而日常生活中也到处可见这种不断重复的现象。如家庭中每个月固定要缴的各种账单、孩子每天要做的功课等，这些事情如果能通过计算机来管理，就可轻松很多。Python 程序中，专门用来处理这种重复事情的命令称为“循环”。

Python 的循环命令有两个：for 命令用来执行固定次数的循环，while 命令用来执行不固定次数的循环。在详细讲解循环之前，我们先讲几个Python的重要数据结构。

3.1.1 List(列表) 结构

数据在程序中通常以变量的形式来保存，如果有大量数据，就须要声名大量的变量。比如，某学校有 500 名学生，每人有 10 科成绩，那么就要有 5000 个变量才能存放这些成绩，在程序设计者要声名 5000 个变量直接是不可能的事情，这就产生了列表类型的数据结构。

列表与其他语言的“数组（Array）”相同，用于生成存储数据的内存空间。每一个列表有一个名称，作为识别该列表的标识，称为列表变量；列表中每一个数据称为“元素”，列表中的元素通过列表变量的下标进行访问。

列表数据结构的格式是把元素放在中括号中，元素之间以逗号分隔，如下：

```
列表名称 = [ 元素 1, 元素 2, ……]
```

各个元素数据类型可以相同，也可以不同，例如：

```
list1 = [1, 2, 3, 4, 5]  # 元素为整数
list2 = ["香蕉", "苹果", "橘子"]  # 元素为字符串
list3 = [1, "香蕉", True]  # 包含不同数据类型的元素
```

通过列表变量的下标值，可以访问列表元素的值。下标值用方括号括起，从 0 开始计数：第一个元素值下标值为 0，第二个元素值下标值为 1，依此类推。下标值不能超出列表范围，否则执行时会产生错误。例如：

```
list4 = ["香蕉", "苹果", "橘子"]
print(list4[1])  # 苹果
print(list4[3])  # 错误，下标值超出范围
```

下标值可以是负值，表示由列表的最后向前取值，“-1”表示最后一个元素，“-2”表示倒数第二个元素，依此类推。同理，负数下标值也不可以超出列表的范围，否

则执行时会产生错误。例如：

```
list4 = [" 香蕉 ", " 苹果 ", " 橘子 "]
print(list4[-1])  # 橘子
print(list4[-4])  # 错误，下标值超出范围
```

列表的元素还可以是另一个列表，这样就形成多维列表。通过中括号的组合，可对多维列表元素进行访问。下例是一个二维列表，其元素是由账号和密码组成的列表：

```
list5 = [["joe","1234"], ["mary","abcd"], ["david","5678"]]
print(list5[1])  #["mary","abcd"], 元素为列表
print(list5[1][1])  #abcd
```

案例：列表初始值设置

创建一个包含三个整型元素的列表，表示学生三科成绩，再依次显示。

```
Python console
Python 1
>>> runfile('D:/pythonex/ch03/list1.py', wdir='D:/pythonex/ch03')
语文成绩：85 分
数学成绩：79 分
英语成绩：93 分
>>>
```

程序代码：ch03\list1.py

```
1 score = [85, 79, 93]
2 print(" 语文成绩：%d 分 " % score[0])
3 print(" 数学成绩：%d 分 " % score[1])
4 print(" 英语成绩：%d 分 " % score[2])
```

程序说明

- ■1　　创建名为 score 的列表变量
- ■2 ～ 4　依次显示各科成绩。

3.1.2 range() 函数

元素为有序整数的列表称为整数有序列表，如“1,2,3,……”，这种列表在循环中会经常用到。range () 函数的功能就是创建一个整数有序列表。

range() 函数可以包含 1 个、2 个或 3 个参数。1 个参数的 range() 函数格式如下：

```
列表变量 = range(N)  #N 为整数
```

此函数生成的列表，元素值依次为从 0 到“N-1”，例如：

```
list1=range(5)  #list1=[0,1,2,3,4]
```

包含 2 个参数的 range 函数格式为：

```
列表变量 = range(M, N)  #M、N 都是整数，M 为起始值，N 为终止值
```

此函数生成的列表，元素值从 M 开始，到 N-1 结束，例如：

```
list2 = range(3, 8)  #list2=[3,4,5,6,7]
```

起始值及终止值都可为负整数，例如：

```
list3 = range(-2, 4)  #list3=[-2,-1,0,1,2,3]
```

如果起始值大于或等于终止值，产生的是空列表（列表中无任何元素）。

包含 3 个参数的 range 函数格式为：

```
列表变量 = range(M, N, O)  #M、N、O 都是整数，依次表示起始值、终止值、间隔值
```

此函数生成的列表，元素值由 M 开始，每次递增 O，至 N-1 为止，例如：

```
list4 = range(3, 8, 1)  #list4=[3,4,5,6,7]
list5 = range(3, 8, 2)  #list5=[3,5,7] , 元素值每次增加 2
```

间隔值可以为负整数，此时起始值必须大于终止值，生成的列表元素值是由 M 开始，每次递增 O（因 O 为负数，所以数值为递减），至“N+1”为止，例如：

```
list6 = range(8, 3, -1)  #list6=[8,7,6,5,4]
```

3.1.3 for 循环

for 循环通常用于执行固定次数的循环，其基本语法结构为：

```
for 循环变量 in 列表：
    程序块              # 注意，每一级缩进必须用 4 个空格或一个 tab 键表示
```

执行 for 循环时，系统会将列表元素值依次赋予循环变量，循环变量值每改变一次就会执行一次“程序块”，即列表有多少个元素，就会执行多少次“程序块”。例如：

```
1 list1 = ["香蕉", "苹果", "橘子"]
2 for s in list1:        # 执行结果为：香蕉，苹果，橘子，
3     print(s, end=",")
```

第一次执行 for 循环时，把列表值“香蕉”赋值给循环变量 s，执行第 3 行代码，输出“香蕉，”；然后返回第 2 行，重新给变量 s 赋值为“苹果”，再执行第 3 行代码，输出“苹果，”；然后再回到第 2 行，再次给变量 s 赋值为“橘子”，再次执行第 3 代码，输出“橘子，”，列表元素轮番赋值完毕后，循环结束。

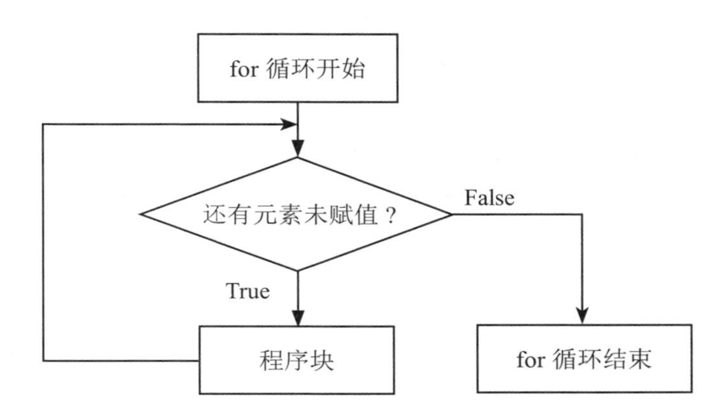

我们还可以通过使用 range() 函数来设定 for 循环的执行次数。例如要输出全班成绩，假设班上有 30 位同学，则程序代码为：

```
for i in range(1,31):
    输出程序代码
```

注意第 2 个参数值（即终止值）是 31。

案例：计算等差数列的和

让用户输入一个正整数，程序会计算由 1 到该整数的总和。

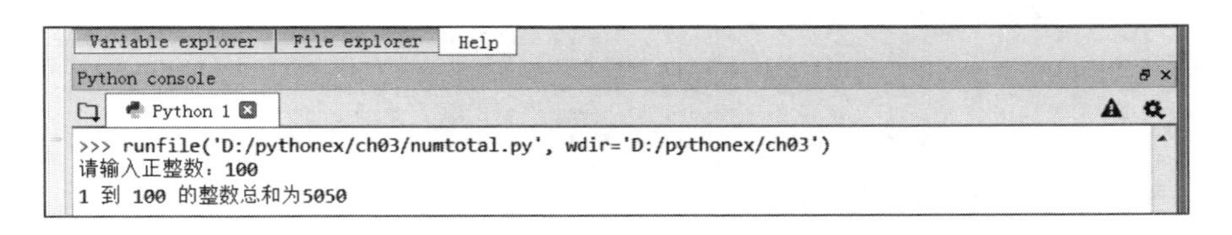

程序代码：ch03\numtotal.py

```
1 sum = 0
2 n = int(input("请输入正整数："))
3 for i in range(1, n+1):
4     sum += i
5 print("1 到 %d 的整数u总和为 %d" % (n, sum))
```

程序说明

■2　　把输入数据并转为整型并保存至变量 n。

■3～4　用循环计算总和。注意第 3 代码中的 rang() 函数第 2 个参数为“n+1”。

3.1.4 for 循环的嵌套

for 循环中还可包含 for 循环，称为 for 循环的嵌套。

使用 for 循环嵌套时需特别注意执行次数问题，其执行次数是各层循环的乘积，若执行次数太多会耗费大量计算资源，可能会让用户以为计算机宕机，例如：

```
n = 0
for i in range(1,10001):
    for j in range(1,10001):
        n += 1
print(n)
```

外层循环及内层循环都是一万次，则“n += 1”会执行一亿次（10000×10000），运行时间根据不同的 CPU 性能，可能会需要十多秒到数十秒。

九九乘法表是循环嵌套的一个典型应用，只需 5 行代码就能输出九九乘法表。

案例：九九乘法表

利用两层 for 循环输出九九乘法表。

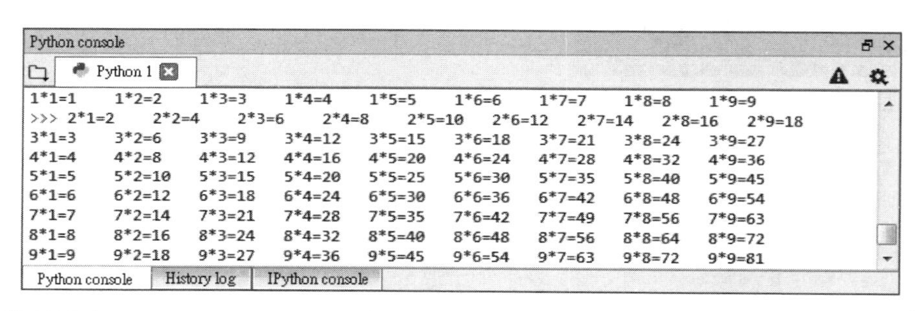

程序代码：ch03\ninenine.py

```
1 for i in range(1,10):
2     for j in range(1,10):
3         product = i * j
4         print("%d*%d=%-2d   " % (i, j, product), end="")
5     print()    # 换行
```

程序说明

- 1 ～ 2　内外两层各执行 9 次 for 循环。
- 4　输出乘法算式：“-2d”表示输出占 2 个字符的整数并靠左对齐；“end=""”表示不换行。
- 5　内层循环执行完后换行。

3.1.5 break 及 continue 命令

循环执行时，如果要中途结束循环，可使用 break 命令强制跳出循环，例如：

```
for i in range(1,11):
    if(i==6):
        break
    print(i, end=",")      # 执行结果：1,2,3,4,5,
```

循环执行时，i 的值为 1，则条件表达式 i==6 的值为 false，不执行 break 语句，输出“1,”；同理 i 为 2 到 5 时都不符合 i==6 的条件，都会输出 i 的值；当 i=6 时，i==6 的值为 true，则会执行 break 语句，跳出循环而结束程序。

continue 命令则是在结束本次循环的执行，并跳到循环起始处继续执行，例如：

```
for i in range(1,11):
    if(i==6):
        continue
    print(i, end=",")      # 执行结果：1,2,3,4,5,7,8,9,10,
```

循环开始时，i=1，i==6 的值为 False，不执行 continue 语句；当循环执行至 i=6 时，i==6 的值为 True，执行 continue 语句跳转至循环开始处继续执行，因此并未输出“6,”。

案例：楼层命名——不显示第 4 层

输入大楼的楼层数后，如果是三层以下，会正常显示楼层数；如果是四层（含四层）以上，显示楼层名时会跳过四楼不显示。

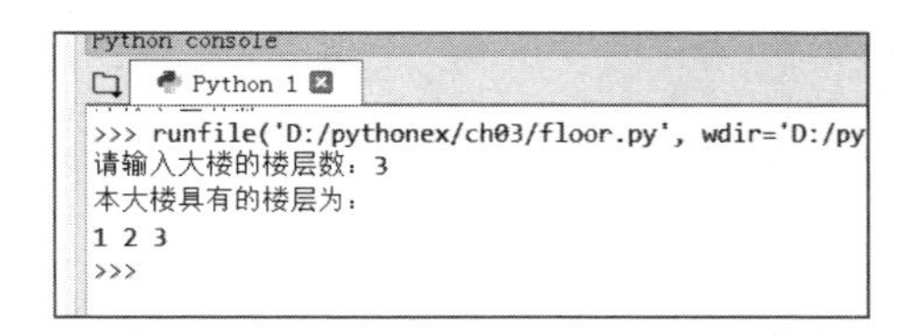


```
Python console
Python 1
>>> runfile('D:/pythonex/ch03/floor.py', wdir='D:/py
请输入大楼的楼层数：10
本大楼具有的楼层为：
1 2 3 5 6 7 8 9 10 11
>>>
```

程序代码：ch03\floor.py

```
1 n = int(input("请输入大楼的楼层数："))
2 print("本楼的楼层数为：")
3 if(n > 3):
4     n += 1
5 for i in range(1, n+1):
6     if(i==4):
7         continue
8     print(i, end=" ")
9 print()
```

程序说明

■3 ～ 4　当楼层大于 4 层时，因为第 4 层的层号不能用，所以命名楼层数会比输入值多 1，例如输入楼数为“10”，需命名到 11 层，所以将楼层加 1。

■6 ～ 7　楼层为 4 时用 continue 命令跳过本层的命名。

3.1.6 for...if...else 循环

for...else 循环通常会和 if 及 break 命令配合使用，其语法为：

```
for 变量 in 列表：
    程序块一
    if(条件表达式)：
        程序块二
        break
else:
    程序块三
```

如果 for 循环每一次都正常执行程序块一（即每一次条件表达式都不成立，for 循环不经过 break 命令中断循环），就会执行 else 中的程序块三；若循环中任何一次条件表达式为真，break 命令中断循环，这样将不会执行 else 中的程序块三。

举例来说，数学上判断 N 是否为质数的方法，是以 N 分别除以从 2 到“N-1”，如果能够被其中任一个数整除，表示 N 不是质数，若全部无法整除，表示 N 是质数。以 11 为例，用 11 分别除以 2 到 10，如果都无法整除，就表示 11 是质数；又如 15，用 15 分别除以 2 到 14，其中 3 可以整除，表示 15 不是质数。

下面以判断质数的例子说明 for...if...else 循环的使用：

案例：判断质数

让用户输入一个大于 1 的整数，判断该数是否为质数。

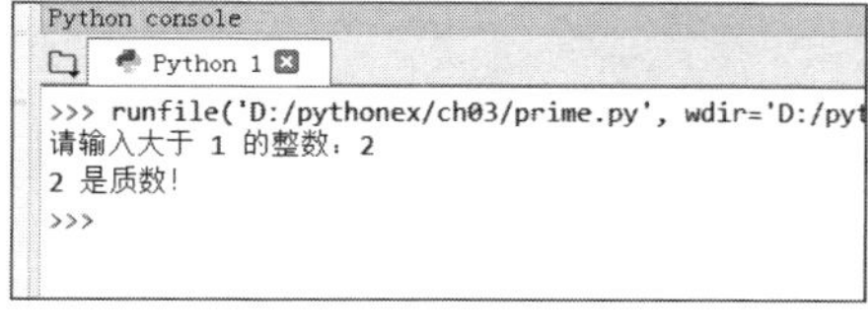

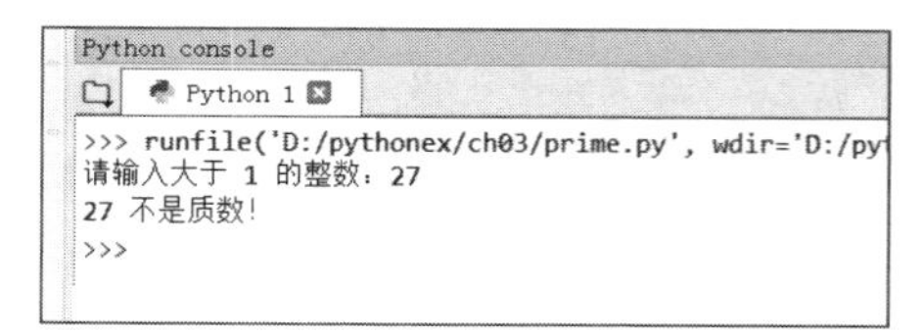

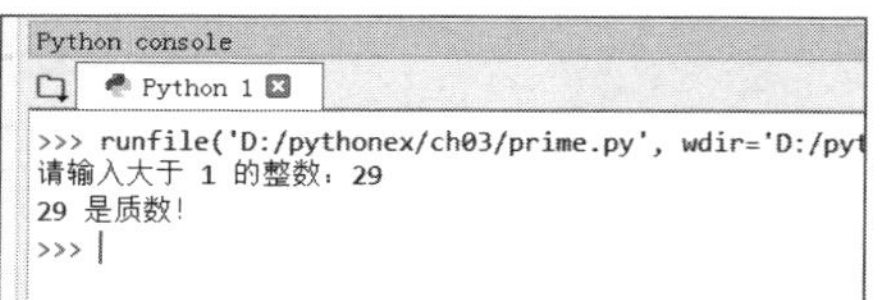


```
Python console
Python 1
>>> runfile('D:/pythonex/ch03/prime.py', wdir='D:/pyt
请输入大于 1 的整数：1957
1957 不是质数！
>>>
```

程序代码：ch03\prime.py

```
 1 n = int(input("请输入大于 1 的整数："))
 2 if(n==2):
 3     print("2 是质数！ ")
 4 else:
 5     for i in range(2, n):
 6         if(n % i == 0):
 7             print("%d 不是质数！ " % n)
 8             break
 9     else:
10         print("%d 是质数！ " % n)
```

程序说明

- ■2～3　数值 2 无法用通用式处理，所以输入 2 就直接输出“2 是质数！”。
- ■5～10　数值大于 2 的质数判断方式。
- ■5　执行 2 到“n-1”次循环。
- ■6～8　逐一执行循环，只要任何一次能整除，就用 break 命令跳出循环，表示该数不是质数。
- ■9～10　若所有 6～8 行程序都不能整除，表示并未通过 break 命令跳出循环，就执行 9～10 行，输出该数是质数。

3.1.7 while 循环

while 循环通常用于非固定次数的循环，其基本语法结构为：

```
while(条件表达式):  # 其中，条件表达式的括号可省略
  程序块
```

如果条件表达式的结果为 True，就执行程序块；若条件表达式的结果为 False，就结束 while 循环，并继续执行 while 循环之后的代码。例如：

```
1 total = n = 0
2 while(n < 10):
3     n += 1
4     total += n
5 print(total)   # 结果为 55
```

循环开始时“n=0”，符合 n<10 条件，所以执行第 3～4 行程序将 n 加 1 并计算总和，然后回到第 2 行的循环开始处，依此类推。直到 n=10 时，“n<10”条件为假，

跳出 while 循环。

while 循环的流程如下：

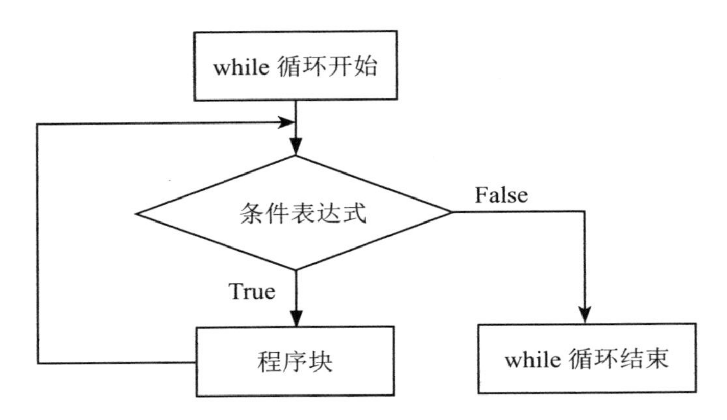

在使用 while 循环时要特别留意，必须设定判断循环中止的条件，以能停止循环的执行，否则会陷入死循环。例如：

```
1 total = n = 0
2 while(n < 10):
3     total += n
4 print(total)
```

开发者由于忘记将 n 的值递增，造成 n 的值永远为 0，那么条件表达式永远为 True，无法结束循环，执行程序时就像死机一样，没有任何响应。此时可以通过 Ctrl+Q 组合键退出开发环境再重新开启。

案例：用 while 循环计算班级成绩

设计一个程序，完成以 while 循环的方式把班级成绩输入电脑的功能，如果输入"-1"表示成绩输入结束，在输入成绩完毕后显示班上的总成绩及平均成绩。

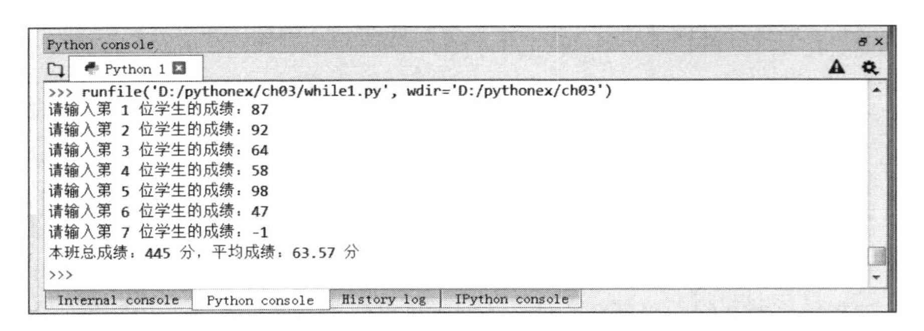

程序代码：ch03\while1.py

```
1 total = person = score = 0
2 while(score != -1):
3     person += 1
4     score = int(input("请输入第 %d 位学生的成绩：" % person))
5     total += score
6 average = total / person
7 print("本班总成绩：%d 分，平均成绩：%5.2f 分" % (total, average))
```

程序说明

- 1　total 为总分，person 为学生人数，score 为学生成绩。
- 2～5　如果学生成绩不是 -1，就执行 3～5 行程序；若学生成绩是 -1，就结束循环并执行第 6 行代码。
- 3～5　让用户输入成绩并计算总分。
- 6　计算平均分数。

3.2 列表、元组及字典

前一节提到过一个列表变量可以存储多个数据（每个数据称为“元素”），除此之外，Python 中的元组（Tuple）、字典（Dict）型变量也具有存储多数据的特性。

3.2.1 高级列表操作

列表在 Python 中应用非常广泛，因此 Python 提供了许多对列表变量进行进行操作的方法，以满足各不同的需求。下表为列表操作的常用方法（表中假设 list1=[1,2,3,4,5,6]，x=[8,9]，n、n1、n2、n3 为整数）：

方法	含意	示例	示例结果
list1*n	列表重复 n 次	list2=list1*2	list2=[1,2,3,4,5,6,1,2,3,4,5,6]
list1[n1:n2]	取出 n1 到 n2-1 元素	list2=list1[1:4]	list2=[2,3,4]
list1[n1:n2:n3]	同上，间隔为 n3	list2=list1[1:4:2]	list2=[2,4]
del list1[n1:n2]	删除 n1 到 n2-1 元素	del list1[1:4]	list1=[1,5,6]
del list1[n1:n2:n3]	同上，间隔为 n3	del list1[1:4:2]	list1=[1,3,5,6]

续表

方法	含意	示例	示例结果
n=len(list1)	返回列表中元素数量	n=len(list1)	n=6
n=min(list1)	返回元素最小值	n=min(list1)	n=1
n=max(list1)	返回元素最大值	n=max(list1)	n=6
n=list1.index(n1)	取首个值为 n1 的元素下标	n=list1.index(3)	n=2
n=list1.count(n1)	n1 元素出现的次数	n=list1.count(3)	n=1
list1.append(n1)	将 n1 作为元素加到列表最后	list1.append(8)	list1=[1,2,3,4,5,6,8]
list1.extend(x)	将 x 中的元素逐一加至列表最后	list1.extend(x)	list1=[1,2,3,4,5,6,8,9]
list1.insert(n,n1)	在位置 n 插入元素 n1	list1.insert(3,8)	list1=[1,2,3,8,4,5,6]
n=list1.pop()	取列表最后元素并删除	n=list1.pop()	n=6, list1=[1,2,3,4,5]
list1.remove(n1)	删除首次出现的元素 n1	list1.remove(3)	list1=[1,2,4,5,6]
list1.reverse()	反转列表顺序	list1.reverse()	list1=[6,5,4,3,2,1]
list1.sort()	将列表升序排序	list1.sort()	list1=[1,2,3,4,5,6]

用 append() 或 insert() 方法添加列表元素

列表设定初始值后，如果要添加列表元素，不能直接以下标方式进行，必须以调用 append() 或 insert() 方法的方式来进行。

用 append() 方法把元素添加到列表最后，例如：

```
list1 = [1,2,3,4,5,6]
list1.append(8)   #list1=[1,2,3,4,5,6,8]
list1[7] = 8   # 错误，下标超出范围
```

insert() 方法把元素添加至列表的指定位置，注意下标值不能超过列表元素个数，否则会产生“下标超过范围”的错误。例如：

```
list1 = [1,2,3,4,5,6]
list1.insert(3, 8)   #list1=[1,2,3,8,4,5,6]
list1.insert(7, 8)   # 错误，下标超出范围
```

案例：用列表计算班级成绩

请设计一个输入成绩的程序，学生成绩需存入列表作为列表元素。如果输入“-1”表示成绩输入结束，最后显示班上总成绩及平均成绩。

```
IPython console
Console 1/A
请输入学生的成绩：92

请输入学生的成绩：67

请输入学生的成绩：83

请输入学生的成绩：71

请输入学生的成绩：55

请输入学生的成绩：-1
共有 6 位学生
本班总成绩：452 分，平均成绩：75.33 分

In [3]:
```

程序代码：ch03\append1.py

```
1 score = []
2 total = inscore = 0
3 while(inscore != -1):
4     inscore = int(input("请输入学生的成绩："))
5     score.append(inscore)
6 print("共有 %d 位学生" % (len(score) - 1))
7 for i in range(0, len(score) - 1):
8     total += score[i]
9 average = total / (len(score) - 1)
10 print("本班总成绩：%d 分，平均成绩：%5.2f 分" % (total, average))
```

程序说明

- 1　创建空列表。
- 2　变量 total 用于保存总成绩，变量 inscore 用于保存输入的成绩。
- 5　将输入的成绩存入列表。
- 6　“len(score)”返回列表元素的数目，“-1”不算学生成绩，故需减 1。
- 7 ～ 8　用 for 循环逐个累加计算出总分。

append () 方法与 extend() 方法的区别

append() 方法及 extend() 方法都是把数据添加至列表最后面，不同之处在于：append() 方法的参数可以是元素，也可以是列表，当参数是列表时，会把这个列表当

成一个元素加入到原列表，例如：

加入一个元素

```
list1 = [1,2,3,4,5,6]
list1.append(7)  #list1=[1,2,3,4,5,6,7]
list1.append([8,9])  #list1=[1,2,3,4,5,6,7,[8,9]]
```

而 extend() 方法的参数只能是列表，不能是元素。extend() 方法的参数如果是列表，则会把列表中的元素作为元素逐一加入列表中，例如：

加入 2 个元素

```
list1 = [1,2,3,4,5,6]
list1.extend(7)  # 错误，只能是列表
list1.extend([8,9])  #list1=[1,2,3,4,5,6,8,9]
```

pop() 方法

pop() 方法的功能是从列表中读取元素，读取后列表会将该元素删除。pop() 方法可以有参数，也可以没有参数。如果没有参数，就取出最后 1 个元素；如果有参数，参数的数据类型必须为整型，取出以参数为下标的元素值并从列表中删除。

```
list1 = [1,2,3,4,5,6]
n = list1.pop()  #n=6, list1=[1,2,3,4,5]
n = list1.pop(3)  #n=4, list1=[1,2,3,5]
```

3.2.2 元组（Tuple）结构

元组结构与列表完全相同，不同之处在于元组的元素个数及元素值都不能改变，而列表则可以改变，所以有人会将元组称为“不能修改的列表”。

元组的使用方法是把元素放在小括号中（列表是中括号），元素之间以逗号分隔，语法为：

```
元组名称 = (元素 1, 元素 2, ……)
```

例如：

```
tuple1 = (1, 2, 3, 4, 5)  # 元素皆为整数
tuple2 = (1, "香蕉", True)  # 包含不同数据类型元素
```

元组的使用方式与列表相同，但不能修改元素值，否则会产生错误，例如：

```
tuple3 = ("香蕉", "苹果", "橘子")
print(tuple3[1])  # 苹果
tuple3[1] = "番石榴"  # 错误，元素值不能修改
```

列表的一些方法也可用于元组，但因为元组不能改变元素值，所以，涉及改变元素个数或元素值的方法如 append()、insert() 等都不能应用于元组。

```
tuple4 = (1, 2, 3, 4, 5)
n = len(tuple4)  #n=5
tuple4.append(8) # 错误，不能增加元素
```

列表的功能远强于元组，那为何还要使用元组呢？因为元组具有以下优点：

- 执行速度比列表快：由于其内容不会改变，因此元组的内部结构比列表简单，执行速度较快。
- 存于元组的数据较为安全：因为其内容无法改变，不会因程序设计的疏忽而改变数据内容。

列表和元组的互相转换

列表和元组结构相似，区别只是元素是否可以改变。有时候程序中需要列表与元组之间进行互相转换。Python 中的 list 命令可将元组转换为列表，tuple 命令可将列表转换为元组。

元组转换为列表示例：

```
tuple1 = (1,2,3,4,5)
list1 = list(tuple1) # 元组转换为列表
list1.append(8)  # 正确，在列表中新增元素
```

列表转换为元组示范：

```
list2 = [1,2,3,4,5]
tuple2 = tuple(list2)  # 列表转换为元组
tuple2.append(8)  # 错误，元组不能增加元素
```

3.2.3 字典（Dict）结构

我们知道，列表数据是按顺序进行排列的，若要返回列表中的特定数据，必须知道其在列表中的位置。例如，对于一个水果价格的列表：

```
list1 = [20, 50, 30]  # 分别为香蕉、苹果、橘子的价格
```

若要得知苹果的价格，就要知道苹果的价格是位于列表中第 2 个元素，然后通过“list1[1]”取出苹果价格，这个方法在某些情况下使用起来并不是很方便。

字典结构中的元素是以“键—值”对方式存储的，我们可以通过“键”，来取出

其“值”。字典类型是把元素放在一对大括号中，其语法为：

```
字典名称 = {键1:值1, 键2:值2, ……}
```

例如：

```
dict1 = {"香蕉":20, "苹果":50, "橘子":30}
```

我们可以通过“键”，来返回字典元素的值，例如：

```
print(dict1["苹果"])   #返回苹果的价格50
```

由于字典是使用“键”作为下标来返回“值”，因此“键”必须是唯一的，而“值”则可以重复。如果“键”重复，则前面的“键”无效，只有最后的“键”有效，例如：

```
dict2 = {"香蕉":20, "苹果":50, "橘子":30, "香蕉":25}
print(dict2["香蕉"])   #返回最后一个键为“香蕉”的值，即25
```

元素在字典中的排列顺序是随机的，与输入的顺序不一定相同，例如：

```
dict1 = {"香蕉":20, "苹果":50, "橘子":30}
print(dict1)   #显示结果可能为：{"苹果":50, "香蕉":20, "橘子":30}
```

由于元素在字典中的排列顺序是随机的，所以不能用位置作为下标。此外，如果输入的“键”不存在，也会产生错误，例如：

```
dict1 = {"香蕉":20, "苹果":50, "橘子":30}
print(dict1[0])   #不能用位置作为下标，返回错误信息
print(dict1["菠萝"])   #键值不存在，返回错误信息
```

修改字典元素值的方法是对“键”设定新“值”，新元素值会取代旧元素值，例如：

```
dict1 = {"香蕉":20, "苹果":50, "橘子":30}
dict1["橘子"]) = 60
print(dict1["橘子"])   #输出更改后的橘子价格，即60
```

新增元素的方法是设定新“键”及新“值”，例如：

```
dict1 = {"香蕉":20, "苹果":50, "橘子":30}
dict1["菠萝"] = 40
print(dict1)   #{"香蕉":20, "苹果":50, "橘子":30, "菠萝":40}
```

删除字典则有三种情况。第一种是删除字典中的特定元素，语法为：

```
del 字典名称[键]
```

第二种是删除字典中的所有元素，语法为：

```
字典名称.clear()
```

第三种是删除字典变量，字典变量删除后该字典变量就不存在了，语法为：

```
del 字典名称
```

例如：

```
dict1 = {"香蕉":20, "苹果":50, "橘子":30}
del dict1["苹果"]  # 删除“"苹果":50”这个元素
dict1.clear()  # 删除所有元素
del dict1  # 删除 dict1 变量
```

3.2.4 常用字典操作

与列表相同，有许多方法可对字典进行操作，下表为字典操作的一些常用方法（表中假设 dict1={"joe":5,"mary":8}，n 为整数，b 为布尔变量）：

方法	含意	示例	示例结果
len(dict1)	返回字典元素数量	n=len(dict1)	n=2
dict1.clear()	删除所有字典中的元素	dict2=dict1.clear()	dict2 为空字典
dict1.copy()	复制字典	dict2=dict1.copy()	dict2={"joe":5, "mary":8}
dict1.get(键 , 值)	返回“键”对应的“值”，若“键”不存在，就返回参数中的“值”	n=dict1.get("joe")	n=5
键 in dict1	检查“键”是否存在	b="joe" in dict1	b=True
dict1.items()	返回以“键—值”组为元素的组合 (译者注：此返回值的数据类型形似列表，但实际并不是列表类型)	dict2=dict1.items()	dict2=[("joe"， 5), ("mary"， 8)]
dict1.keys()	返回以“键”为元素的组合 (译者注：此返回值的数据类型形似列表，但实际并不是列表类型)	dict2=dict1.keys()	dict2=["joe", "mary"]
dict1.setdefault (键 , 值)	若“键”不存在就把参数中的“键—值”加入 dict1 字典，如果“键”存在，则返回对应的值	n=dict1. setdefault("joe")	n=5
dict1.values()	返回以“值”为元素的组合	dict2=dict1.values()	dict2=[5,8]

keys() 方法 、values() 方法 及 items() 方法

字典的 keys() 方法可获取由所有“键”组成的组合，数据类型为 dict_keys；values() 方法可获取由所有“值”组成的组合，数据类型为 dict_values。可将 keys 及 values 方法返回的数据用 list 函数转换为列表，转成列表才能获取元素值，将两者组合就可输出字典全部内容。

案例：显示字典内容（一）

先创建一个包含 3 组数字的字典：姓名为“键”，成绩为“值”，再用程序新增 2 组数据，最后用 keys 及 values 方法显示字典内容。

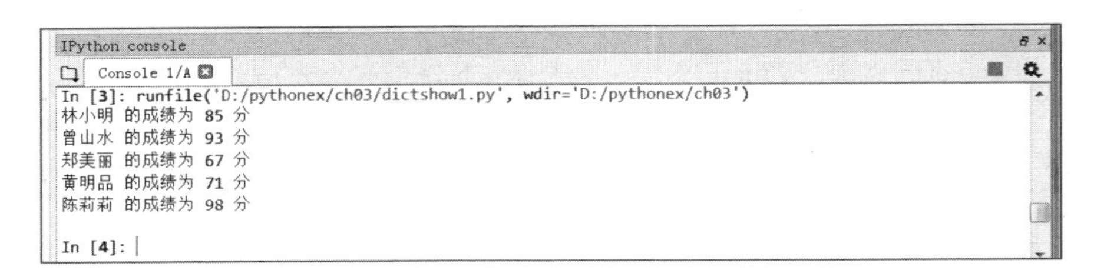

程序代码：ch03\dictshow1.py

```
1 dict1={"林小明":85, "曾山水":93, "郑美丽":67}
2 dict1["黄明品"] = 71
3 dict1["陈莉莉"] = 98
4 listkey = list(dict1.keys())        #把dict1.keys()转换为列表
5 listvalue = list(dict1.values())   ##把dict1.values()转换为列表
6 for i in range(len(listkey)):
7     print("%s 的成绩为 %d 分" % (listkey[i], listvalue[i]))
```

程序说明

- 1　创建 3 组数据的字典。
- 2 ～ 3　用程序新增 2 组数据。
- 4 ～ 5　用 keys 方法取“键”，用 values 方法取“值”。同时转换为列表。
- 6 ～ 7　用 for 循环逐对显示字典数据。

items() 方法可返回由所有键一值对组成的组合，数据类型为 dict_items，因其中包含了键数据及值数据，所以使用 items() 方法显示字典内容更为方便。

案例：显示字典内容（二）

案例内容及执行结果与上一个案例完全相同。

程序代码：ch03\dictshow2.py

```
1 dict1={"林小明":85, "曾山水":93, "郑美丽":67}
2 dict1["黄明品"] = 71
3 dict1["陈莉莉"] = 98
4 listitem = dict1.items()
5 for name, score in listitem:
6     print("%s 的成绩为 %d 分" % (name, score))
```

程序说明

■4 （译者注）不需转化为列表而直接访问 dict1.items() 的唯一方式就是通过 for...in... 遍历

■5 ～ 6 可同时返回键数据和值数据。

get () 方法及 setdefault() 方法

get() 方法可返回“键”对应的“值”，语法为：

```
字典名称 .get( 键 [, 缺省值 ])
```

第 2 个参数“缺省值”可有可无。get 方法执行结果可能有三种情况：

- “键”存在，不论是否设定“缺省值”，都返回字典中对应的“值”。
- “键”不存在，也没有设定“缺省值”，会返回“None”。
- “键”不存在，但设定了“缺省值”，则返回缺省值。

例如：

```
dict1 = {"香蕉":20, "苹果":50, "橘子":30}
n=dict1.get("苹果")  #n=50
n=dict1.get("苹果", 100)  #n=50
n=dict1.get("菠萝")  #n=None
n=dict1.get("菠萝", 100)  #n=100
```

setdefault() 方法的用法、功能及返回值与 get() 方法完全相同。setdefault() 方法和 get() 方法区别之处在于：get() 方法不会改变字典的内容，而 setdefault() 方法若“键”存在，字典的内容不变，若“键”不存在，则会把“键—值”对加入字典作为字典元素（若设定了缺省值，把“键 : 缺省值”作为元素添加到字典；若没有设定缺省值，则把“键 :None”作为元素加到到字典）。

下面举例说明 setdefault() 的使用方法：

```
dict1 = {"香蕉":20, "苹果":50, "橘子":30}
n=dict1.setdefault("苹果")  #n=50, dict1 未改变
n=dict1.setdefault("苹果", 100)  #n=50, dict1 未改变
n=dict1.setdefault("菠萝")  #n=None, dict1 = {"香蕉":20, "苹果":50,
```

```
        "橘子":30, "菠萝":None}
n=dict1.setdefault("菠萝", 100)  #n=100, dict1 = {"香蕉":20,
                                "苹果":50, "橘子":30, "菠萝":100}
```

3.3 函数

在较大的程序中，常会把具有特定功能或经常重复使用的代码编写成独立的小单元，称为“函数”，并赋予函数一个名称，当程序需要时就可以调用该函数并执行。

在程序中使用函数具有以下好处：

- 可将大程序分割后由多人开发，这将有利于团队分工，缩短开发周期。
- 可缩短代码长度，代码还可重复使用，当再开发类似功能的产品时，只要稍加修改即可以复用。
- 程序可读性高，易于排错和维护。

3.3.1 自定义函数

创建函数的语法为：

```
def 函数名称([参数1, 参数2, ……]):
    程序块
    [return 返回值1, 返回值2, ……]
```

- 参数列表（参数 1，参数 2，……）：可有可无，参数列表是用来接收函数调用时传递进来的数据，如果有多个参数，则参数之间必须用逗号分开。
- 返回值列表（返回值 1，返回值 2，……）：可有可无，返回值列表是执行完函数后返回的数据，若有多个返回值，则返回值之间必须用逗号分开，主程序中需要有多个变量来接收返回值。

例如：创建名为 SayHello() 的函数，用来显示“欢迎光临！”（无返回值）。

```
def SayHello():
    print( "欢迎光临！")
```

再如：创建名为 GetArea() 的函数，用参数传递矩形的宽和高，计算矩形面积后返回面积值。

```
def GetArea(width, height):
    area = width * height
    return area
```

函数创建后并不会执行，必须在主程序中调用该函数才会执行。调用函数的语法为：

```
[变量=] 函数名称([参数表])
```

如果函数有返回值，可以使用变量来存储返回值，例如：

```
def GetArea(width, height):
    area = width * height
    return area
ret1 = GetArea(6,9)  #ret1=54
```

案例：摄氏度转华氏度

输入一个摄氏度值，求对应的华氏度。

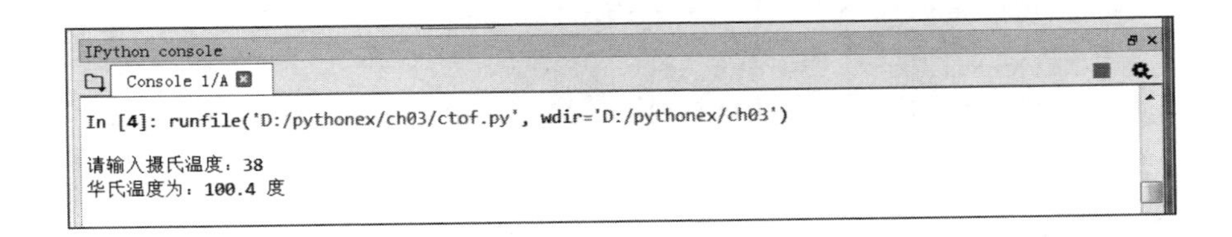

程序代码：ch03\ctof.py

```
1 def ctof(c):
2     f = c * 1.8 + 32
3     return f
4
5 inputc = float(input("请输入摄氏温度："))
6 print("华氏温度为：%5.1f 度" % ctof(inputc))
```

程序说明

■1～3　摄氏度转华氏度的公式为“摄氏温度 ×1.8＋32”，参数为摄氏温度。

■5　将输入的字符转为浮点数，方便后续计算。

■6　调用 ctof 函数后输出返回值。

如果参数的数量较多，常会弄错参数顺序从而导致错误结果。调用函数时可以输入参数名称，用这种方式调用函数就与参数顺序就无关了。不过输入参数名称的方式会增加不少需要输入的文字。下面三种调用方式结果相同：

```
def GetArea(width, height):
    return width * height
ret1 = GetArea(6, 9)                  #ret1=54
ret2 = GetArea(width=6, height=9)     #ret2=54
ret3 = GetArea(height=9, width=6)     #ret3=54
```

参数缺省值

创建函数时可以为参数设定缺省值，那么在调用函数时，如果没有传入该参数，就会使用该缺省值。参数设定缺省值的方法为"参数 = 值"，例如：

```
def GetArea(width, height=12):
     return width * height
ret1 = GetArea(6)   #ret1=72 (6*12)
ret1 = GetArea(6, 9)  #ret1=54 (6*9)
```

设定缺省值的参数必须位于参数表的最后，否则执行时会产生错误，例如：

```
def GetArea(width, height=12):  # 正确
def GetArea(width=18, height):  # 错误，需将"width=18"移到后面
```

3.3.2 不定参函数

参数的个数如果固定，有时会遇到一些麻烦。如在加法函数中，一般是 2 个数值相加：

```
def add(n1, n2):
    return n1 + n2
```

但此函数无法用于 3 个数相加。当然，我们可以再创建一个传入 3 个参数的函数，那 4 个数值相加、5 个数值相加呢？ Python 创建函数时可以让函数不预先设定参数个数，方法是在参数名称前加星号，语法为：

```
def 函数名称 (* 参数):
    ...
```

例如创建不定参函数 func1：

```
def func1(*args):
    ...
```

Python 通过元组的方式把所有参数存于 args 元组中，用户通过元组操作即可获取所有参数。

案例：多数值加法器

创建不定参函数，此函数可以计算 2 个，3 个，4 个，……数的总和。

```
In [5]: runfile('D:/pythonex/ch03/calsum.py', wdir='D:/pythonex/ch03')
不定参函数示例：
2 个参数：4 + 5 = 9
3 个参数：4 + 5 + 12 = 21
4 个参数：4 + 5 + 12 + 8 = 29
```

程序代码：ch03\calsum.py

```
 1 def calsum(*params):
 2     total = 0
 3     for param in params:
 4         total += param
 5     return total
 6
 7 print(" 不定参函数示例：")
 8 print("2 个参数：4+5 = %d" % calsum(4,5))
 9 print("3 个参数：4+5+12 = %d" % calsum(4,5,12))
10 print("4 个参数：4+5+12+8 = %d" % calsum(4,5,12,8))
```

程序说明

■1　创建不定参函数 calsum。

■3 ～ 4　传入的参数用元组存储于 params 中，第 3 行把元组内元素逐一取出，第 4 行计算总和。

3.3.3 变量的有效范围

按有效范围来划分，变量分为全局变量和局部变量：

- 全局变量：定义在函数外的变量，有效范围是整个 Python 文件。
- 局部变量：定义在一个函数中的变量，有效范围限于该函数内部。

若有相同名字的全局变量与局部变量，则在函数内部会使用局部变量，而在函数外部，因局部变量不存在，故会使用全局变量。

```
1 def scope():
2     var1 = 1
3     print(var1, var2)
4
```

```
5 var1 = 10
6 var2 = 20
7 scope()     #1 20
8 print(var1, var2)    #10 20
```

第 7 行调用函数，输出语句位于函数内部，而函数内部本身也定义了 var1 变量，所以函数内部的局部变量 var1 会优先使用，其值为 1；函数内没有 var2 变量，故会使用全局变量 var2，其值为 20。

第 8 行输出语句位于函数外，都使用全局变量，所以输出为“10 20”。

如果要在函数内使用全局变量，需在函数内部用 global 关键字进行声名。

```
 1 def scope():
 2     global var1
 3     var1 = 1
 4     var2 = 2
 5     print(var1, var2)
 6
 7 var1 = 10
 8 var2 = 20
 9 scope()      #var2 在函数内部时，使用局部变量，故输出 1  2
10 print(var1, var2)   #var2 在函数外部时，使用全局变量，故输出 1  20
```

第 2 行在函数内声名了 var1 为全局变量，第 3 行把全局变量 var1 的值改为 1。第 9 行调用函数，所以输出的是全局变量 var1 及局部变量 var2，其值为“1 2”。

第 10 行输出语句在函数外，都使用全局变量，输出值为“1 20”。

3.3.4 系统内置函数

需要反复执行的代码可以写成函数，程序在执行时调用该函数即可。但如果每一项功能都由开发者自行去开发实现，那是不太现实的而且也没必要。Python 内建了许多函数，让开发者可以直接调用。这样开发者等于拥有了许多工具，可以轻松开发出符合需求的程序。

关于系统内置函数，实际上前面的例子中已使用过一些，如 float()、range() 等，Python 中常用的系统内置函数如下表：

函数	功能	示例	示例结果
abs(x)	返回 x 的绝对值	abs(-5)	5
chr(x)	返回整数 x 所表示的字符	chr(65)	A

续表

函数	功能	示例	示例结果
divmod(x, y)	返回 x 除以 y 的商及余数组成元组	divmod(44, 6)	(7,2)
float(x)	将 x 转换成浮点数	float("56")	56.0
hex(x)	将 x 转换成十六进制数	hex(34)	0x22
int(x)	将 x 转换成整数	int(34.21)	34
len(x)	返回参数 x 的元素个数	len([1,3,5,7])	4
max(列表型参数)	返回列表中的最大值	max(1,3,5,7)	7
min(列表型参数)	返回列表型中的最小值	min(1,3,5,7)	1
oct(x)	将 x 转换成八进制数字	oct(34)	0o42
ord(x)	返回字符 x 的 Unicode 编码	ord(" 我 ")	25105
pow(x, y)	返回 x 的 y 次方	pow(2,3)	8
round(x)	返回 x 四舍六入值	round(45.8)	46
sorted(列表)	由小到大排序	sorted([3,1,7,5])	[1,3,5,7]
str(x)	将 x 转换成字符串	str(56)	56 (字符串)
sum(列表)	计算列表中元素的总和	sum([1,3,5,7])	16
type(对象)	返回对象的数据类型	type(34.0)	float

上表中，pow 函数也可以包含 3 个参数：

```
pow(x, y, z)
```

其含意为 x 的 y 次方除以 z 的余数，例如：

```
pow(3, 4, 7)  # 返回值为 4
```

3 的 4 次方为 81，81 除以 7 为 11 余 4，所以该函数的返回值为 4。

上表中，round 函数也可以包含两个参数，格式如下：

```
round(x, y)
```

y 用于设定小数位数（如果 y 省略则返回整数）。四舍六入是 4 以下（含）舍去，6 以上（含）进位。如果是 5 则根据其前一位数而定：前一位数是偶数就把 5 舍去，前一位数是奇数就把 5 进位。例如：

```
round(3.76, 1)  #3.8
round(3.74, 1)  #3.7
round(3.75, 1)  #3.8
```

```
round(3.65, 1)  #3.6
```

上表中，sorted 函数默认由小到大排序，若用“reverse=True”作为第 2 个参数，则会由大到小排序，例如：

```
sorted([3,1,7,5], reverse=True)  #[7,5,3,1]
```

案例：系统内置函数的应用

输入若干个正整数，用系统内置函数显示其最大数、最小数、总和并排序。

```
Python console
Python 1
>>> runfile('D:/pythonex/ch03/function1.py', wdir='D:/pythonex/ch03')
请输入正整数 (-1: 结束): 65
请输入正整数 (-1: 结束): 49
请输入正整数 (-1: 结束): 95
请输入正整数 (-1: 结束): 31
请输入正整数 (-1: 结束): 84
请输入正整数 (-1: 结束): -1
共输入 5 个数
最大数为: 95
最小数为: 31
输入数的总和为: 324
输入数由大到小排序为: [95, 84, 65, 49, 31]
>>>
Internal console | Python console | History log | IPython console
```

程序代码：ch03\function1.py

```
 1 innum = 0
 2 list1 = []
 3 while(innum != -1):
 4     innum = int(input("请输入正整数 (-1：结束)："))
 5     list1.append(innum)
 6 list1.pop()
 7 print("共输入 %d 个数" % len(list1))
 8 print("最大数为：%d" % max(list1))
 9 print("最小数为：%d" % min(list1))
10 print("输入数的总和为：%d" % sum(list1))
11 print("输入数由大到小排序为:{}".format(sorted(list1, reverse=True)))
```

程序说明

■3 ～ 5　让用户输入数值，并将数值存入列表。

■6　最后输入的“-1”不能算作输入，需将其删除。

■11　由大到小排序时需加“reverse=True”参数。

3.3.5 导入包

Python 最大的特色就是拥有许多内建包（包：package，也有人称之为类、模块、套件、组件）以及很多第三方开发的功能强大的包，这使得 Python 功能可以无限扩充。内建包只需用 import 命令即可导入，第三方包则需安装后才能使用 import 命令进行导入（安装方法请参考 1.2.2 节）。

import 命令的语法为：

```
import 包名称
```

例如，random 是一个产生随机数的内建包，导入 random 包的语法为：

```
import random
```

通常包中有许多方法 (也可称函数) 可供开发者使用，使用这些方法的语法为：

```
包名称 . 方法名称
```

例如，random 包中包含了 seed()、random()、choice() 等方法，使用 seed() 方法的代码为：

```
random.seed()
```

如果每次使用包中所包含的方法时都要输入包名称，会比较麻烦，特别是当有些包的名称很长时，更是不好输入，导致程序出错的概率增加。那么，我们可以通过另外一种导入包命令的方式，来改善这种问题：

```
from 包名称 import *
```

用这种方式导入包后，使用其中的方法时就不必再输入包的名称（当然也可以输入），例如：

```
from random import *
seed()                      # 此时，seed() 与 random.seed() 是等效的
```

这种方法带来的好处是使用起来非常方便，但同时也带来一些风险：每一个包内，一般都包含了很多的方法，若两个或多个包都包含一个同名的方法时，使用时就可能产生错误。为兼顾便利性及安全性，可使用 import 命令的第三种格式：

```
from 包名称 import 函数 1, 函数 2,……
```

例如：

```
from random import seed, random, choice
```

其含义是从 random 包中导入三个方法，通过指定导入的方法名称，就能避免函数名称重复的错误。

import 命令的最后一种格式是为包名称另取一个简短的别名，语法为：

```
import 包名称 as 别名
```

这样一来，使用方法时就通过“别名.方法名”进行调用，这样既可避免输入较长的包名称，又可避免不同包中有同名函数的问题，例如：

```
import random as r
r.seed()
```

文件处理及 SQLite 数据库

Python 能够快速地对电脑中的文件或文件夹进行批量处理。通过 os 包可以完成目录的创建与删除、文件删除、执行操作系统命令等操作，通过 Python 内建的 open() 方法，可能打开指定文件对其内容进行读、写或修改。

Python 通过内建的嵌入式数据库 SQLite，以文件的形式存储整个数据库，并可通过 SQL 语句对数据库进行增、删、改、查等操作。

4.1 文件和目录管理

日常工作中，我们有大量的电脑文件需要处理，针对这些文件处理的需求，Python 提供了 os、shutil、glob 等实用开发包，可以帮助我们完成很多文件和目录操作需求。

4.1.1 os 包

os 包中包含了目录创建、目录删除、文件删除、执行操作系统命令等方法。os 包在使用前需要先进行导入，以下是 os 包中的一些常用方法。

remove() 方法

删除指定文件。此方法一般都会结合 os.path 的 exists() 方法来使用，即先检查该文件是否存在，再决定是否删除该文件。（<osremove.py>）

本章案例在 IPython console 中执行。

```
import os
file = "myFile.txt"
if os.path.exists(file):                 # 如果 file 存在
    os.remove(file)                      # 则删除 file
else:                                    # 否则
    print(file + " 文件未找到！")         # 输出相关提示信息
```

mkdir() 方法

用 mkdir() 方法可以创建指定名称的目录。

```
import os
os.mkdir("myDir")
```

上述代码执行后会在当前工作目录创建 myDir 目录，但如果目录已经创建，执行时就会产生错误。所以，创建目录之前一般要先检查该目录是否存在，再决定是否要创建该目录。另外，当前工作目录可通过 os.chdir() 方法进行改变。（<osmkdir.py>）

```
import os
dir = "myDir"
if not os.path.exists(dir):
    os.mkdir(dir)
else:
```

```
    print(dir + " 目录已存在 !")
```

rmdir() 方法

rmdir() 方法可以删除指定目录。删除目录前必须先删除该目录中的文件。一般都会先检查该目录是否存在，再决定是否要删除该目录。（<osrmdir.py>）

```
import os
dir = "myDir"
if os.path.exists(dir):
    os.rmdir(dir)
else:
    print(dir + " 目录不存在 !")
```

system() 方法

以操作系统命令作为参数，并执行参数指定的操作系统命令。

例：清除屏幕、创建 dir2 目录、复制 ossystem.py 文件到 dir2 目录中，并更名为 copyfile.py，最后用记事本打开 copyfile.py 文件。（<ossystem.py>）

```
import os
cur_path=os.path.dirname(__file__) # 取得当前路径
os.system("cls")  # 清除屏幕
os.system("mkdir dir2")  # 创建 dir2 目录
os.system("copy ossystem.py dir2\copyfile.py") # 复制文件
file=cur_path + "\dir2\copyfile.py"
os.system("notepad " + file)  # 用记事本打开 copyfile.py 文件
```

4.1.2 os.path 模块

os.path 模块是 os 包中的模块，通过其中包含的方法，可以对文件路径（译者注：此处的路径指当前工作目录的路径）及名称进行处理，如检查文件或路径是否存在、计算文件大小等操作。使用 os.path 包之前，首先必须导入 os.path 模块：

```
import os.path
```

下表是 os.path 包中的一些常用方法：

方法名称	说明
abspath()	返回指定文件的绝对路径名（译者注：此方法不检测文件是否存在，且路径最后包含文件名）

续表

方法名称	说明
basename()	返回路径最后部分的文件或路径名。如果测试的是文件会返回文件名，测试的是路径会返回路径的最后部分
dirname()	返回文件的完整路径（路径最后不包含文件名），用dirname(_file_)则可以取得当前文件的路径
exists()	检查指定的文件或路径是否存在
getsize ()	返回指定文件的大小（Bytes）
isabs()	检查指定路径是否为完整路径名称
isfile()	检查指定路径是否为文件
isdir()	检查指定路径是否为目录
split()	把文件路径名分割为路径和文件
splitdrive()	把文件路径名分割为磁盘名和文件路径名
join()	把路径名和文件名合并成完整路径

例：获取当前路径、完整路径名、文件大小、最后的文件或路径名称，检查是否为目录、将路径分解为路径和文件名、取得硬盘名称等。（<ospath.py>）

```
import os.path
cur_path=os.path.dirname(__file__) # 返回当前文件的目录路径
print("当前目录路径为："+cur_path)
filename=os.path.abspath("ospath.py")  # 获取文件 ospath.py 的当前路径
if os.path.exists(filename):           # 如果当前路径存在该文件
    print("完整路径名称:" + filename)  # 结果根据本代码文件的路径不同而变化
    print("文件大小：" , os.path.getsize (filename) )  # 输出该文件的大小

    basename=os.path.basename(filename)        # 获取文件路径最后部分
    print("路径最后的文件名为：" + basename)   # 输出获取的文件名

    dirname=os.path.dirname(filename)      # 获取该文件的路径(不含文件名)
    print("当前文件目录路径：" + dirname)  # 输出该路径

    print("是否为目录:",os.path.isdir(filename))# 判断filename是不是目录

    fullpath,fname=os.path.split(filename) # 把filename分割为目录及文件
    print("目录路径：" + fullpath)
    print("文件名：" + fname)

    Drive,fpath=os.path.splitdrive(filename)   # 分割为盘符及路径
    print("盘名：" + Drive)
```

```
    print(" 路径名称：" + fpath)

    fullpath = os.path.join(fullpath + "\\" + fname)
    print(" 合并路径 = " + fullpath)
```

在 IPython console 控制台中运行以上代码，结果如下：

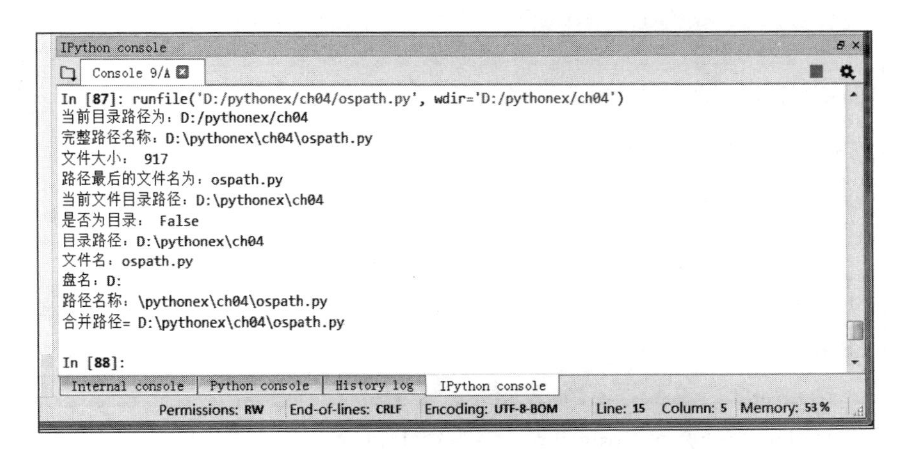

4.1.3 os.walk() 方法

os.walk() 方法用来搜索指定目录及其子目录，它会返回一个包含 3 个元素的元组，分别为文件夹名称、下一层文件夹列表和文件夹中所有文件的列表。由于它用类似递归的方式进行处理，所以其功能非常强大，但理解起来较复杂。

为了便于理解，本案例的代码文件故意放在本章 <oswalk> 目录下，该目录包含了一个名为 Dir 的目录和名为 oswalk.py、oswalk1.txt 的文件，并在 Dir 子目录下又创建了 SubDir 子目录和 Dir1.txt、Dir2.txt 文件，同时在 SubDir 子目录下又创建了 SubDir1.txt 文件。其文件结构如下：(<oswalk.py>)

```
\oswalk
   ├─\Dir ──────────┬─\SubDir ──── SubDir1.txt
   ├─oswalk.py      ├─Dir1.txt
   └─oswalk1.txt    └─Dir2.txt
```

```
import os
cur_path=os.path.dirname(__file__) # 取得当前路径
sample_tree=os.walk(cur_path)    # 取得当前路径的目录部分
for dirname,subdir,files in sample_tree:
    print(" 文件路径：",dirname)
```

```
    print("目录列表：" , subdir)
    print("文件列表：",files)
    print()
```

在 IPython console 控制台中运行上述代码。

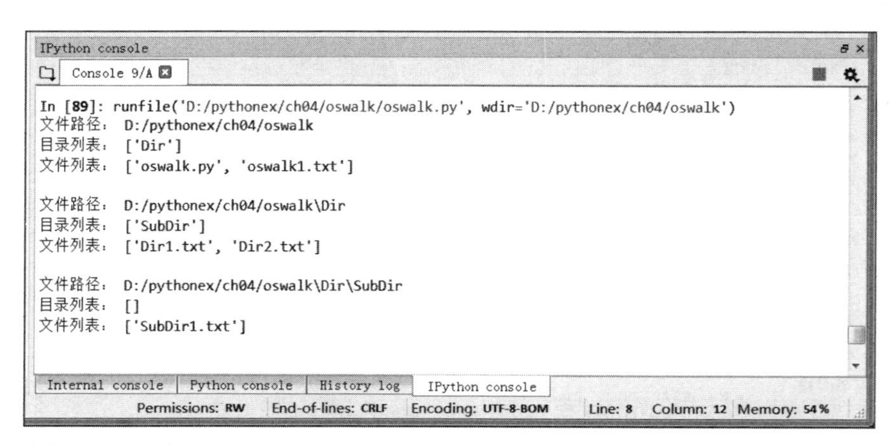

最先取得的路径是 <...\oswalk>，该路径中包含了一个 Dir 目录列表和 oswalk.py、oswalk1.txt 两个文件。

接着进入 Dir 目录，Dir 目录中包含了一个 SubDir 子目录和 Dir1.txt、Dir2.txt 两个文件。

最后进入 SubDir 子目录，其目录列表为空，表示其下已无子目录，同时显示其中的 SubDir1.txt 文件。

4.1.4 shutil 包

shutil 是一个跨平台的文件处理包，主要用于文件与目录的一些操作。shutil 包在使用前须先进行导入：

```
import shutil
```

此包中常用的方法如下：

属性或方法	说明
copy(src,dst)	复制 src（源文件）至 dst（目标文件）
copytree(src,dst)	将 src 目录及目录中所有文件复制到 dst
rmtree(dir)	删除 dir 目录和目录中所有文件
move(src,dst)	将 src 目录或文件转移到 dst（转移后源文件被删除）

与 os 包中的相关方法相比，shutil 提供了更加强大的处理能力，而且可以跨平台。

例：将 shutil.py 文件复制为 newfile.py 文件。（<shutil.py>）

```
import os,shutil
cur_path=os.path.dirname(_file_) # 取得当前路径
destfile= cur_path + "\\" + "newfile.py"  # 设定目标文件路径
shutil.copy("shutil.py",destfile )  # 把源文件复制到目标文件
```

4.1.5 glob 包

glob 包可用于返回指定条件下的文件列表。先用 import glob 导入 glob 包，然后就可以用 glob.glob() 方法获取指定条件下的文件列表了。语法格式如下：

```
glob.glob(" 路径名称 ")
```

“路径名称”可以是明确的文件名，也可使用通配符“*”。

例如：依次获取 <glob.py> 文件、文件名前两个字符是以 os 开头的所有 py 文件以及所有扩展名为 txt 的文件 。（<glob.py>）

```
import glob
files = glob.glob("glob.py") + glob.glob("os*.py") + glob.glob("*.txt")
for file in files:
    print(file)          #glob 的操作目标路径为当前文件所在路径
```

在 IPython console 控制台中执行上述代码，结果如下图。

```
IPython console
Console 1/A
glob.py
osmkdir.py
ospath.py
osremove.py
osrmkdir.py
ossystem.py
A.txt
file1.txt
file2.txt
filetest.txt
filetest1.txt
fileUTF8.txt
memo.txt
password.txt
```

4.2 open() 方法

open() 方法是 Python 的内置方法，用于打开指定的文件，并对文件进行读取、修改或添加内容等操作。

4.2.1 用 open() 方法打开文件

```
open(filename[,mode][,encoding])
```

open() 方法共有 8 个参数，其中最常用的有三个，分别是 filename、mode 和 encoding。其中 filename 不可省略，其他参数都可以省略，省略时会使用默认值。

filename 参数

filename 表示要读写的文件名，数据类型为字符串，其中可以包含相对路径或绝对路径。如果没有指定路径，会默认为当前代码程序所在的路径。

mode 参数

mode 参数用于设置文件的打开模式，数据类型为字符串，省略此参数会以默认（只读）模式打开文件。mode 有三种取值，分别是 r、w、a，每种取值所代表的含义如下表：

模式	说明
r	以只读模式打开文件，此模式为默认模式。此模式下文件不可进行写操作，若文件不存在，则提示错误
w	以写模式打开文件。此模式下进行写操作将会覆盖原文件；若文件不存在，则会自动创建一个文件
a	以增加模式打开文件。此模式下进行写操作，内容将会被增加至原文件尾部；若文件不存在，则会自动创建文件并写入内容

open() 方法会先创建一个对象，然后再通过这个对象对文件进行处理，处理结束后通过 close() 方法关闭文件。

```
f=open('file1.txt','r')
...
f.close()
```

例：将文件 file1.txt 以写模式打开，然后把数据写入文件中。（<filewrite1.py>）

```
1    content='''Hello Python
2    中文字测试
3    Welcome
4    '''
5
6    f=open('file1.txt','w')
7    f.write(content)
8    f.close()
```

上例通过“ '''...''' ”来定义 content 变量（三个双引号或三个单引号皆可），以使其中的字符能够以正常的格式输出（因为该字符串中包含回车符），因此 content 变量的内容为：

```
Hello Python
中文字测试
Welcome
```

执行完毕后，用记事本打开 <file1.txt> 文件，内容如下：

```
Hello Python
中文字测试
Welcome
```

在菜单中单击“文件 \ 另存为 ...”按钮，会发现 Windows 中文系统默认的编码方式是 ANSI。

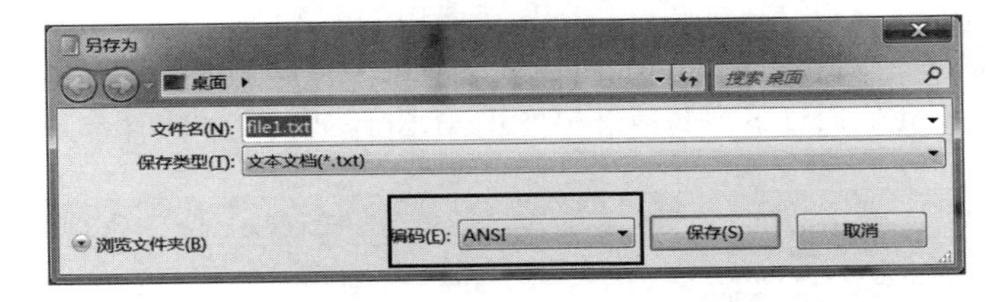

如果我们想把该文本文件读取并显示出来，可以通过以下代码实现。

例：以只读模式打开文件 file1.txt，并显示其数据内容。（<fileread1.py>）

```
1    f=open('file1.txt','r')
2    for line in f:
3        print(line,end="")
4    f.close()
```

在 IPython console 控制台中执行上述代码，结果如下图：

```
IPython console
Console 1/A
In [13]: runfile('D:/pythonex/ch04/fileread1.py', wdir='D:/pythonex/ch04')
Hello Python
中文字测试
Welcome
```

处理完文件之后，可以用 close() 方法关闭文件，也可以用 with 语句关闭文件。因为 with 语句结束后会自动关闭文件，因此我们就不需要再用 f.close() 进行主动关闭。注意：with 语句内的代码必须缩进。(<fileread2.py>)

```
1   with open('file1.txt','r') as f:
2       for line in f:
3           print(line,end="")
```

encode 参数

encode 参数用于指定文件的编码模格式，一般可设为 GB2312(简体中文编码) GBK（GB2312 的扩展，兼容 GB2312 且可显示繁体中文或日文假名）、cp950（繁体中文）或 UTF-8（8-bit Unicode Transformation Format）等。默认的编码因操作系统不同而有所不同，如果是 Windows 简体中文系统，默认的编码是 cp936(即 GB2312)，也就是记事本“存储为”界面中显示的 ANSI 编码。我们可以在 .py 程序中用下列代码获取当前操作系统的默认编码：

```
import locale
print(locale.getpreferredencoding())
```

需要注意的是，我们 Windows 简体中文的记事本默认使用的是 ANSI 编码存储文本文件，因此我们通过下列两种语句打开 ANSI 编码的文本文件都是没有问题的：

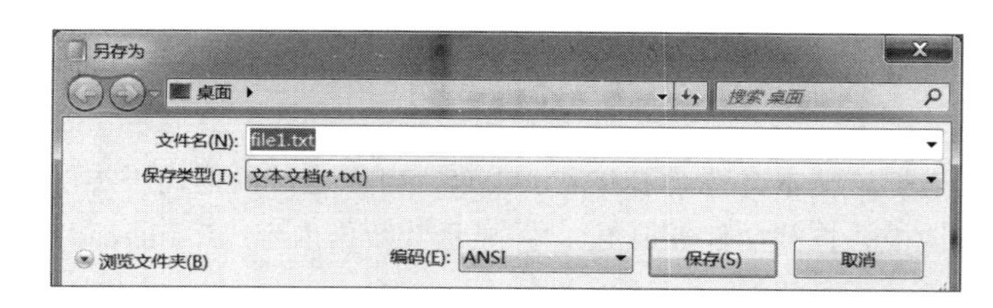


```
f=open('file1.txt','r')
f=open('file1.txt','r', encoding = 'cp936') #指定用 cp936 编码打开文件
```

但是如果我们在指定 encoding='cp936' 的情况下去读取用 UTF-8 编码的文件，那

么显示出来的数据内容有时会出现错误或乱码。

例：使用 cp936 编码格式 打开 UTF-8 编码格式的 <file2.txt> 文件并显示文件内容。（<filereadUTF-8.py>）

```
f=open('file2.txt','r',encoding ='cp936')
for line in f:
    print(line,end="")
f.close()
```

执行结果会产生下图所示错误（图中 'gbk' 表示 cp936 编码）：

```
Console 1/A

  File "D:/pythonex/ch04/filereadUTF-8.py", line 2, in <module>
    for line in f:

UnicodeDecodeError: 'gbk' codec can't decode byte 0xbf in position 2: illegal
multibyte sequence
```

我们必须将 encoding 参数设置为 UTF-8 才可正确读取和显示。

```
f=open('file2.txt','r',encoding ='UTF-8')
...
f.close()
```

由于国际间通用的编码以及许多 Linux 系统默认使用 UTF-8 编码，因此一般情况下我们建议将文件保存为 UTF-8 编码（而不是 ANSI 编码）。

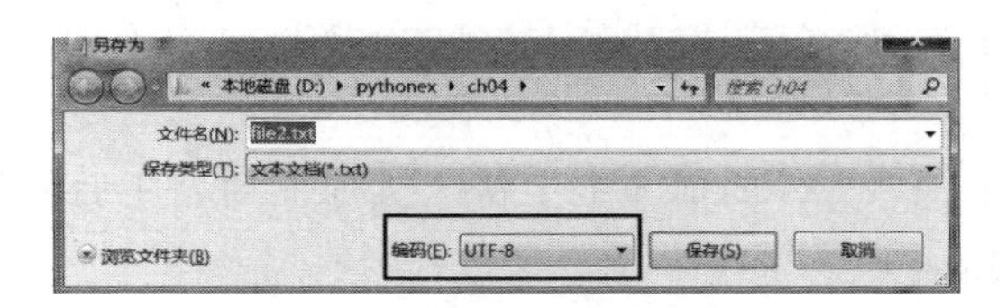

如果文件编码已更改为 UTF-8，则读取时就必须明确指定编码为 UTF-8，否则会出现错误。

```
f=open(编码为UTF-8的文件的文件名,'r', encoding = 'UTF-8')
```

4.2.2 文件操作

读取文件后，我们可以显示其内容或将指定内容写入到文件。

常用的文件操作方法如下表：

方法	说明
close()	关闭文件。文件关闭后就不能再进行读写操作
flush()	用 flush() 方法可在不关闭文件的情况下，强制将缓冲区的数据写入文件并清除缓冲区
read([size])	读取指定长度的字符，如果未指定长度，则会读取所有字符
readable()	测试文件是否可读
readline([size])	读取文件的当前行（文件指针所在的行）中长度为 size 的字符，若省略参数，则会读取一整行，包括 "\n" 字符
readlines()	读取所有行，返回值是一个列表
next()	移动到下一行
seek(n)	将指针移到第 n 个字符的位置
tell()	获取文件当前位置
write(str)	将指定的字符串写入文件中，无返回值
writable()	测试文件是否可写

用 read() 方法读取文件

read() 方法从当前指针位置读取指定长度的字符，如果不指定长度，则会读取所有字符。

例：读取 <file1.txt> 文件的前 5 个字符，执行下列程序后将显示“Hello”这 5 个字符。（<fileread3.py>）

```
1   f=open('file1.txt','r')    # 以只读方式打开 file1.txt
2   str1=f.read(5)   # 读取 5 个字符至变量 str1
3   print(str1)   # 输出结果为：Hello
4   f.close()     # 关闭文件
```

用 readlines() 方法读取文件

readlines() 方法用于读取文件全部内容，返回值是一个列表，文件的每一行作为列表的一个元素。

例：读取 file1.txt 文件并显示返回值的数据类型及内容。(<fileread4.py>)

```
1   with open('file1.txt','r') as f:
2       content=f.readlines()   # 读取整个文件至 content 变量
3       print(type(content))    # 显示返回值的数据类型
4       print(content)   # 显示文件内容
```

执行结果如下图：

```
Console 1/A
In [22]: runfile('D:/pythonex/ch04/fileread4.py', wdir='D:/pythonex/ch04')
<class 'list'>
['Hello Python\n', '中文字测试\n', 'Welcome\n']
```

readlines() 用列表清晰地返回了所有文件内容，包括换行符“\n”，甚至是隐含字符，请看下面的例子。

例：读取 UTF-8 编码的文件 file2.txt> 的内容。(<fileread5.py>)

```
1   with open('file2.txt','r',encoding ='UTF-8') as f:
2       doc=f.readlines()
3       print(doc)     # readlins() 读取的内容包含隐藏字符
4
5   f=open('file2.txt','r',encoding ='UTF-8')
6   str1=f.read(5)
7   print(str1)   #read() 方法不读取藏字符，所以读 5 个字符却只显示 4 个
8   f.close()
```

执行结果如下图：

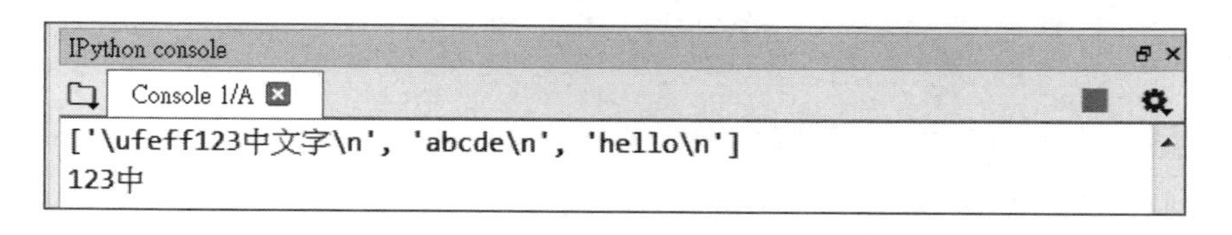

我们注意到，上例所显示的内容中，在第一行的数据前面多了几个字符“\ufeff”，这几个字符是 UTF-8 文件的文件头，又称 BOM，是在 Windows 中文系统中用“记事本”将文件存为 UTF-8 格式时自动生成的。BOM 整体算 1 个字符，read() 函数读取文件时不会读取隐藏字符，因此第 7 行的结果只能看到“123 中”这 4 个字符，因为第一个字符 BOM 未被读取，所以不会显示。

BOM 字符不显示有时会在数据处理时造成误判，有经验的程序员会通过

NotePad++ 文件编辑器的“以 UTF-8 无 BOM 格式编码”功能去除 BOM 字符，如下图。

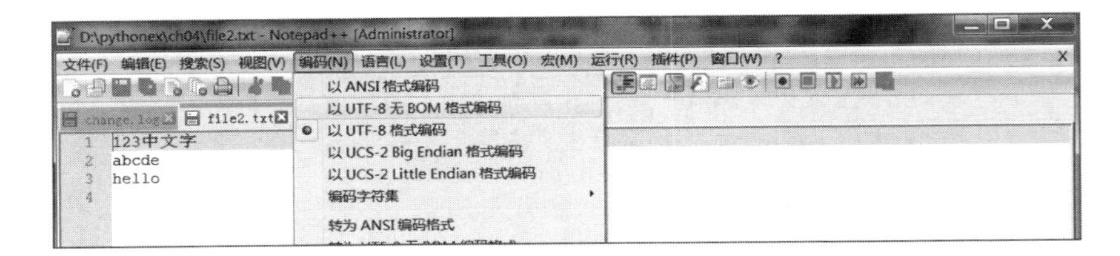

还一种处理方式就是在读取带有 BOM 的文件时，指定 encoding ='UTF-8-sig'，这样也可把 BOM 字符去掉。

例：读取 UTF-8 编码的 file2.txt 文件，并去除 BOM。（<fileread6.py>）

```
1   with open('file2.txt','r',encoding ='UTF-8-sig') as f:
2       doc=f.readlines()
3       print(doc)
4
5   f=open('file2.txt','r',encoding ='UTF-8-sig')
6   str1=f.read(5)
7   print(str1)   # 123 中文
8   f.close()
```

执行结果如下图：

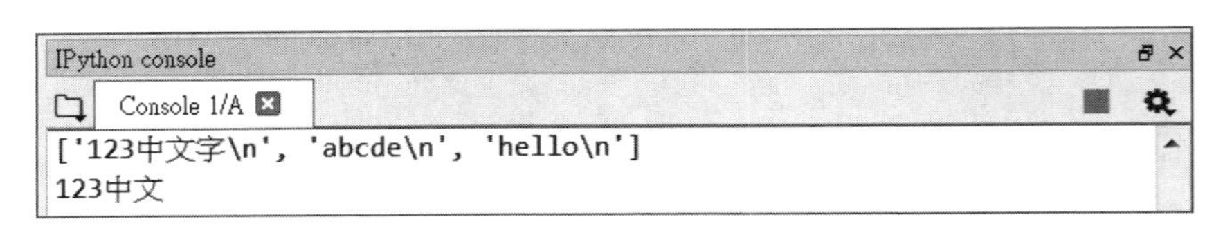

用 readline([size]) 方法读取文件

读取当前字符指针所在行中长度为 size 的内容，若省略参数，则会读取一整行，包括 "\n" 字符。

例：读取 UTF-8 编码的 file2.txt 文件的内容，并去除 BOM。（<fileread7.py>）

```
1   f=open('file2.txt','r',encoding ='UTF-8-sig')
2   print(f.readline())   # 指针开始时位于首行，执行完此行后指针下移一行
3   print(f.readline(3)) # 返回第 2 行前 3 个字符
4   f.close()
```

执行结果如下图：

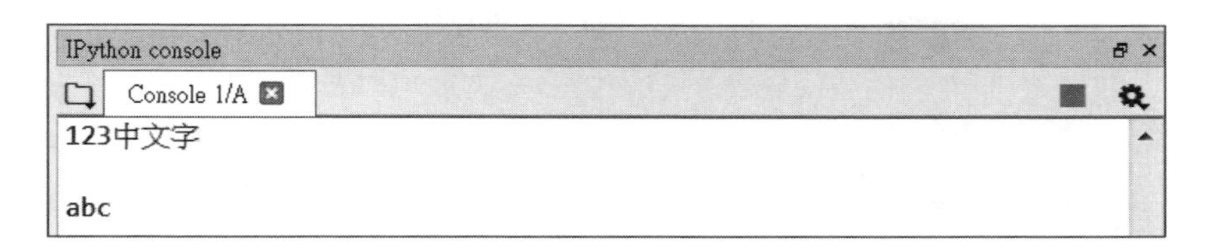

上例中，通过 f.readline() 读取第一行，因为该行包含了 \n 回车符，因此执行 print() 时会显示多出一行的空行（print 函数默认会自带一个回车）。

f.readline() 读完第一行后指针会移动到下一行，即第二行，因此 f.readline(3) 会读取第二行的前 3 个字符。

4.2.3 文件操作的应用

熟练掌握文本文件的操作，对于我们处理文本文件非常有帮助。不过文本文件毕竟不像数据库，不太容易对其进行查询操作。如果能将文本文件以列表或字典格式存储，再结合列表或字典的强大功能（如查询、排序等），就可以让文本文件操作起来更为灵活。

例：定义一个字典变量 data，并创建一个文本文件 password.txt，在文本文件中输入文本 {"chiou":"123456", "David":"0800"}, 然后把 password.txt 读取到字典变量 data 中。

由于文件是文本格式（不是字典，只是其内容的格式为字典格式），因此从文件读取数据后，必须将其转换为字典类型后才能在程序中执行字典型数据的相关操作。我们可以用 ast 包中的 literal_eval() 方法来进行格式转换。

```
import ast
data = dict()
with open('password.txt','r', encoding = 'UTF-8-sig') as f:
    filedata = f.read()
    data = ast.literal_eval(filedata)
```

案例：账号与密码的管理

利用文本文件管理账号和密码，程序功能如下（代码文件：ch04\manage.py）：

执行程序后选 1 输入账号和密码，第一组数据输入“chiou、123456”，同样再输入第二组数据“ David、0800”，第三笔数据“宝可梦、pica”。按 Enter 键结束账号和密码输入。

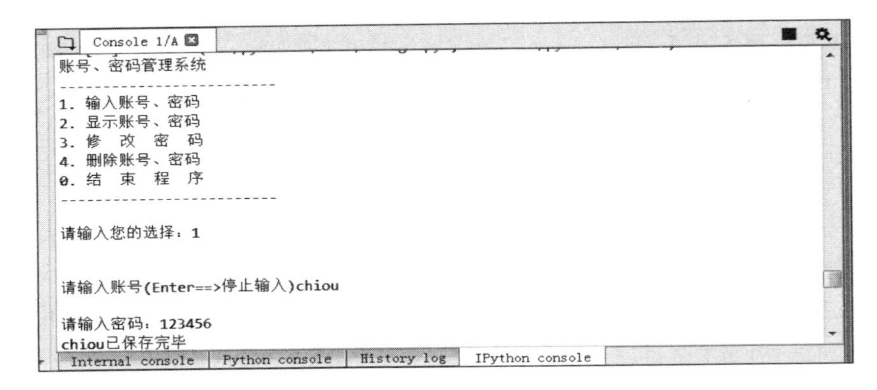

选 2 显示输入的账号和密码。

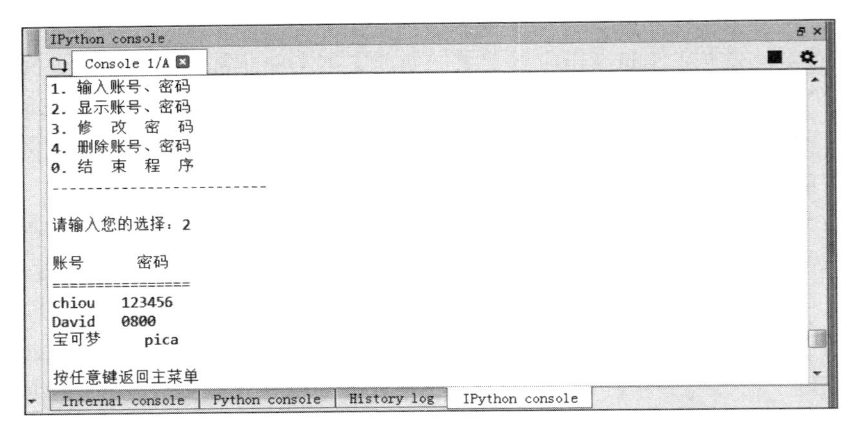

选 3 修改密码。输入账号后会先显示旧密码，然后输入新密码“654321”，则可将旧密码改为新密码。

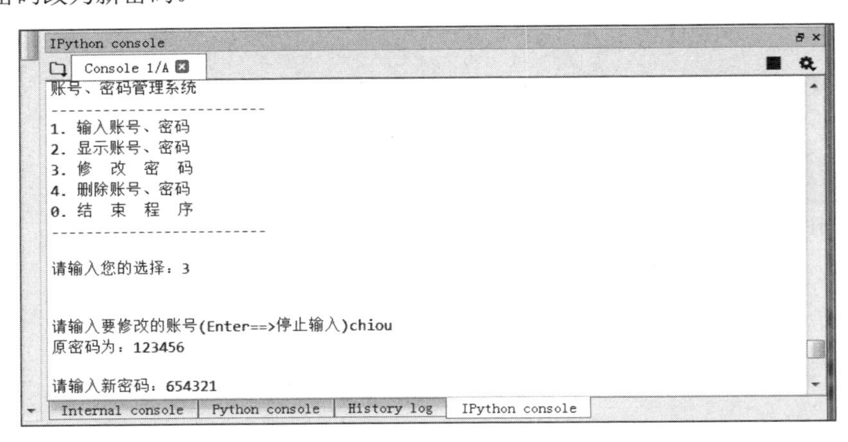

选 4 删除账号。输入账号 David 再按 Y 键可将该账号删除。

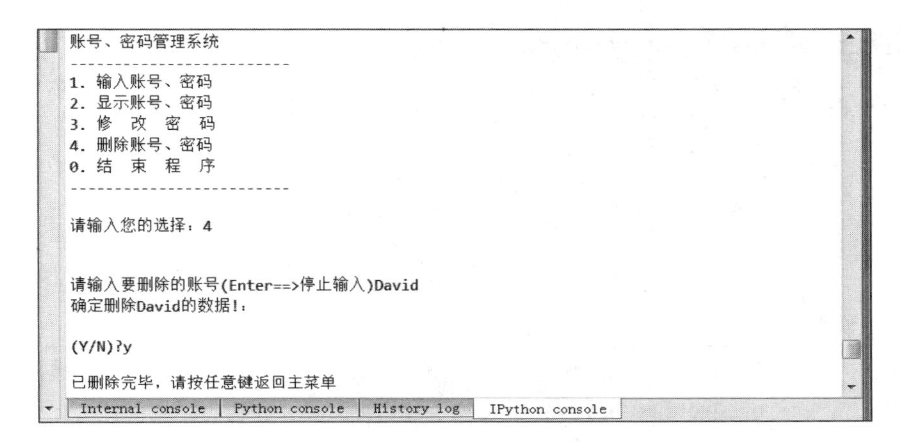
账号、密码管理系统
----
1. 输入账号、密码
2. 显示账号、密码
3. 修 改 密 码
4. 删除账号、密码
0. 结 束 程 序

请输入您的选择：4

请输入要删除的账号(Enter==>停止输入)David
确定删除David的数据!：

(Y/N)?y

已删除完毕，请按任意键返回主菜单

Internal console | Python console | History log | IPython console

按 0 结束程序。

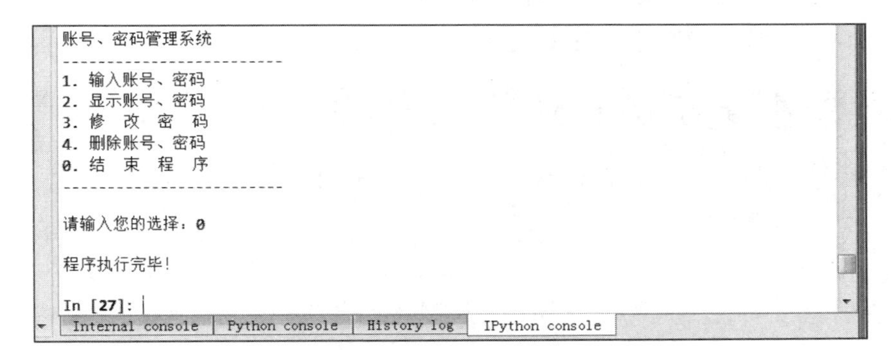
账号、密码管理系统
----
1. 输入账号、密码
2. 显示账号、密码
3. 修 改 密 码
4. 删除账号、密码
0. 结 束 程 序

请输入您的选择：0

程序执行完毕!

In [27]:

Internal console | Python console | History log | IPython console

结束程序后，打开 password.txt 文件，我们看到如下内容：

{' 宝可梦 ': 'pica', 'chiou': '654321'}

程序代码：ch04\manage.py

```
1    def menu():
2        os.system("cls")
3        print(" 账号、密码管理系统 ")
4        print("-------------------------")
5        print("1. 输入账号、密码 ")
6        print("2. 显示账号、密码 ")
7        print("3. 修  改  密  码 ")
8        print("4. 删除账号、密码 ")
9        print("0. 结  束  程  序 ")
10       print("-------------------------")
```

第 1~10 行自定函数 menu，用于显示选项菜单。

程序代码：ch04\manage.py

```
12  def ReadData():
13      with open('password.txt','r', encoding = 'UTF-8-sig') as f:
14          filedata = f.read()
15          if filedata != "":
16              data = ast.literal_eval(filedata)
17              return data
18          else: return dict()
```

程序说明

- 13　读取 <password.txt> 文件并删除 BOM，注意：程序中并没有检查 password.txt 文件是否存在，因此执行前必须确认该文件已存在，而且是 UTF-8 格式。
- 14 ～ 17　如果文件中已有数据，将数据转成字典格式后返回。
- 18　如果文件中无数据，返回一个空字典。

程序代码：ch04\manage.py

```
20  def disp_data():
21      print("账号\t 密码")          #\t 表示一个制表符的间隔
22      print("================")
23      for key in data:
24          print("{}\t{}".format(key,data[key]))
25      input("按任意键返回主菜单")
```

程序说明

- 20 ～ 25　自定义函数 disp_data，显示账号和密码，参数 data 是由主程序声明的全局字典变量。
- 24　用 key、data[key] 显示账号和密码。

程序代码：ch04\manage.py

```
27  def input_data():
28      while True:
29          name =input("请输入账号 (Enter==> 停止输入)")
30          if name=="": break
31          if name in data:
32              print("{}账号已存在!".format(name))
33              continue
34          password=input("请输入密码：")
```

```
35            data[name]=password
36            with open('password.txt','w',encoding = 'UTF-8-sig') as f:
37                f.write(str(data))
38            print("{} 已保存完毕 ".format(name))
```

程序说明

■ 27 ～ 38　自定义函数 input_data，用于输入账号和密码。

■ 31 ～ 33　如果账号已存在，不允许重复输入。

■ 35　把密码添加到对应的用户名。

■ 36 ～ 37　将数据进行保存。

程序代码：ch04\manage.py

```
40  def edit_data():
41      while True:
42          name =input(" 请输入要修改的账号 (Enter==> 停止输入 )")
43          if name=="": break
44          if not name in data:
45              print("{} 账号不存在 !".format(name))
46              continue
47          print(" 原密码为：{}".format(data[name]))
48          password=input(" 请输入新密码：")
49          data[name]=password
50          with open('password.txt','w',encoding = 'UTF-8-sig') as f:
51              f.write(str(data))
52              input(" 密码更改完毕，请按任意键返回主菜单 ")
53              break
```

程序说明

■ 40 ～ 53　自定义函数 edit_data，用于修改密码。

■ 44 ～ 46　如果账号不存在，不允许修改密码。

■ 47　显示旧密码。

■ 48 ～ 51　输入新密码取代旧密码，并将数据写回文件。

程序代码：ch04\manage.py

```
55  def delete_data():
56      while True:
57          name =input(" 请输入要删除的账号 (Enter==> 停止输入 )")
58          if name=="": break
59          if not name in data:
60              print("{} 账号不存在 !".format(name))
61              continue
```

```
62          print(" 确定删除 {} 的数据 ! : ".format(name))
63          yn=input("(Y/N)?")
64          if (yn=="Y" or yn=="y"):
65              del data[name]
66              with open('password.txt','w',encoding = 'UTF-8-sig') as f:
67                  f.write(str(data))
68                  input(" 已删除完毕，请按任意键返回主菜单 ")
69                  break
```

程序说明

■ 55 ～ 69　自定义函数 delete_data，用于删除账号。

■ 59 ～ 61　如果账号不存在，不允许删除。

■ 64 ～ 67　确认删除后，删除指定的账号，并将数据写回文件。

程序代码：ch04\manage.py

```
71  ### 主程序从这里开始 ###
72
73  import os,ast
74  data=dict()
75
76  data = ReadData()   # 读取文本文件后转换为 dict 格式
77  while True:
78      menu()
79      choice = int(input(" 请输入您的选择 : "))
80      print()
81      if choice==1:
82          input_data()
83      elif choice==2:
84          disp_data()
85      elif choice==3:
86          edit_data()
87      elif choice==4:
88          delete_data()
89      else:
90          break
91
92  print(" 程序执行完毕！ ")
```

程序说明

■ 71 ～ 92　主程序。其中声明 data 为字典型全局变量。

■ 76　读取文本文件后转换为字典型数据，并存入 data 变量中。

■ 79 ～ 90　根据输入值 choice 的不同，执行相应的操作。

4.3 SQLite 数据库

使用文本文件存储数据虽然简便，但是当数据量较大时就会显得吃力，比如我们要修改或是查询其中的数据时，会非常麻烦。

Python3 内建了一个非常小巧的嵌入式数据库 SQLite，它把整个数据库保存在一个文件之内，操作起来十分方便。

最重要的是，它可以使用SQL语句来管理数据库，如执行增、删、改、查等操作。

4.3.1 管理 SQLite 数据库

sqlite3 本身并未提供管理数据库的GUI（Graphical User Interface，图形用户界面）工具，所以 SQLite 数据库管理一般要用命令行的方式进行，。

如果希望使用图形界面的方式来管理 SQLite 数据库，我们可以安装 Firefox 浏览器的附件 SQLite Manager，这是一个非常好用的 SQLite 图形化管理工具。

安装 SQLite Manager

首先请检查是否已安装 Firefox，若未安装，需先进行安装。然后打开 Firefox 浏览器，输入 SQLite Manager 关键字，在搜索结果中找到“SQLite Manager :: Add-ons for Firefox”，单击后根据提示进行安装。

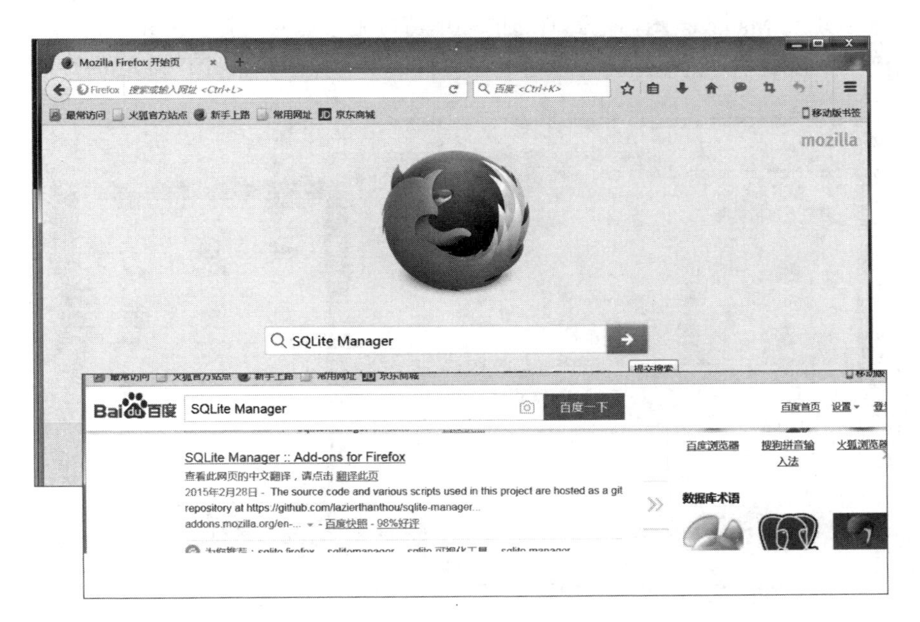

把 SQLite Manager 图标加入到菜单窗口中

SQLite Manager 安装完成后，打开 Firefox 浏览器，单击右上角下图中所示按钮，再在打开的窗口中单击下图所示的“定制”按钮打开“书签工具栏项目”窗口。

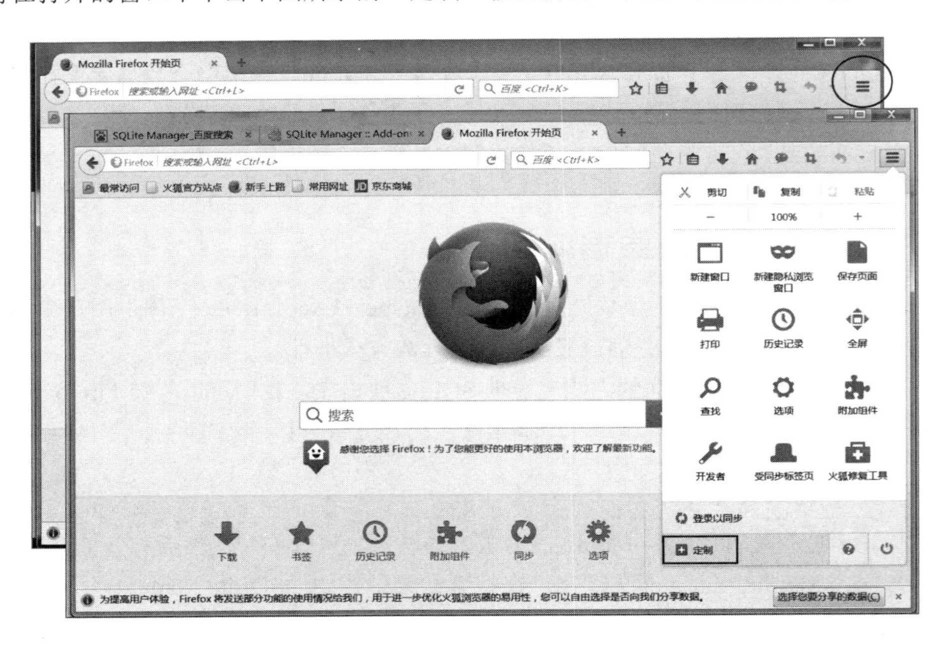

把 SQLite Manager 图标拖到右边的菜单窗口中，这样就把 SQLite Manager 图标加入到菜单窗口中，则以后就可以通过在该窗口中选择图标来打开 SQLite 数据库。

打开 SQLite Manager

把 SQLite Manager 图标加入到菜单窗口中后，就可以在菜单窗口中单击 SQLite Manager 图标打开 SQLite Manager。

4.3.2 用 SQLite Manager 创建 SQLite 数据库

新建数据库

单击 New Database 图标新建数据库，输入数据库名称为 Sqlite01，数据库的存储位置可根据需要进行设置。本例中，为方便起见我们把路径设为本章的 .py 程序文件所在位置的路径。这样我们就创建了一个名为 Sqlite01.sqlite 的数据库。

创建数据表

单击 Create Table 图标创建数据表，在 Table Name 选项中输入表名“password”。然后按下图所示创建 name 字段和 pass 字段，其中 name 字段作为 Primary Key（主键）。单击 OK 按钮，出现“确认操作”对话框，单击 Yes 按钮完成表格创建。

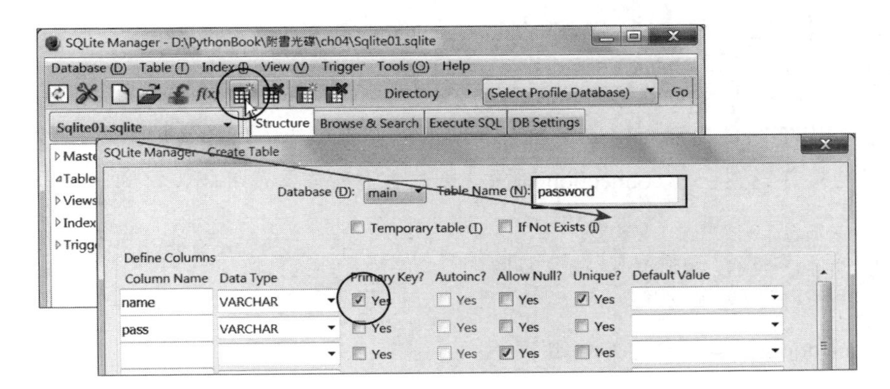

新增数据

选中 password 数据表，再选中 Browse & Search 标签，单击其中的 Add(A) 按钮，出现 Add New Record 对话框，开始输入数据。

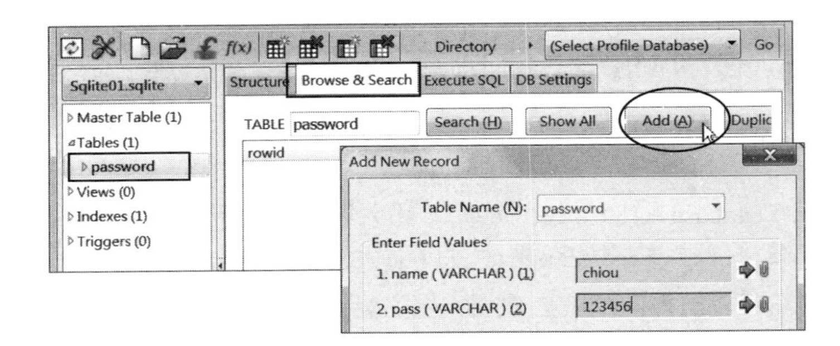

依次新增 3 笔数据后的窗口如下图：

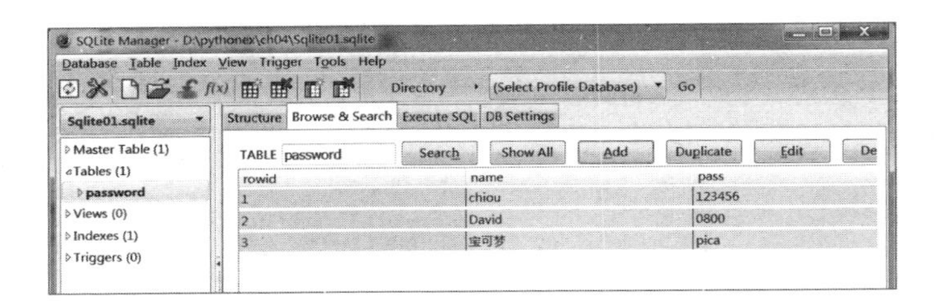

4.3.3 使用 sqlite3 包

sqlite3 包中提供了很多操作 SQLite 数据库的方法。在对 SQLite 数据库进行操作之前，我们首先得建立起与数据库的连接。

创建数据库连接

导入 sqlite3 包后，通过 connect() 方法即可创建一个与数据库的连接。如果要连接的数据库不存在，则会创建一个新的数据库；如果要连接的数据库已存在，就直接打开连接并返回一个 connection 对象。创建数据库连接及关闭连接的语法如下：

```
import sqlite3
conn = sqlite3.connect( 数据库名 )
conn.close()
```

connection 对象包含的方法如下：

方法	说明
cursor()	创建一个 cursor 对象。通过 cursor 对象的 execute() 方法可以对数据表进行创建或增、删、改、查操作
execute(SQL 语句)	执行 SQL 语句。可以完成数据表的创建或增删改查操作
commit()	对数据库进行更新
close()	关闭数据库连接

用 cursor 对象执行 SQL 语句

cursor() 方法会创建一个 cursor 对象，通过这个 cursor 对象的 execute() 方法可以执行 SQL 语句，这样我们就可对数据表执行创建或增、删、改、查操作。

默认情况下，数据库并不会主动进行更新。如果需要对数据库进行更新，可通过执行 commit() 方法来完成。程序结束时，还需用 close() 方法来关闭数据库连接。

例如：连接 <test.sqlite> 数据库，创建一个 connection，利用 connection 对象的 cursor() 方法创建 cursor 对象，再利用 cursor 对象创建数据表 <table01> 并新增一笔记录。（<cursor01.py>）

```
import sqlite3
conn = sqlite3.connect('test.sqlite') # 创建数据库连接
cursor = conn.cursor()                # 创建 cursor 对象
# 新建一个数据表
sqlstr='CREATE TABLE IF NOT EXISTS table01 \
("num" INTEGER PRIMARY KEY NOT NULL ,"tel" TEXT)'
cursor.execute(sqlstr)

# 新增一条记录
sqlstr='insert into table01 values(1,"02-1234567")'
cursor.execute(sqlstr)

conn.commit() # 主动更新数据库
conn.close()  # 关闭数据库连接
```

用 execute() 方法执行 SQL 命令

通过执行 SQL 语句可以完成对数据表的创建或增、删、改、查等操作。在 Python 程序中，有执行 SQL 语句有两种方法，一是通过上例中的 cursor 对象的 execute() 方法，另一个更为简单的方法是直接使用 connection 对象的 execute() 方法。这两种方法都同样。

```
import sqlite3
conn = sqlite3.connect('test.sqlite') # 创建数据库连接
conn.execute(SQL 命令)
```

以上这种方式虽然用户自己并没有创建 cursor 对象，但系统其实已自动创建了一个隐含的 cursor 对象，只是用户并未察觉而已。因为这种方式较简易，所以本书多以这种方式来执行 SQL 语句。

■ 新增数据表

例：在 test.sqlite 数据库中创建名为 table01 的数据表，要求包含 num 和 tel 两个字段。其中 num 为整型的主关键字段，tel 为文本字段。

```
sqlstr='CREATE TABLE "table01" ("num" INTEGER PRIMARY KEY NOT NULL ,\
  "tel" TEXT )'
conn.execute(sqlstr)          # 执行 SQL 语句
conn.commit()                 # 更新数据库
```

■ 添加、修改及删除数据

例 1：添加一条记录，内容为“num=1、tel= "010-81234567"”。注意，num 字段为整型，前后不必加引号；而 tel 为字符串型，因此前后必须加引号。

```
num=1
tel="010-81234567"
sqlstr="insert into table01 values({},'{}')".format(num,tel)
conn.execute(sqlstr)          # 执行 SQL 语句
conn.commit()                 # 更新数据库
```

例 2：更新 table01 表，把 num 值为 1 的记录中的 tel 值改为 "010-82988000"。

```
sqlstr = "update table01 set tel='{}' where num={}".format("049-2988000",1)
conn.execute(sqlstr)
conn.commit()
```

例 3：册除 table01 表中 num 值为 1 的这条记录。

```
sqlstr = "delete from table01 where num=1"
conn.execute(sqlstr)
conn.commit()
```

例 4：用 DROP TABLE 语句删除 table01 表。

```
sqlstr = "DROP TABLE table01"
conn.execute(sqlstr)
conn.commit()
```

关闭数据库连接

通常，在程序结束时我们要通过 close() 方法关闭数据库连接，。

例：关闭当前的 test.sqlite 数据库连接。

```
conn.close()
```

4.3.4 通过 cursor 对象查询数据

用 connect 对象的 execute() 方法执行 SQL 语句后，会返回一个 cursor 对象，它由 sqlite3.cursor 类创建而成。通过 cursor 对象中包含的方法，可以对数据进行查询。

cursor 对象包含下列两个方法：

方法	说明
fetchall()	以二维列表方式取得数据表中所有符合查询条件的记录，若没有符合条件的数据，返回 None
fetchone()	以列表方式取得表中符合查询条件的第一条记录，若无符合条件的数据，则返回 None

例 1：以 fetchall() 显示 table01 数据表所有的数据，每一行数据都是一条元组数据，可用 row[0]、row[1] 取得数据表的前面两个字段。(<fetchall.py>)

```
cursor = conn.execute('select * from table01') #创建 cursor 对象
rows = cursor.fetchall()   #rows 的数据类型为二维列表 ( 列表中的数据为元组 )
print(rows)
for row in rows:
    print("{}\t{}".format(row[0],row[1]))
```

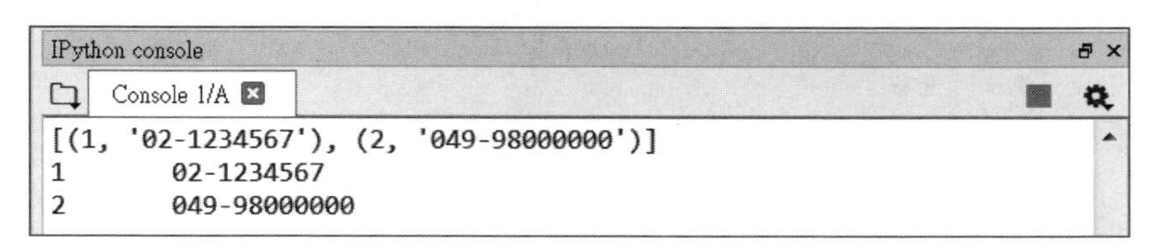

例 2：用 fetchone() 显示 table01 表中 num=1 的记录，返回值是一条元组（Tuple）型数据，可用 row[0]、row[1] 取得表的前两个字段。(<fetone.py>)

```
cursor = conn.execute('select * from table01 where num=1')
row = cursor.fetchone()
if not row==None:
    print("{}\t{}".format(row[0],row[1]))
```

4.3.5 SQLite 数据库实战

上一节中，我们设计了用文本文件管理账号和密码的程序。本节，我们再用 SQLite 数据库实现相同的功能，让大家在实战中加深对 SQLite 数据库的理解与掌握。

案例：用 SQLite 数据库管理用户账号及密码

用 SQLite 数据库存储用户账号和密码，密码可以修改，指定账号可以删除。

本例使用 4.2.1 小节中创建的 Sqlite01.sqlite 数据库，请确认该数据库已经创建并已新增了 3 条记录 。

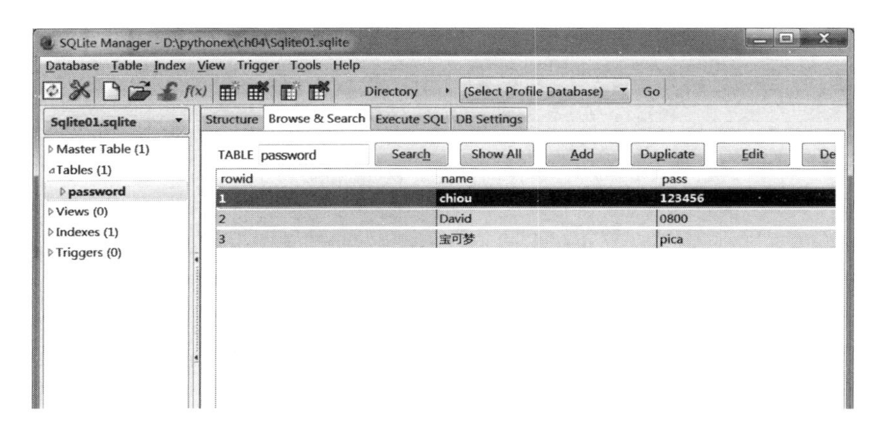

执行程序后，按 2 显示已经存在的 3 条账号和密码，如下图：

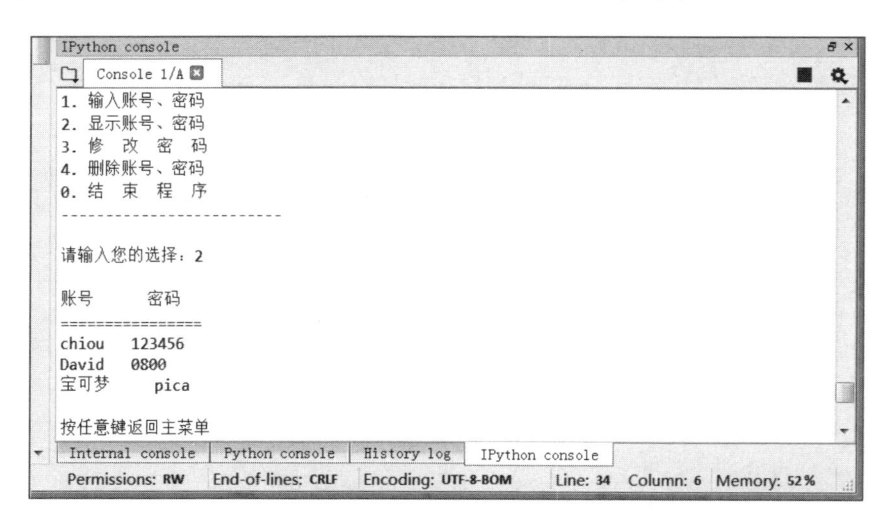

按 1 输入账号和密码，输入数据“guest、1234”，按 Enter 键可以结束账号和密码输入，完成后数据表即新增了这条记录，如下图：

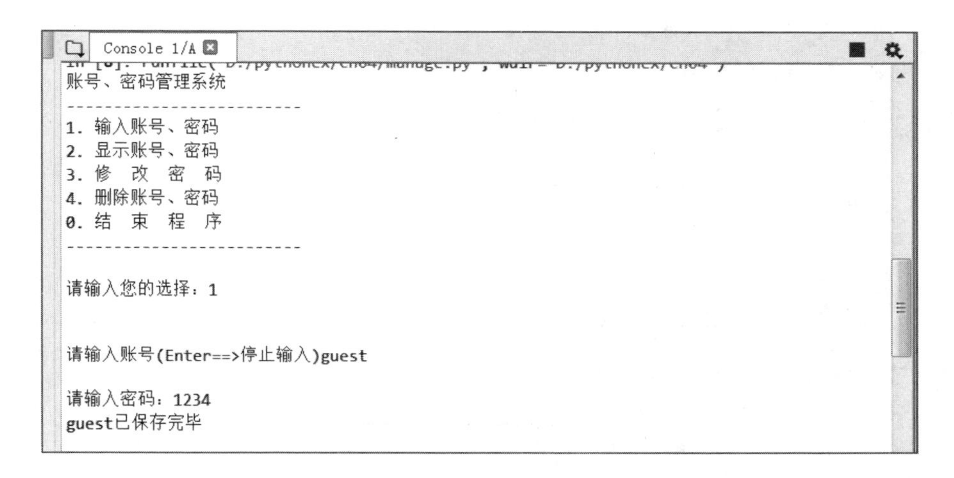

按 3 修改密码。输入账号 guest 后会先显示旧密码，输入新密码“5678”将旧密码更改为新密码，如下图：

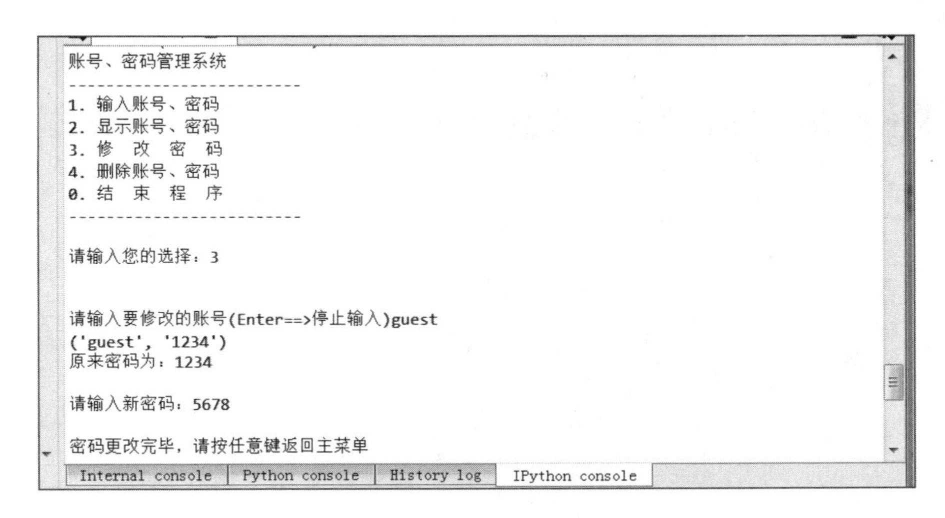

按 4 删除账号。输入账号 guest 再按 Y 将该账号删除，如下图：

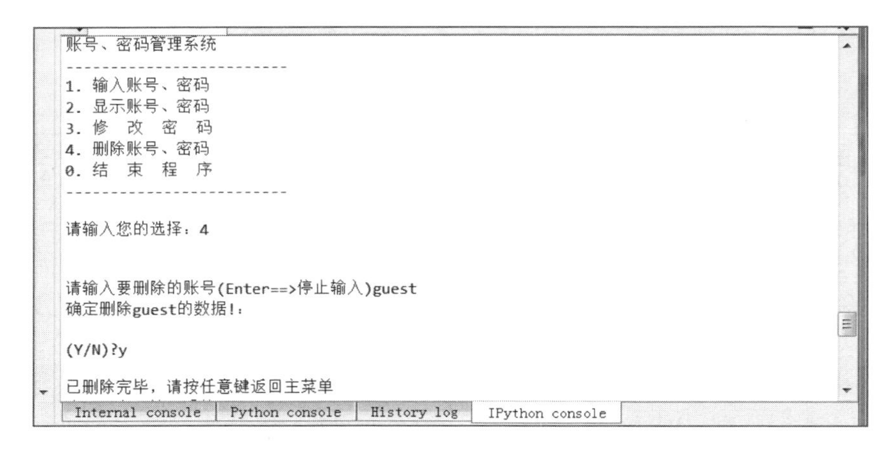

按 0 结束程序。打开 Sqlite01.sqlite 数据库，password 数据表内容如下图：

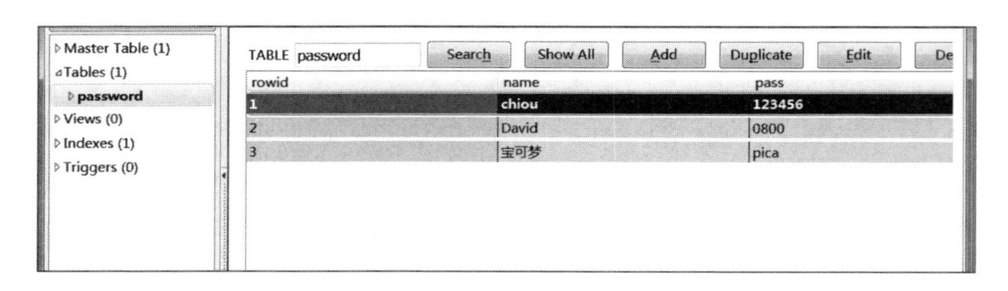

程序代码：ch04\sqlitemanage.py

```
1   def menu():
2       os.system("cls")
3       print(" 账号、密码管理系统 ")
4       print("-------------------------")
5       print("1. 输入账号、密码 ")
6       print("2. 显示账号、密码 ")
7       print("3. 修  改  密  码 ")
8       print("4. 删除账号、密码 ")
9       print("0. 结  束  程  序 ")
10      print("-------------------------")
```

程序说明

■ 1 ～ 10　　自定义 menu 函数，用于显示程序的功能界面。

程序代码：ch04\sqlitemanage.py

```
12  def disp_data():
13      cursor = conn.execute('select * from password')
```

```
14        print(" 账号 \t 密码 ")
15        print("================")
16        for row in cursor:
17            print("{}\t{}".format(row[0],row[1]))
18        input(" 按任意键返回主选菜单 ")
```

程序说明

■ 12 ～ 18　自定义 disp_data 函数，用于显示所有账号和密码。

■ 13　读取 password 表所有数据，并把返回值赋给 cursor 对象。

■ 14 ～ 17　显示 cursor 对象的内容。

程序代码：ch04\sqlitemanage.py

```
20  def input_data():
21      while True:
22          name =input(" 请输入账号 (Enter==> 停止输入 )")
23          if name=="": break
24          sqlstr="select * from password where name='{}'" .format(name)
25          cursor=conn.execute(sqlstr)
26          row = cursor.fetchone()
27          if not row==None:
28              print("{} 账号已存在 !".format(name))
29              continue
30          password=input(" 请输入密码：")
31          sqlstr="insert into password \
             values('{}','{}');".format(name,password)
32          conn.execute(sqlstr)
33          conn.commit()
34          print("{} 已保存完毕 ".format(name))
```

程序说明

■ 20 ～ 34　自定义 input_data 函数，用于输入账号和密码。

■ 22 ～ 29　如果账号已存在，不允许重复输入。

■ 30 ～ 33　新增一条记录，并将记录写回数据库中。

程序代码：ch04\sqlitemanage.py

```
36  def edit_data():
37      while True:
38          name =input(" 请输入要修改的账号 (Enter==> 停止输入 )")
39          if name=="": break
40          sqlstr="select * from password where name='{}'" .format(name)
```

```
41            cursor=conn.execute(sqlstr)
42            row = cursor.fetchone()
43            print(row)
44            if row==None:
45                print("{} 账号不存在 !".format(name))
46                continue
47            print(" 原来密码为：{}".format(row[1]))
48            password=input(" 请输入新密码：")
49            sqlstr = "update password set pass='{}' \
               where name='{}'".format(password, name)
50            conn.execute(sqlstr)
51            conn.commit()
52            input(" 密码更改完毕，请按任意键返回主菜单 ")
53            break
```

程序说明

- 36 ～ 53　自定义 edit_data 函数，用于修改密码。
- 38 ～ 46　如果账号不存在，不允许修改密码。
- 47　显示旧密码。
- 48 ～ 51　输入新密码取代旧密码，并将数据写回数据库中。

程序代码：ch04\sqlitemanage.py

```
55  def delete_data():
56      while True:
57          name =input(" 请输入要删除的账号 (Enter==> 停止输入 )")
58          if name=="": break
59          sqlstr="select * from password where name='{}'" .format(name)
60          cursor=conn.execute(sqlstr)
61          row = cursor.fetchone()
62          if row==None:
63              print("{} 账号不存在 !".format(name))
64              continue
65          print(" 确定删除 {} 的数据 ! : ".format(name))
66          yn=input("(Y/N)?")
67          if (yn=="Y" or yn=="y"):
68              sqlstr = "delete from password \
                 where name='{}'".format(name)
69              conn.execute(sqlstr)
70              conn.commit()
71              input(" 已删除完毕，请按任意键返回主菜单 ")
72              break
```

程序说明

■ 55 ～ 72　自定义 delete_data 函数，用于删除账号。

■ 57 ～ 64　如果账号不存在，继续输入。

■ 66 ～ 70　确认删除后，删除指定的账号，并将数据写回数据库中。

程序代码：ch04\sqlitemanage.py

```
74  ### 主程序从这里开始 ###
75
76  import os,sqlite3
77
78  conn = sqlite3.connect('Sqlite01.sqlite')
79  while True:
80      menu()
81      choice = int(input("请输入您的选择："))
82      print()
83      if choice==1:
84          input_data()
85      elif choice==2:
86          disp_data()
87      elif choice==3:
88          edit_data()
89      elif choice==4:
90          delete_data()
91      else:
92          break
93
94  conn.close()
95  print("程序执行完毕！")
```

程序说明

■ 76　在主程序中首先导入相关的包。

■ 78　创建数据库连接。

■ 79 ～ 92　根据 choice 的输入值，执行相应的功能。

■ 94　关闭数据库连接。

Memo

Web 数据抓取与分析

Web 数据抓取技术具有非常巨大的应用需求及价值，用 Python 在网页上抓取数据，不仅操作简单，而且其数据分析功能也十分完善。

5.1 解析网址

想要抓取网页的数据，必须先指定网页的网址及所需参数。所以，理解网址的构成方式是进行网站数据抓取的基本技能。

以一个 PM2.5 查询网站（网址为：http://www.pm25x.com/）为例，其中，每个城市的 PM2.5 数据对应着一个网页。如果要打开北京市 PM2.5 数据网页，就要在网站的网址后面加上“city/beijing.htm”，即 http://www.pm25x.com/city/beijing.htm。

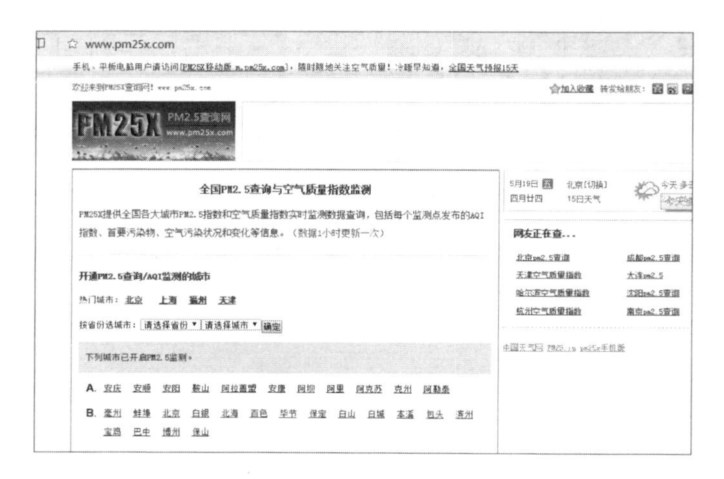

利用 Python 的 urllib.parse 子包的 urlparse() 方法，可以对网址进行解析，其返回值是元组型 ParseResult 对象，通过该对象的属性就可以得到网址中的各项参数。

ParseResult 对象属性如下表：

属性	索引值	返回值	不存在的返回值
scheme	0	返回 scheme 通信协议	空字符串
netloc	1	返回网站名称	空字符串
path	2	返回网页文件在网站中所处的路径	空字符串
params	3	返回 url 查询参数 params 字符串	空字符串
query	4	返回 query 查询字符串，即 GET 的参数	空字符串
fragment	5	返回框架名称	空字符串
port	无	返回通信端口	None

例：解析一个 PM2.5 查询网站的网址（http://www.pm25x.com/city/beijing.htm）。（<urlparse.py>）

```
1   from urllib.parse import urlparse
2   url = 'http://www.pm25x.com/city/beijing.htm'
3   o = urlparse(url)
4   print(o)
5
6   print("scheme={}".format(o.scheme)) # http
7   print("netloc={}".format(o.netloc)) # www.pm25x.com
8   print("port={}".format(o.port))     # None
9   print("path={}".format(o.path))     # /city/beijing.htm
10  print("query={}".format(o.query))   # 空
```

在 IPython console 控制台中运行上例，结果如下图：

```
IPython console
Console 1/A
In [20]: runfile('D:/pythonex/ch05/urlparse.py', wdir='D:/pythonex/ch05')
ParseResult(scheme='http', netloc='www.pm25x.com', path='/city/beijing.htm',
params='', query='', fragment='')
scheme=http
netloc=www.pm25x.com
port=None
path=/city/beijing.htm
query=

In [21]:
```

5.2 抓取网页数据

用 requests 包 (此 requests 包不是 urllib.request 包，而是在我们安装 Anaconda 开发环境时自动安装的包) 用于抓取网页源代码，由于它比内置 urllib.request 包好用一些，因此已经逐渐取代了 urllib.request 包。抓取源代码后可以用 in 或正则表达式搜索获取所需的数据。

5.2.1 用 requests 抓取网页源代码

我们在第 1 章安装 Anaconda 集成开发环境时已安装了 requests 组件，所以现在可以直接导入使用。

导入 requests 后，我们可用 requests.get() 方法模拟 HTTP GET 方法发出一个请求（Request）到远程的服务器（Server），当服务器接受请求后，就会响应（Response）并返回网页内容(源代码)，设置正确的编码格式，即可通过 text 属性取得网址中的源代码。

例：抓取“万水书苑”网站的源代码并显示其内容。（<read_eHappy.py>）

```
import requests
url = 'http://www.wsbookshow.com/'      # 万水书苑网站的网址
html = requests.get(url)                # 抓取该网页的源代码至 html 对象
html.encoding="GBK"                     # 设置所取得的内容为 GBK 编码
print(html.text)                        # 用 text 属性显示对象 html 的内容
```

抓取获得网页的源代码后，就可以对源代码加以处理。

例：把抓取的内容每一行分割成列表，并去除换行符。（<read_eHappy2.py>）

```
import requests
url = 'http://www.wsbookshow.com/'
html = requests.get(url)
html.encoding="gbk"
htmllist = html.text.splitlines()
for row in htmllist:
    print(row)
```

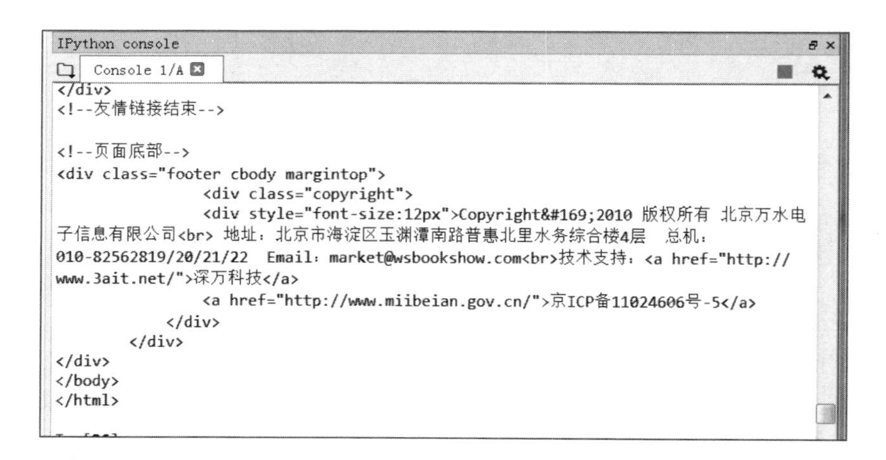

5.2.2 搜索指定字符串

用 text 属性取得的源代码其实是一大串字符串，如果想搜索其中指定的字符或字符串，可使用 in 来完成。

例：查询上述网页内是否含有“新概念”字符串。

```
if "新概念" in html.text:
        print("找到!")
```

我们还可以进行逐行搜索，并统计该字符串出现次数。

例：搜索上述网站中“新概念”字符串出现的次数。（<keyWordSearch.py>）

```
import requests
url = 'http://www.wsbookshow.com/'
html = requests.get(url)
html.encoding="utf-8"

htmllist = html.text.splitlines()
n=0
for row in htmllist:
    if "新概念" in row: n+=1
print("找到 {} 次!".format(n))
```

5.2.3 用正则表达式抓取网页内容

实际应用中，我们需搜索的字符串可能较复杂，有时用 in 根本无法完成。比如要搜索网站中的超链接、电话号码等，对于复杂搜索需求，就要用到正则表达式了。

正则表达式的英文全称是 regular expression（简称 regex）。正则表达式是由类似 Windows 中搜索文件时用到的通配符所构成的公式，用于实现字符串的复杂搜索。

网站 http://pythex.org/ 可以测试正则表达式的结果是否正确。假如我们要用正则表达式表达一串整数数字，可以用“[0123456789]+ 这个表达式”，其中，中括号 [ ] 中的一堆字符表示合法的字符，后面的加号“+”表示重复 1 次或无数次，因此，该表达式就可以表达像 126706、9902、8 等样式的数字。

在正则表达式中，为了简化输入，还可以用“[0-9]+ 这样的缩写”表达同样的含义，其中的 0-9 其实就表示了 0123456789。甚至我们还可以缩写成 [\d]+，其中的 \d 就表示由数字所构成的字符集合。

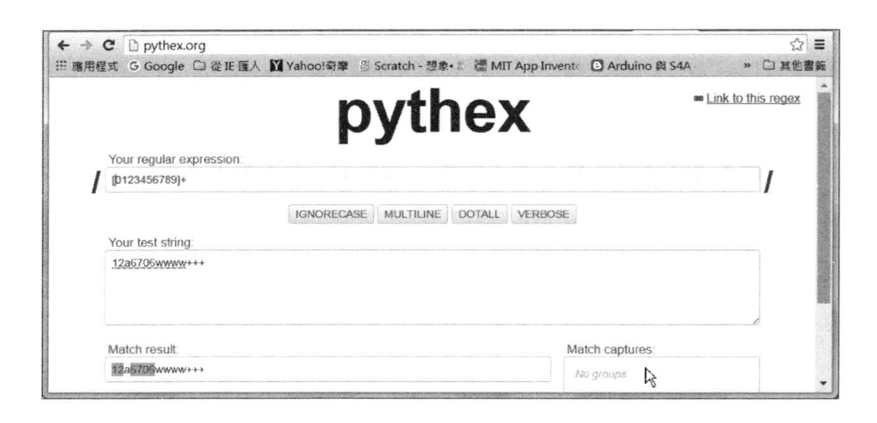

常见的正则表达式功能介绍

正则表达式	功能说明
.	表示一个除换行符（\n）外的所有字符
^	表示输入行的开始
$	表示输入行的结束
*	表示前一个项目可以出现 0 次或无数次
+	表示前一个项目可以出现 1 次或无数次
?	表示前一个项目可以出现 0 次或 1 次
[abc]	表示一个符合 a 或 b 或 c 的任何字符
[a-z]	表示一个符合 a ～ z 的任何字符
\	表示后面的字符以常规字符处理
{m}	表示前一个项目必须正好出现 m 次
{m,}	表示前一个项目至少出现 m 次，最多可出现无数次
{m,n}	表示前一个项目最少出现 m 次，最多出现 n 次
\d	表示一位数字，相当于 [0123456789] 或 [0-9]
^	求反运算。例如 [^a-d] 表示除 a、b、c 、d 外的所有字符
\D	一个非数字字符，相当于 [^0-9]

续表

正则表达式	功能说明
\n	换行字
\r	回车符（carriage return）
\t	tab 制表符
\s	空格符，相当于 [\r\t\n\f]
\S	非空格符，相当于 [^ \r\t\n\f]
\w	一个数字、字母或下划线字符，相当于 [0-9a-zA-Z_]
\W	一个非数字、字母或下划线字符，相当于 [^\w]，即 [^0-9a-zA-Z_]

正则表达式的实例

语法	正则表达式	实例
整数	[0-9]+	33025
带小数点的实数	[0-9]+\.[0-9]+	75.93
英文字符串	[A-Za-z]+	Python
变量名称	[A-Za-z_][A-Za-z0-9_]*	_pointer
Email	[a-zA-Z0-9_]+@[a-zA-Z0-9\._]+	guest@kimo.com.tw
URL	http://[a-zA-Z0-9\./_]+	http://e-happy.com.tw/

创建正则表达式对象

要使用正则表达式，需要先导入 re 包，再用 re 包提供的 compile() 方法创建一个正则表达式对象，语法如下：

```
import re
pat = re.compile('[a-z]+')
```

创建正则表达式对象后，再利用正则表达式对象的方法搜索指定的字符串。正则表达式对象包含了下列方法：

方法	说明
match(string)	在 string 中查找符合正则表达式规则的字符串，遇到第一个不符合的字符时结束。结果会存入一个 _sre.SRE_Match 类型的对象中；若没找到符合的字符，返回 None
search(string)	在 string 中查找第一组符合正则表达式的字符串，找到后结束。结果存入一个 _sre.SRE_Match 类型的对象中；若没找到，则返回 None
findall(string)	返回指定的字符串中所有符合正则表达式的字符串，结果返回到一个 list 类型的对象中（注意，此方法的返回值为列表类型，上面两个方法的返回值为 _sre.SRE_Match 类型）

match(string) 方法

在 string 中查找符合正则表达式规则的字符串，遇到第一个不符合的字符时结束查找，并把结果存入 _sre.SRE_Match 类型的对象；若没找到符合的字符，返回 None。

例 1：在“tem12po”字符串中，查找其中的小写字母，遇到第一个例外时结束。

```
import re
pat = re.compile('[a-z]+')
m = pat.match('tem12po')  # 简便起见，我们把 match 对象的值赋给 m
print(m)
```

上例会返回结果为“<_sre.SRE_Match object; span=(0, 3), match='tem'>”这是一个 _sre.SRE_Match object 类型的对象。我们通过该对象的方法即可得到相应的结果。

_sre.SRE_Match object 类型的对象包含的方法如下：

方法	说明
group()	返回符合正则表达式的字符串，遇到第一个不符合的字符时结束。结果存入 match 对象（object）中；若没找到符合字符，返回 None
start()	返回 match 的开始位置
end()	返回 match 结束位置
span()	返回搜索结果的位置（开始位置，结束位置）元组

例 2：输出上例结果“m=<_sre.SRE_Match object; span=(0, 3), match='tem'>”中的字符串、开始位置、结束位置、位置元组：(<match.py>)

```
print(m.group())   # tem
```

```
print(m.start())  # 0
print(m.end())    # 3
print(m.span())   # (0,3)
```

直接调用 re.match() 方法

直接调用的语法格式为re.match（正则表达式，搜索字符串）。它包含两个参数，习惯上我们会在第一个参数前加上r字符，用于告诉编译器这个参数是正则表达式；第二个参数传递待搜索的字符串，这样就可省去先用re.compile方法创建正则表达式的步骤。示例如下：（<match2.py>）

```
import re
m = re.match(r'[a-z]+','tem12po')
print(m)
```

search(string) 方法

在 string 中查找第一组符合正则表达式规则的字符串，找到后结束，并把结果存入 _sre.SRE_Match 类型的对象中；若没找到符合的字符，返回 None。

例：用 search 方法搜索“3tem12po”字符串。（<search.py>）

```
import re
pat = re.compile('[a-z]+')
m = pat.search('3tem12po')
print(m) # <_sre.SRE_Match object; span=(1, 4), match='tem'>
if not m==None:
    print(m.group())  # tem
    print(m.start())  # 1
    print(m.end())    # 4
    print(m.span())   # (1,4)
```

上例若用 match() 方法搜索，遇到第一个不符合规则的字符时会结束，所以得到的结果将会是 None。

findall(string) 方法

在 string 中查找所有符合正则表达式规则的字符串，并返回一个列表。例如，用 findall 方法搜索“tem12po”字符串，代码如下。（<findall.py>）

```
import re
pat = re.compile('[a-z]+') # 解析正则表达式，并把编译结果放在对象 pat 中
m = pat.findall('tem12po')  # 通过 pat 对象的 findall() 方法进行搜索
print(m)                    # ['tem', 'po']
```

案例：用正则表达式查找邮件账号

抓取万水书苑网站（http://www.wsbookshow.com/）中的所有 E-mail 账号。

```
In [11]: runfile('D:/pythonex/ch05/getEmail.py', wdir='D:/pythonex/ch05')
2804188725@qq.com
39700212@QQ.COM
market@wsbookshow.com
```

程序代码：ch05\getEmail.py

```
1    import requests,re
2    regex = re.compile('[a-zA-Z0-9_.+-]+@[a-zA-Z0-9-]+\.[a-zA-Z0-9-.]+')
3    url = 'http://www.wsbookshow.com/'
4    html = requests.get(url)
5    emails = regex.findall(html.text)
6    for email in emails:
7        print(email)
```

程序说明

- 1 ～ 2　导入 requests 包和 re 包。re 包是用于完成正则表达式处理的包。通过 re.compile 方法创建正则表达式对象 regex。
- 3 ～ 4　抓取“http://www.wsbookshow.com/”网站的源代码。
- 5 ～ 7　在 html.text 中查找所有 E-mail 账 号，然后进行显示。

5.3 小试网页分析

我们所抓取的网页源代码一般都是 HTML 格式的文件，只要研究明白 HTML 中的标签（Tag）结构，就很容易对网页进行解析并从中抓取所需数据。

5.3.1 HTML 网页结构

HTML 网页由许多标签（Tag）构成，标签需用 <> 字符括起来。大部分标签成对出现，与开始标签对应的结束标签前多一个“/”字符，例如 <html></html>。少数标签非成对出现，如 <img src="image.jpg">。HTML 网页主要结构如下：

```
<html>
    <head>
        <meta 文件属性 >
        <title> 标题 </title>
```

```
        <link rel="stylesheet" type="text/css .../>
        <script src="...">...</script>
    </head>
    <body ...>
        <h1> 网页标题 </h1>
        <p> 内文段落 </p>
        <div> 大段内文 </div>
        <img src="..." alt="..." width=? height=?>
        <a href="..."> 链接文本 </a>
        <table border=? width=?>
            <tr>
                <th> 表格标题 </th>...
            </tr>
            <tr align=? valign=?>
                <td bgcolor=? align=? valign=?> 表格内容 </td>...
            </tr>
        </table>
    </body>
</html>
```

比较简单的标签如“<title> 标题 </title>”，只包含标签名称及其内容，并没有属性；有些较复杂的标签，除标签本身外，还包含了一些属性，如“<img src="image.jpg" alt=" 图片说明 " width=200px height=320px>”，其中的 scr、alt、width、height 都是 img 标签的属性 。

5.3.2 从网页开发界面查看网页源代码

当用 QQ/IE/Firefox 浏览器浏览某个网页时，按 F12 键就会打开该网页的开发界面。我们以 QQ 浏览器为例，第一次打开开发界面时会默认停留在开发界面菜单栏的 Elements 标签，此时我们就可以看到该网页的 HTML 源代码。

以百度搜索网站的首页为例，如果我们希望从网页中取得该网页的标题名称，那么我们可以进行如下操作：

Step 1 在 QQ 浏览器中输入 www.baidu.com，打开百度网。然后我们按 F12 键，打开网页的开发界面，单击 Elements 菜单，在代码中展开 <head> 标签。

Step 2 在 <head> 标签下，我们可以看到该页面的 <title></title> 标签内包含了我们在页面中看到的“百度一下，你就知道”标题内容。

5.3.3 通过鼠标右键查看网页源代码

另一种查看网页源代码的方式是在网页上单击鼠标右键，在弹出的快捷菜单中选择“查看网页源代码（V）”命令。

按Ctrl+F组合键可打开搜索窗口，输入关键词，例如输入“百度一下，你就知道”。

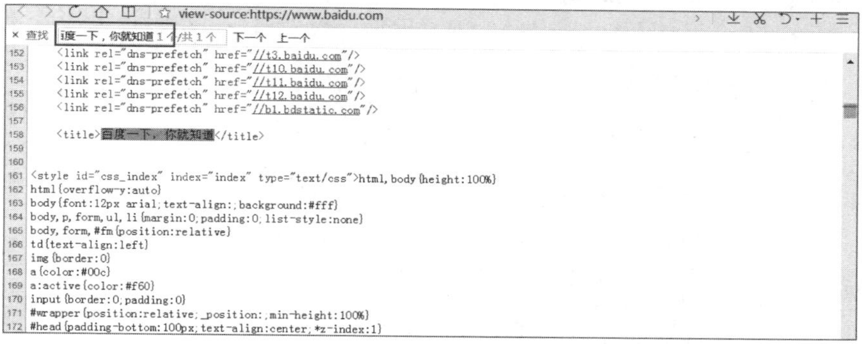

```
view-source:https://www.baidu.com
× 查找 [度一下，你就知道 1 个/共 1 个] 下一个 上一个
152     <link rel="dns-prefetch" href="//t3.baidu.com"/>
153     <link rel="dns-prefetch" href="//t10.baidu.com"/>
154     <link rel="dns-prefetch" href="//t11.baidu.com"/>
155     <link rel="dns-prefetch" href="//t12.baidu.com"/>
156     <link rel="dns-prefetch" href="//b1.bdstatic.com"/>
157
158     <title>百度一下，你就知道</title>
159
160
161 <style id="css_index" index="index" type="text/css">html,body{height:100%}
162 html{overflow-y:auto}
163 body{font:12px arial;text-align:;background:#fff}
164 body,p,form,ul,li{margin:0;padding:0;list-style:none}
165 body,form,#fm{position:relative}
166 td{text-align:left}
167 img{border:0}
168 a{color:#00c}
169 a:active{color:#f60}
170 input{border:0;padding:0}
171 #wrapper{position:relative;_position:;min-height:100%}
172 #head{padding-bottom:100px;text-align:center;*z-index:1}
```

5.3.4 用 BeautifulSoup 进行网页解析

如果需抓取的数据较复杂，我们可以用一个功能强大的网页解析工具 BeautifulSoup 来对特定的网页目标进行解析并取出特定的数据。

使用 BeautifulSoup

我们在第 1 章中安装 Anaconda 集成开发环境时，已经安装了 bs4 包 (BeautifulSoup 是 bs4 包的一个子包)，所以，现在直接导入就可以使用。

导入 BeautifulSoup 后，先用 requests 包中的 get 方法取得网页源码，然后就可以用 Python 内建的 html.parser 解析器对源代码进行解析，解析的结果返回到 BeautifulSoup 类的对象 sp 中。语法格式如下：

```
sp = BeautifulSoup( 源代码 , 'html.parser')
```

例：创建 BeautifulSoup 类对象 sp，解析 “http://www.baidu.com” 网页源代码。(<beautifulsoup01.py>)

```
import requests              # 导入 reauests 包，用于获取网页源码
from bs4 import BeautifulSoup      # 从 bs4 包中导入 BeautifulSopt 子包
url = 'http://www.baidu.com'
html = requests.get(url)       # 获取网页至对象 html
sp = BeautifulSoup(html.text, 'html.parser')   # 把网页源码解析至对象 sp
```

BeautifulSoup 的属性和方法

BeautifulSoup 常用的属性和方法如下：(表中假设 sp 为已创建的 BeautifulSoup 对象)

属性或方法	说明
title	返回网页标题，例如“百度一下，你就知道”
text	返回去除所有 HTML 标签后的网页内容
find()	返回第一个符合条件的标签。例如 sp.find("a")
find_all()	返回所有符合条件的 标签。例如 sp.find_all("a")
select()	如果参数为标签名，返回结果与 find_all() 方法相同。除了用标签名作为参数外，本方法还可用 CSS 样式表 (id 属性或 class 属性) 作为参数。例如：sp.select("#id") 可返回属性值为 id 的所有标签，sp.select(". classname") 可返回属性值为 classname 的所有标签

find()、find_all() 方法

find() 方法会返回第一个符合条件的标签，找到后会返回该标签；找不到则返回 None。

find_all() 方法则会返回有所符合条件的标签，找到后会传回一个由所找到的标签组成的列表；找不到则返回空的列表。

select() 方法

select() 方法通过可以通过标签名或 CSS 样式表的方式抓取指定数据，它的返回值是列表。

例 1：抓取 <title> 标签。

```
data1 = sp.select("title")
```

select() 方法可以抓取指定 id 的标签。因为 id 是唯一的，所以抓取结果最精确

例 2：抓取 id 为 rightdown 的网页源代码内容，注意 id 前必须加“#”符号。

```
data1 = sp.select("#rightdown")
```

select() 方法还可以以 css 类的类名作为参数进行搜索。

例 3：抓取类名为 title 的标签。

```
<p class="title"><b> 文件标题 </b></p>
data1 = sp.select(".title")
```

select() 方法还可以用标签路径作为参数进行逐层搜索。

例 4：抓取 html 标签下的 head 标签下 title 标签

```
data1 = sp.select("html head title")
```

为了方便讲解，我们通过下面例子来说明。假设 HTML 原始码如下，并创建 BeautifulSoup 对象 sp。（<beautifulsoup2.py>）

```
1    html_doc = """
2    <html><head><title> 页标题 </title></head>
3
4    <p class="title"><b> 文件标题 </b></p>
5
6    <p class="story">Once upon a time there were
       three little sisters; and their names were
7    <a href="http://example.com/elsie"
       class="sister" id="link1">Elsie</a>,
8    <a href="http://example.com/lacie"
       class="sister" id="link2">Lacie</a> and
9    <a href="http://example.com/tillie"
       class="sister" id="link3">Tillie</a>;
10   and they lived at the bottom of a well.</p>
11
12   <p class="story">...</p>
13   """
14
15   from bs4 import BeautifulSoup      # 导入 BeautifulSoup 包
16   sp = BeautifulSoup(html_doc,'html.parser')     # 创建 sp 对象
```

那么，我们通过 sp.find('b') 可以取得标签为 <b> 的内容。

```
print(sp.find('b')) # 返回值：<b> 文件标题 </b>
```

通过 sp.find_all('a') 可取得所有标签为 <a> 的内容。

```
sp.find_all('a')
```

运行结果如下：

```
[<a class="sister" href="http://example.com/elsie" id="link1">Elsie</a>,
 <a class="sister" href="http://example.com/lacie" id="link2">Lacie</a>,
<a class="sister" href="http://example.com/tillie" id="link3">Tillie</a>]
```

用 find_all(tag,{ 属性名称：属性内容 }) 的方式，可以抓取指定的标签。注意其中第二个参数是字典型数据。所以，上例功能还可通过下面的代码实现：

```
print(sp.find_all("a", {"class":"sister"}))
```

如果只需抓取 <a href="http://example.com/elsie" class="sister" id="link1">Elsie</

a> 这条标签的内容，就可以通过指定 <a> 的“"href" 属性值为”“http://example.com/elsie”来实现，例如：

```
data1=sp.find("a", {"href":"http://example.com/elsie"})
print(data1.text) # 返回值：Elsie
```

此时很容易想到，上面的需求如果通过标签的 id 属性来实现，比如要抓取标签为 <a> 且对应 id="link2" 标签，那么代码如下：

```
data2=sp.find("a", {"id":"link2"})
print(data2.text) # Lacie
```

当然，我们还可以通过 select() 方法来抓取指定 id 的标签，如要抓取 id="link3" 的标签，那么代码如下：

```
data3 = sp.select("#link3")
print(data3[0].text)    # 返回值：Tillie
```

通过一个参数列表，可一次搜索多个标签。比如我们要抓取所有的 <title> 和 <a> 标签，那么代码如下：

```
print(sp.find_all(['title','a']))
```

抓取属性内容

我们知道，上述抓取标签的方法，返回值是一个由标签作为元素的列表对象，如果要抓取其中的属性内容，需要使用列表对象的 get() 方法，语法如下：

```
get(属性名称)
```

例：抓取标签 <a href="http://example.com/elsie" class="sister" id="link1">Elsie</a> 中的 href 的超链接，即“http://example.com/elsie”。

我们先用 sp 的 find 方法抓取标签名为 <a>、id 为 link1 的内容，再用 get() 方法抓取 href 属性的值。

```
data1=sp.find("a", {"id":"link1"})       # 首先抓取标签
print(data1.get("href")) # http://example.com/elsi  # 再抓取属性内容
```

案例：网页解析

抓取万水书苑网页中所有<a>标签中的超链接并显示。

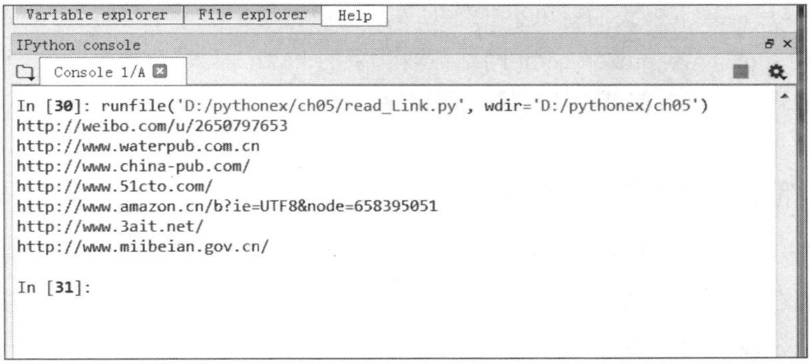

```
Variable explorer | File explorer | Help
IPython console
Console 1/A

In [30]: runfile('D:/pythonex/ch05/read_Link.py', wdir='D:/pythonex/ch05')
http://weibo.com/u/2650797653
http://www.waterpub.com.cn
http://www.china-pub.com/
http://www.51cto.com/
http://www.amazon.cn/b?ie=UTF8&node=658395051
http://www.3ait.net/
http://www.miibeian.gov.cn/

In [31]:
```

程序代码：ch05\read_Link.py

```
1   from bs4 import BeautifulSoup
2   import requests
3
4   url = 'http://www.wsbookshow.com/'        # 指定目标网址
5   html = requests.get(url)                   # 抓取该网页的源码
6   html.encoding="gbk"                        # 设置正确的解码方式
7
8   sp=BeautifulSoup(html.text,"html.parser")  # 把网页内容解析到 sp
9   links=sp.find_all(["a","img"])             # 同时抓取 a 标签和 img 标签
10  for link in links:
11      href=link.get("href")                  # 取 href 属性值
12      # 判断值是否为非 None，以及是否是以 http:// 开头
13      if  href != None and href.startswith("http://"):
14          print(href)
```

程序说明

- 4 ～ 6　抓取网页源代码。
- 8　创建 BeautifulSoup 对象。
- 9　同时读取 <a> 和 <img> 标签。
- 10 ～ 11　逐一抓取列表中所有的 href 属性值。
- 13 ～ 14　判断内容是否非 None，并且是以“http://”开头并显示。

5.4 牛刀初试——编写你自己的网络爬虫

掌握了前面所讲的正则表达式、网页爬取以及用 BeautifulSoup 对网页进行解析等基本内容后，接下来我们就可小试牛刀了，我们先设定两个小目标：

1. 从 http://www.pm25x.com/ 网站抓取北京的 PM2.5 实时数据。
2. 下载万水书苑首页的所有图片并保存在指定文件夹。

5.4.1 抓取北京市 PM2.5 实时数据

现在我们的目的很明确，就是取回北京市 PM2.5 当时的实时数据。因为这个结果会实时改变，所以你们实际取得的数值会和此时我在案例中抓取到的数据有所不同，但抓取数据的过程是完全相同的。

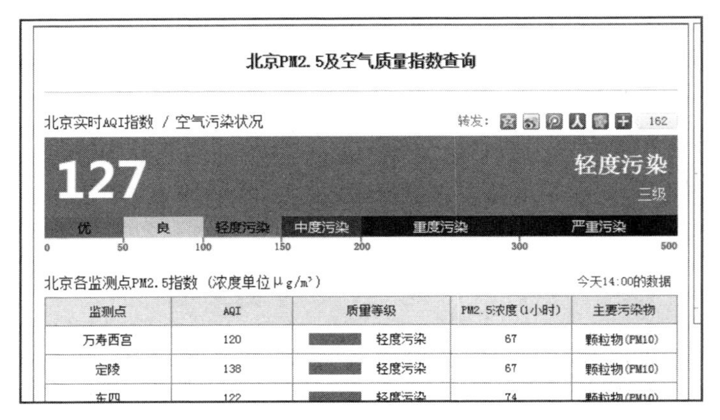

很多情况下，我们想要的数据并没有位于网站的一级页面中，从而不能直接抓取，要采用分步的方式抓取。打开 http://www.pm25x.com/ 网站首页，然后单击 F12 进入开发者工具界面，通过 Ctrl+F 组合键搜索关键词“北京 PM2.5”，发现这个关键字位于 title 值为 " 北京 PM2.5" 的 <a> 标签中（如下图）。

```
47 </div><div class="main">
48     <div class="mleft">
49         <div class="contentbox">
50         <div class="siteintro">
51             <h1>全国PM2.5查询与空气质量指数监测</h1>
52             <p>PM25X提供全国各大城市PM2.5指数和空气质量指数实时监测数据查询，包括每个监测点发布的AQI指数、首要
污染物、空气污染状况和变化等信息。(<span style="color:green">数据1小时更新一次</span>)</p>
53         </div>
54         <div class="citybox">
55             <h2>开通PM2.5查询/AQI监测的城市</h2>
56             <div class="hotcity">热门城市：<span id="mypos"></span> <a title="北京PM2.5"
href="city/beijing.htm" target="_blank">北京</a><a title="上海PM2.5查询" href="city/shanghai.htm"
target="_blank">上海</a><a title="福州空气质量" href="city/fuzhou.htm" target="_blank">福州</a><a title="天津
PM2.5" href="city/tianjin.htm" target="_blank">天津</a></div>
57             <div class="selectcity">
58                 按省份选城市：<select id="province" name="province"></select><select id="city" name="city">
</select><input type="button" value="确定" onclick="btnOk();" />
59             <!-- 或直接输入<form id="cityform" action="">
60         <input type="text" id="cityinput" name="cityinput" value="" />
61         <input type="submit" value="确定" />
62         </form> -->
```

通过下面语句就能很容易地把这个标签的内容抓下来：

```
city = sp1.find("a",{"title":"北京 PM2.5"})
```

上述语句返回结果为：<a href="city/beijing.htm" target="_blank" title="北京 PM2.5"> 北京 </a>。

这样我们的目标就缩小了，因为包含北京市 PM2.5 数据的页面链接就位于这个标签之中。我们通过下面的语句，再把其中的链接抓取出来：

```
citylink=city.get("href")   # 从找到的标签中取 href 属性值
url2=url1+citylink   # 生成二级页面完整的链接地址
```

我们再手动打开该二级页面，可以看到北京市现在的 PM2.5 值为 127。同样地再单击 F12 进入开发界面，再按 CTRL+F 键搜索“127”（你做练习时不要也查 127，要看看该网站实时的 PM2.5 是多少你就搜多少）。很容易发现，这个值位于 class 名为“aqivalue”的 <div> 标签中（如下图），这下就好办了。我们通过下面两个语句，把问题搞定：

```
data1=sp2.select(".aqivalue")   # 通过类名抓取包含北京市 pm2.5 数值的标签
pm25=data1[0].text   # 获取标签中的 pm2.5 数据
```

```
view-source:http://www.pm25x.com/city/beijing.htm
× 查找 127   1个/共3个   下一个   上一个
50          </div>
51  <!-- Baidu Button END -->
52              </div>
53          </div>
54          <div id="databoard">
55          <div id="rdata" class="report r3">
56            <div class="aqivalue">127</div>
57            <div class="aqitext">
58              <div class="aqileveltext">轻度污染</div>
59              <span>三级</span>
60            </div>
61          </div>
```

下面我们通过完整的案例，详细讲解以上抓取该数据的全过程。

案例：抓取北京 PM2.5 实时数据

利用网络爬虫技术，抓取北京市的 PM2.5 实时数据。刚才还说 PM2.5 值是 127 呢，抓出来为什么是 118 了？记住，这是实时数据！

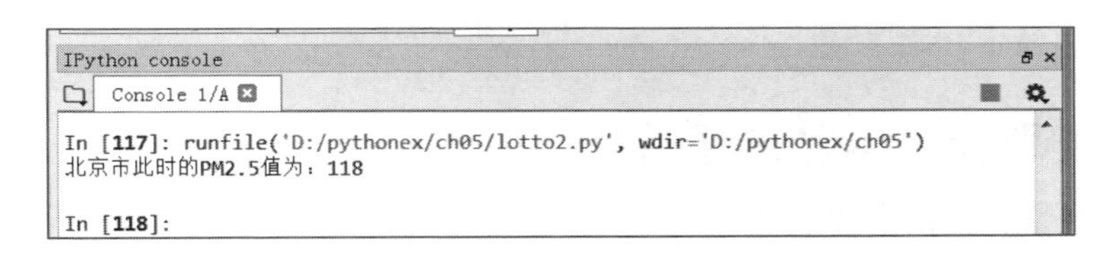

程序代码：ch05\lotto2.py

```
1   import requests  # 导入 requests 包
2   from bs4 import BeautifulSoup   # 导入解析包
3
4   url1 = 'http://www.pm25x.com/'   # 获得主页面链接
5   html = requests.get(url1)   # 抓取主页面数据
6   sp1 = BeautifulSoup(html.text, 'html.parser')   # 把数据进行解析
7
8   city = sp1.find("a",{"title":" 北京 PM2.5"})
9  # 从解析结果中找出 title 属性值为 " 北京 PM2.5" 的标签
10
11  citylink=city.get("href")   # 从找到的标签中取 href 属性值
12  #print(citylink)
13
14  url2=url1+citylink   # 生成二级页面完整的链接地址
15  #print(url2)
16  html2=requests.get(url2)    # 抓取二级页面数据
17  sp2=BeautifulSoup(html2.text,"html.parser")    # 二级页面数据解析
18  data1=sp2.select(".aqivalue")# 把包含北京市 pm2.5 的标签存到 data1
19  pm25=data1[0].text    # 获取标签中的 pm2.5 数据
20  print(" 北京市此时的 PM2.5 值为："+pm25) # 显示 pm2.5 值
```

程序说明

■1 ～ 2　导入相应包或模块。

■4　获得主页面链接。

■5　抓取主页面数据。

■6　把抓取的数据进行解。析

■8　从解析结果中找出 title 属性值为 " 北京 PM2.5" 的标签。

■11　从找到的标签中取 href 属性值。

■14　生成二级页面完整的链接地址。

■16　抓取二级页面的数据

■17　对二级页面进行解析

■18　通过类名 aqivalue 抓取包含北京市 PM2.5 数值的标签。

■19　获取标签中的 PM2.5 数据。

■19　显示 PM2.5 值。

5.4.2 爬取指定网站的图片

我们经常会在网上搜索并下载图片，然而一张一张地下载就太麻烦了，本案例

就是通过网络爬虫技术，一次性下载该网站所有的图片并保存。

案例：爬取网站图片并保存

将指定网页内（http://www.tooopen.com/img/87.aspx）的 .jpg 和 .png 格式的图片全部爬取下来并保存至 images 文件夹中。

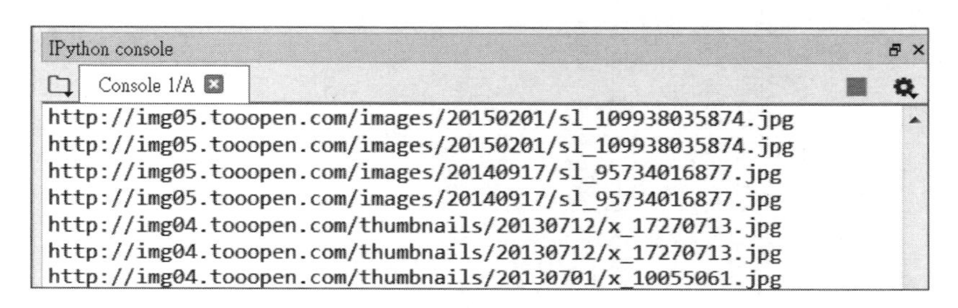

程序代码：ch05\load_url_images.py

```
1   import requests,os
2   from bs4 import BeautifulSoup
3   from urllib.request import urlopen
4
5   url = 'http://www.tooopen.com/img/87.aspx'
6
7   html = requests.get(url)        # 获取网页源码
8   html.encoding="utf-8"           # 设置源码内容的编码格式
9
10  sp = BeautifulSoup(html.text, 'html.parser')   # 解析源码到 sp 对象
11
12  # 创建 images 目录保存图片
13  images_dir="images/"            # 设置目的文件夹
14  if not os.path.exists(images_dir):    # 判断目的文件夹是否已存在
15      os.mkdir(images_dir)        # 如果不存在，创建该文件夹
16
17
18  all_links=sp.find_all(['a','img']) # 取得所有 <a> 和 <img> 标签
19  for link in all_links:
20      # 抓取 src 和 href 属性内容
21      src=link.get('src')        # 把 src 属性值存入 src 对象
22      href = link.get('href')    # 把 href 属性值存入 href 对象
23      attrs=[src,href]           # 把 src 和 href 存入一个列表
24      for attr in attrs:
25          # 如果 attr 不为空或其中包含 .jpg 或 .png 关键字
26          if attr != None and ('.jpg' in attr or '.png' in attr):
27              # 则取出这个链接至 full_path 变量
```

```
28              full_path = attr
29              filename = full_path.split('/')[-1]   # 取得图片全名
30              ext = filename.split('.')[-1]   # 取得扩展名
31              filename = filename.split('.')[-2] # 取得主文件名
32              if 'jpg' in ext: filename = filename + '.jpg'
33              else: filename = filename + '.png'
34              print(filename)
35              # 保存图片
36              try:
37                  image = urlopen(full_path)
38                  f = open(os.path.join(images_dir,filename),'wb')
39                  f.write(image.read())
40                  f.close()
41              except:
42                  print("{} 无法读取 !".format(filename))
```

程式说明

■ 5 ～ 8　读取网页源代码。

■ 10　创建 BeautifulSoup 对象。

■ 13 ～ 5　创建 images 文件夹保存图片。

■ 18　取得所有 <a> 和 <img> 标签（因为只有这两个标签中可能会包含图片）并保存至 all_links 列表中。

■ 19 ～ 42　逐行处理每一个 <a> 和 <img> 标签。

■ 21 ～ 23　读取 src 和 href 属性的内容。

■ 26 ～ 42　处理 .jpg 和 .png 文件。

■ 28 ～ 34　这几行代码的主要目的是从链接中取出文件名部分。full_path 保存图片件的完整路径名，如“http://img05.tooopen.com/images/20150201/sl_109938035874.jpg”；filename 保存文件全名，如 "sl_109938035874.jpg"；ext 保存扩展名，如 "jpg"；通过 filename = filename.split('.')[-2] 语句取得主文件名 "sl_109938035874"，然后再根据文件的格式（.jpg 或 .png），重组成图片的完整文件名（译者注：第 30 至第 33 行这 4 行代码，其功能是把第 29 行代码所获取的文件名拆分后再进行组合，从结果上来看并没有改变 fklename 的值，读者权且把这几行代码作为文件操作的练习吧）。

■ 36 ～ 42　用 urlopen 读取图片，用 open 创建图片件保存路径和名称，再用 write 保存图片。图片有可能会由于没有权限而无法读取，所以用 try...except 捕捉错误。

实现网页操作自动化

Python 可通过编程实现十分强大的网页操作自动化功能，这对很多开发者来说，绝对是不可多得的神器。

hashlib 组件可以判别文件是否有过更改，只需要用 md5 方法对指定的文件进行编码，即可进行比对。

Selenium 是著名的网页自动化测试组件，它可以通过代码自动对网页进行测试。Selenium 还能使开发网页时的大量重复性操作实现自动化，并在指定的时间自动运行，功能相当强大。

6.1 检查网页数据是否更新

很多情况下，我们需要定期抓取同一网页的内容，如果网页的内容根本没有更新，那么我们每一次读取网页数据都白白浪费了很多宝贵的流量资源。为了改进这个问题，我们可以先对网页的数据是否有过更新进行判断，当网页没有更新时，就不必重新抓取数据，只从上次保存的文件或数据库中读取数据就可以了。

6.1.1 用 hashlib 判断文件是否有过更新

Python 提供的 hashlib 组件可判断文件是否有过更新，最简单的方法是通过 md5() 方法生气指定的二进制文件的编码，只要文件有过更新，就会产生不同的 md5 码。

使用 hashlib 组件之前，首先要进行导入，然后再通过 md5() 方法创建一个对象。

例：创建一个 md5 对象。（<md5.py>）

```
import hashlib
md5 = hashlib.md5()
```

用所创建的 md5 对象的 update() 方法，可对指定字符串进行加密，其中的字符串必须是二进制类型；用 hexdigest() 方法可得到十六进制的加密结果。语法如下：

```
md5.update(b'Test String!')
print(md5.hexdigest())
```

取得加密结果更加简单的方式是跳过创建 md5 对象以及 update() 方法，而直接把指定二进制字符串作为 hashlib.md5() 参数，如：

```
md5 = hashlib.md5(b"Test String!").hexdigest()
```

6.1.2 用 md5 检查网页内容是否更新

要实现此功能，首先我们要把网页先前创建的 md5 码保存起来，然后与新创建的 md5 码进行比较，这样就可判断出网页内容是否进行了更新。

以下程序中，我们将新浪新闻网页先前的 md5 码保存在 <old_md5.txt> 文件中，再读取出新创建的 md5 码后进行比对，结束后，用最新的 md5 码覆盖原来的 old_md5.txt 文件，以确保 md5.txt 中保存的是最新的 md5 码。（<md5.py>）

```
import hashlib,os,requests
url = "http://news.sina.com.cn/"  # 读取新浪新闻网页的源代码
```

```
html=requests.get(url).text.encode('utf-8-sig')   #获取指定网页的代码
# 判断网页是否更新
md5 = hashlib.md5(html).hexdigest()
if os.path.exists('old_md5.txt'):
    with open('old_md5.txt', 'r') as f:
        old_md5 = f.read()
    with open('old_md5.txt', 'w') as f:
        f.write(md5)
else:
    with open('old_md5.txt', 'w') as f:
        f.write(md5)

if md5 != old_md5:
    print('数据已更新...')
else:
    print('数据未更新，从数据库读取...')
```

6.1.3 再试牛刀：抓取网络公开数据

当前，有许多政府或企事业单位会在网上为公众提供相关的公开数据。以 http://api.help.bj.cn/api/ 网站为例，打开这个链接，大家可以看到多种可供调用的空气质量相关数据。

进入 http://api.help.bj.cn/api/ 网站，单击“空气质量 API”。

我们可以看到其中提供的数据格式为 JSON 格式，如下图。

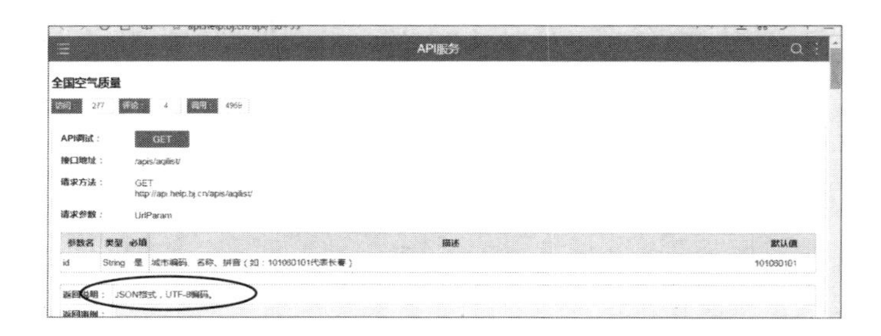

通过上图所示的接口地址，可知保存该数据的完整链接为 http://api.help.bj.cn/apis/aqilist/。其中数据结构如下：

```
{...[{"city": "阿勒泰地区", "level": "一级",
    "quality": "优", "aqi": 18,"pm2_5": 7,"co":
    0.20,"pm10": 12,"o3": 30,"so2": 1,"no2": 2},
{"city": "黄南州", "level": "一级", "quality": "优",
    "aqi": 19,"pm2_5": 13,"co": 1.3,"pm10":
    0,"o3": 0,"so2": 45,"no2": 35}, ...]
}
```


```
"aqidata": [
{"city": "阿勒泰地区", "level": "一级", "quality": "优", "aqi": 18,"pm2_5": 7,"co": 0.20,"pm10": 12,"o3": 30,"so2": 1,"no2": 2},
{"city": "黄南州", "level": "一级", "quality": "优", "aqi": 19,"pm2_5": 13,"co": 1.3,"pm10": 0,"o3": 0,"so2": 45,"no2": 35},
{"city": "乌鲁木齐", "level": "一级", "quality": "优", "aqi": 20,"pm2_5": 14,"co": 0.78,"pm10": 18,"o3": 28,"so2": 2,"no2": 28},
{"city": "临沧", "level": "一级", "quality": "优", "aqi": 22,"pm2_5": 9,"co": 0.45,"pm10": 21,"o3": 15,"so2": 7,"no2": 9},
{"city": "保山", "level": "一级", "quality": "优", "aqi": 22,"pm2_5": 13,"co": 0.90,"pm10": 21,"o3": 11,"so2": 11,"no2": 12},
{"city": "楚雄州", "level": "一级", "quality": "优", "aqi": 23,"pm2_5": 14,"co": 1.14,"pm10": 22,"o3": 12,"so2": 17,"no2": 23},
{"city": "阿坝州", "level": "一级", "quality": "优", "aqi": 24,"pm2_5": 12,"co": 0.40,"pm10": 23,"o3": 17,"so2": 13,"no2": 11},
{"city": "大理州", "level": "一级", "quality": "优", "aqi": 25,"pm2_5": 17,"co": 0.69,"pm10": 22,"o3": 21,"so2": 5,"no2": 20},
{"city": "玉树州", "level": "一级", "quality": "优", "aqi": 26,"pm2_5": 14,"co": 0.69,"pm10": 25,"o3": 10,"so2": 67,"no2": 41},
{"city": "五家渠", "level": "一级", "quality": "优", "aqi": 26,"pm2_5": 6,"co": 0.59,"pm10": 25,"o3": 42,"so2": 3,"no2": 9},
{"city": "怒江州", "level": "一级", "quality": "优", "aqi": 26,"pm2_5": 18,"co": 0.84,"pm10": 21,"o3": 11,"so2": 9,"no2": 17},
{"city": "锡林郭勒盟", "level": "一级", "quality": "优", "aqi": 27,"pm2_5": 8,"co": 0.29,"pm10": 14,"o3": 54,"so2": 35,"no2": 13},
{"city": "昌吉州", "level": "一级", "quality": "优", "aqi": 27,"pm2_5": 15,"co": 0.73,"pm10": 18,"o3": 56,"so2": 11,"no2": 6},
{"city": "石河子", "level": "一级", "quality": "优", "aqi": 28,"pm2_5": 4,"co": 1.14,"pm10": 13,"o3": 67,"so2": 4,"no2": 7},
{"city": "林芝地区", "level": "一级", "quality": "优", "aqi": 31,"pm2_5": 15,"co": 0.65,"pm10": 30,"o3": 35,"so2": 4,"no2": 15},
```


案例：抓取公开的 PM2.5 数据

从 http://api.help.bj.cn/api/ 网站抓取空气质量实时数据。如果网站有更新，则把其中的全国各大城市 PM2.5 数值取出，显示并存至 SQLite 数据库中（如下左图）；如果网站内容未更新则不保存，直接从 SQLite 数据库中取出上次保存的数据并显示（如下右图）。 本章示例在 IPython console 运行。

```
Console 1/A

In [94]: runfile('D:/pythonex/ch06/pm25 - 副
old_md5=808f57f479c08e7d;md5=f49e0090fd6fd7a
数据已更新...
城市:龙岩    PM2.5=11
城市:绥化    PM2.5=10
城市:伊春    PM2.5=8
城市:大兴安岭地区    PM2.5=4
城市:梅州    PM2.5=12
城市:佳木斯    PM2.5=10
城市:潮州    PM2.5=8
城市:牡丹江    PM2.5=6
城市:黔西南州    PM2.5=11
城市:兴安盟    PM2.5=6
城市:云浮    PM2.5=10
```

```
Console 1/A

In [96]: runfile('D:/pythonex/ch06/pm25 - 副
old_md5=aaa92292447e124022841a9e1aee47e8;md5=
数据未更新，从数据库读取...
城市:龙岩    PM2.5=7
城市:绥化    PM2.5=4
城市:梅州    PM2.5=15
城市:潮州    PM2.5=6
城市:遵义    PM2.5=6
城市:伊春    PM2.5=6
城市:甘孜州    PM2.5=0
城市:阿坝州    PM2.5=4
城市:大兴安岭地区    PM2.5=18
城市:牡丹江    PM2.5=9
城市:汕头    PM2.5=13
```

程序代码：ch06\pm25.py

```
1    import sqlite3,ast,hashlib,os,requests
2    from bs4 import BeautifulSoup
3
4    conn = sqlite3.connect('DataBasePM25.sqlite') # 创建数据库联接
6
5    cursor = conn.cursor() # 创建 cursor 对象
7    # 创建一个数据表
8    sqlstr='''
9    CREATE TABLE IF NOT EXISTS TablePM25 ("no"
10       INTEGER PRIMARY KEY AUTOINCREMENT
11     NOT NULL UNIQUE ,"SiteName" TEXT NOT NULL ,"PM25" INTEGER)
12   '''
13   cursor.execute(sqlstr)
```

程序说明

■ 4 ～ 5　　创建数据库连接和 cursor 对象。

■ 9 ～ 13　　创建 TablePM25 数据表，包含 no、SiteName 和 PM25 三个字段，其中 no 为主索引字段。

程序代码：ch06\pm25.py

```
14   url = "http://api.help.bj.cn/apis/aqilist/"    # 初始化网址
15   html=requests.get(url).text.encode('utf-8-sig')# 读取网页源代码
16   # 判断网页是否更新
17   md5 = hashlib.md5(html).hexdigest()   # 生成新抓网页数据的 md5 码
18   old_md5 = ""    # 创建一个用于保存老 md5 码的变量，初始值为空
19
20   if os.path.exists('old_md5.txt'):      # 如果找到保存原 md5 码的文件
21       with open('old_md5.txt', 'r') as f:    # 则以只读方式打开为 f
22           old_md5 = f.read()    # 读取原 md5 码并存入 old_md5 变量
23   with open('old_md5.txt', 'w') as f:    # 保存新生成的 md5 码
24       f.write(md5))
25   print("old_md5="+old_md5+";"+"md5="+md5) # 输出新老 md5 码
```

程序说明

■ 14 ～ 15　　读取网页源代码，也就是链接中保存的 JSON 数据。

■ 17　　创建最新的 md5 编码。

■ 20 ～ 24　　如果 old_md5.txt 文件已存在，读取 old_md5.txt 文件中的 md5 编码到 old_md5 变量中，准备与新 md5 码进行比较，看是否相同，然后将最新的 md5 码存入 old_md5.txt 文件中。

程序代码：ch06\pm25.py

```
26  if md5 != old_md5:              # 如果新旧 md5 码不同，即网页有更新
27      print('数据已更新...')      # 则输出提示信息
28      sp=BeautifulSoup(html,'html.parser')    # 解析网页数据
29      jsondata = ast.literal_eval(sp.text)# 本行代码见下方详细解释
30      js1=jsondata.get("aqidata")   # 取出字典数据中 aqidata 应对的值
31      # 删除数据表内容
32      conn.execute("delete from TablePM25")
33      conn.commit()
34      n=1
35      for city in js1:   #city 此时是列表 js1 中的第一条字典数据
36          CityName=city["city"] # 取出 city 字典数据中值为 city 的 key
37          PM25=0 if city["pm2_5"] == "" else int(city["pm2_5"])
38          print("城市：{}   PM2.5={}"format(CityName,PM25))
39          # 新增一笔记录
40          sqlstr="insert into TablePM25
                    values({},'{}',{})".format(n,CityName,PM25)
41          cursor.execute(sqlstr)
42          n+=1       # 数据库的 no 字段值加 1
43          conn.commit() # 主动更新
44  else:
45      print('数据未更新，从数据库读取...')
46      cursor=conn.execute("select *  from TablePM25")
47      rows=cursor.fetchall()
48      for row in rows:
49          print("城市：{}    PM2.5={}".format(row[1],row[2]))
50  conn.close()  # 关闭数据库连接
```

程序说明

■ 26　如果 md5 码和 old_md5 不同，表示网站数据有更新，否则表示网站数据未更新。

■ 27 ～ 43　如果网站数据有更新，抓取网站数据，然后显示并存到 SQLite 数据库中。

■ 28　创建 BeautifulSoup 对象 sp。

■ 29　我们若通过 print(sp) 语句来查看 sp 的值，那么这个值看上去是字典结构的数据，但通过 print(type(sp)) 语句，我们看到 sp 的数据类型并非 dict 数据类型。其实，道理很简单，sp 是由 BeautifulSoup() 方法生成的对象，所以它的数据类型是 BeautifulSoup 类型。既然 sp 不是字典类型，那么我们后面就无法通过字典类型数据的操作方法来取出其中的字典值。所以，在此我们需先用 ast.literal_eval() 方法，把 sp 转换为真正的 dict 数据类型。

■ 30　取出包含所需数据（位于 jscondata 中 key 为 aqidata 的 value 中）。

■ 31 ～ 33　先删除原有数据表内容。

■ 35 ～ 43　逐一读取 SiteName、PM2.5 字段，并保存至 TablePM25 数据表中，数据表的 no 字段由数值 1 开始递增。

■ 44 ～ 50　如果网页数据未更新，直接读取 TablePM25 数据表并显示。

6.2 通过“任务计划程序”实现自动下载

对于需要定时下载或更新的数据，在操作系统中通过“任务计划程序”功能来实现是个很酷的办法。通过“任务计划程序”，我们可以对所开发的程序的运行时间(开始时间至结束时间、每隔多久运行一次)进行设置。现在，我们通过“任务计划程序”来实现上例中开发的程序的自动运行。

打开“任务计划程序”

以 Windows 7 操作系统为例，其打开“任务计划程序”的方法如下：单击“开始 / 所有程序 / 附件 / 系统工具 / 任务计划程序”命令。

创建“任务计划程序”

Step 1　在“操作”栏中单击“创建任务”命令，打开“创建任务”对话框。

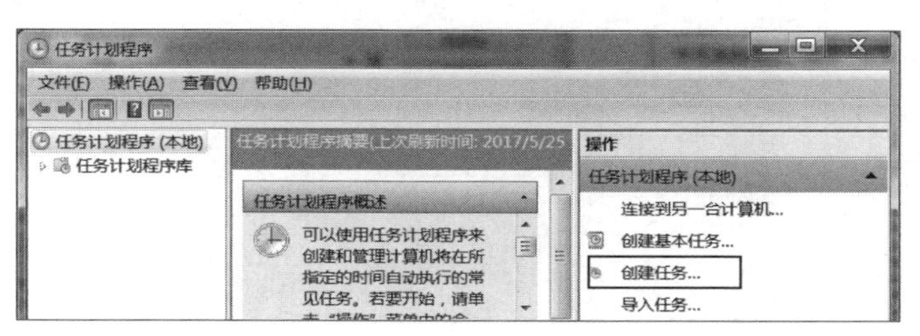

Step 2 在“常规”选项卡的“名称 (M)”和“描述 (D)”栏分别输入程序的名称及相关描述，如名称 (M) 为“PM2.5 autorun”，描述 (D) 为“每隔 30 分钟，自动下载 PM2.5”。

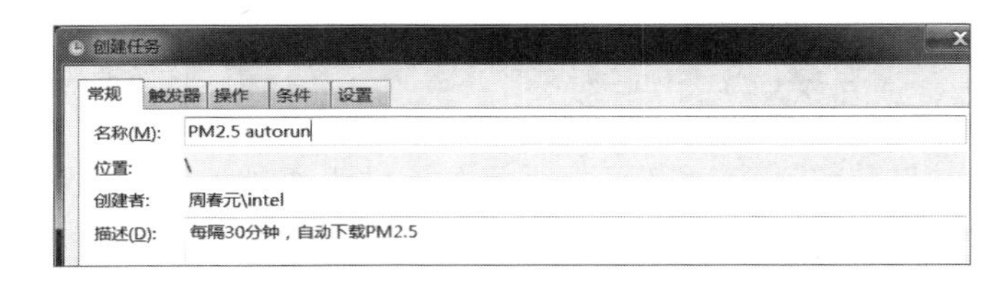

Step 3 单击“触发器”选项卡，再单击“新建 (N)...”按钮，打开“新建触发器”对话框。

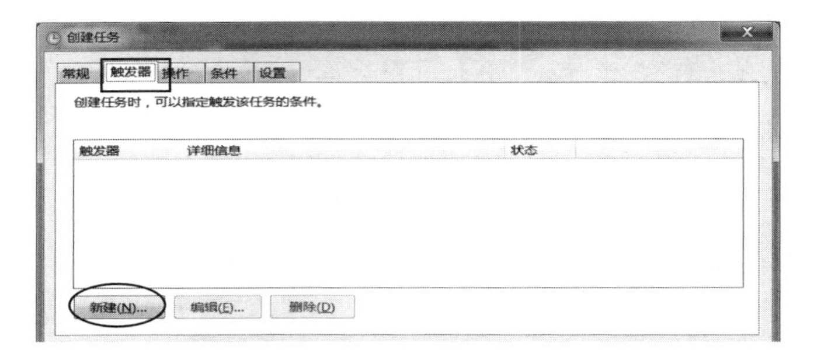

Step 4 在“设置”栏选中“每天（D）”选项，设置开始运行时间（系统默认为现在时间）。在“高级设置”栏中选择“重复任务间隔 (P)”选项，并设置时间为“30 分钟”。完成后单击“确定”按钮。

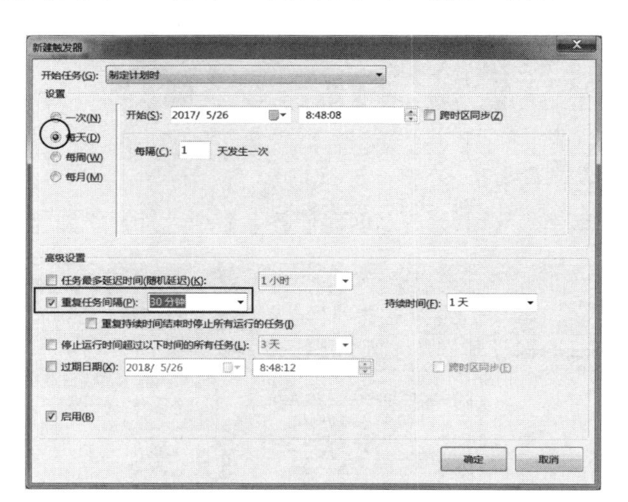

Step 5 单击“操作”选项卡，单击“新建(N)...”按钮打开“新建操作”对话框。在“操作”下拉列表框中选择“启动程序”，在“程序或脚本(P)”框中输入“C:\ProgramData\Anoconda3\python.exe”（运行程序所需的软件的位置），在“添加参数可选(A)”框中输入 Python 程序的路径和名称“d:\pythonex\ch06\pm25_autorun.py”，完成后单击“确定”按钮，回到“创建任务”对话框。再单击“确定”按钮，返回到“任务计划程序”窗口。

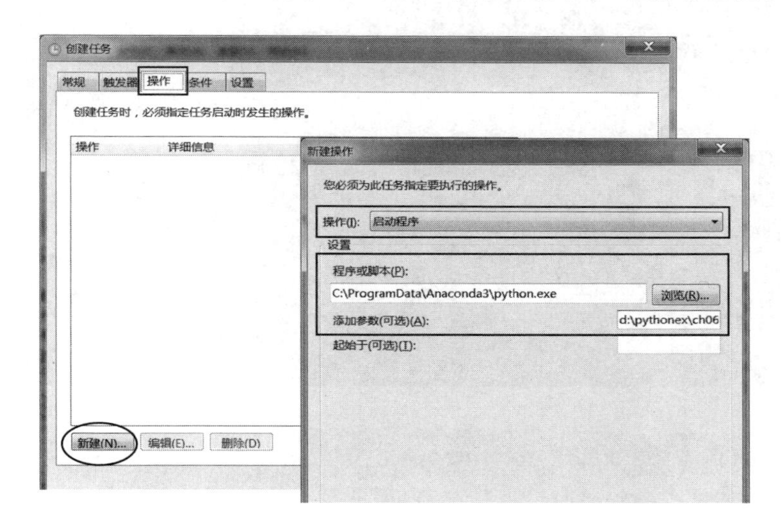

任务计划程序的运行或更改

回到“任务计划程序”窗口后，单击“任务计划程序库”，可看到刚才创建的“PM2.5 autorun”任务，在右边的“所选项”列表中可选择运行、结束等功能进行运行或更改。

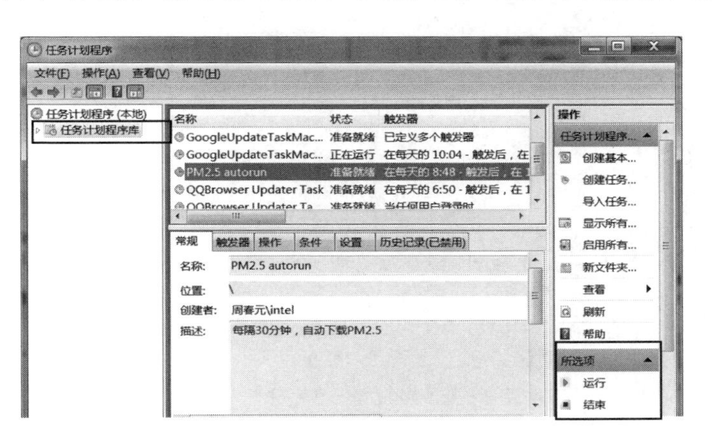

案例：自动运行 PM2.5 实时数据抓取程序

在 Windows 任务计划程序中，设置每隔 30 分钟自动抓取 PM2.5 数据，并保存在 SQLite 数据库中。

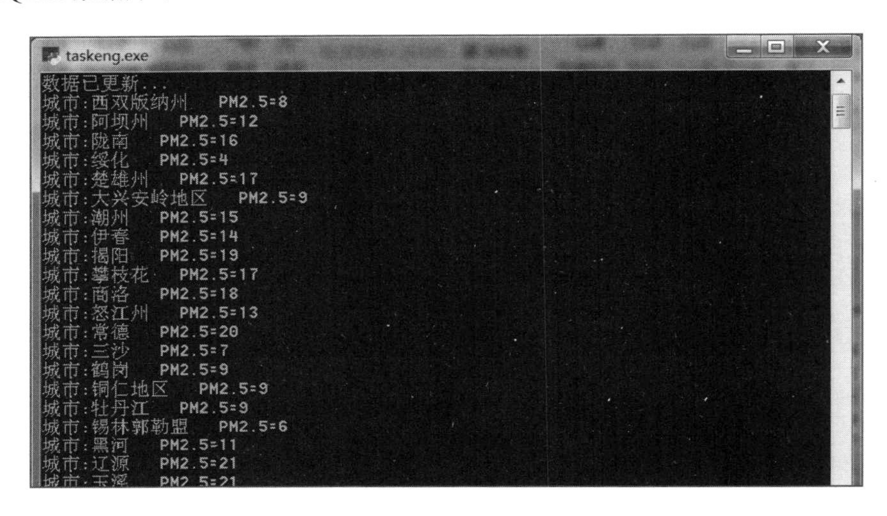

程序代码：ch06\pm25_autorun.py

```
1    import sqlite3,ast,requests,os
2    from bs4 import BeautifulSoup
3
4    cur_path=os.path.dirname(__file__) # 获取当前路径
5    conn = sqlite3.connect(cur_path + '/' +
      'DataBasePM25.sqlite') # 创建数据库连接
6    cursor = conn.cursor() # 创建 cursor 对象
7
8    # 创建一个数据表
9    sqlstr='''
10   CREATE TABLE IF NOT EXISTS TablePM25 ("no"
       INTEGER PRIMARY KEY AUTOINCREMENT
11   NOT NULL UNIQUE ,"SiteName" TEXT NOT NULL ,"PM25" INTEGER)
12   '''
13   cursor.execute(sqlstr)
14
15   url = "http://api.help.bj.cn/apis/aqilist/"
16   # 读取网页源代码
17   html=requests.get(url).text.encode('utf-8-sig')
18
```

```
19  print('数据已更新...')
20  sp=BeautifulSoup(html,'html.parser')
21  # 把sp.text(网页内容,str类型)转换为dict类型
22  jsondata = ast.literal_eval(sp.text)
23  #从jasondata中取出值为"aqidata"的key对应的value(value是列表类型)
24  js=jsondata.get("aqidata")
25  # 删除数据表内容
26  conn.execute("delete from TablePM25")
27  conn.commit()
28  #把数据逐条写进数据库
29  n=1
30  for city in js:
31      CityName=city["city"]
32      PM25=0 if city["pm2_5"] == "" else int(city["pm2_5"])
33      print("城市:{}    PM2.5={}".format(CityName,PM25))
34      # 新增一条记录
35      sqlstr="insert into TablePM25
          values({},'{}',{})" .format(n,CityName,PM25)
36      cursor.execute(sqlstr)
37      n+=1
38      conn.commit() # 主动更新
39  conn.close()  # 关闭数据库连接
```

程序说明

■ 4 ～ 6　创建数据库连接，本例必须明确指定数据库路径，若不指定，则要到任务计划程序应用程序所在的目录（<C:\Windows\system32>）中寻找数据库，这是找不到的。第 4 行代码获取 pm25_autorun.py 所在的目录路径。第 5 行代码通过 DataBasePM25.sqlite 文件的完整路径，建立数据库连接。

■ 9 ～ 13　如果要抓取数据的数据表不存在，则进行创建。

■ 15 ～ 39　把抓取的数据存入数据库并显示。

6.3 用 Selenium 实现浏览器操作自动化

一般情况下，我们都是用手工方式来对浏览器进行各种操作。实际上，只要我们安装一个自动化操作组件 Selenium，就可在 Python 中实现很多对浏览器的自动化操作。

6.3.1 Selenium 组件

在开发网页时，用户接口的测试向来是一件不容易的事情，如果用手动方式对各种操作进行测试，不仅效率低而且容易出错。Selenium 的出现就是为了解决这个问题，它可以通过指令实现对网页操作的自动化，从而完成自动测试的目的。除此之外，Selenium 还可实现很多其他的网页操作功能，并能在指定时间自动运行，功能相当强大。

安装 Selenium

使用 Selenium 前，我们首先要安装 Selenium 组件，安装命令如下：

```
pip install selenium
```

下载 Chrome WebDriver

要实现网页操作的自动化，需要根据浏览器的不同安装对应的浏览器驱动程序。以 Google Chrome 浏览器为例，我们可根据操作系统（Linux, Mac, Windows）的不同，从以下地址下载相应的 Google Chrome 浏览器驱动程序：

```
https://sites.google.com/a/chromium.org/chromedriver/downloads
或者 http://download.csdn.net/download/w1520a/9748152
```

以 Windows 系统为例，下载 chromedriver_win32.zip 后解压，生成 ChromeDrvier.exe 文件，将此文件复制到 C:\ProgramData\Anaconda3 目录中。

创建 Google Chrome 浏览器对象

导入 Selenium 组件后，就可以用 webdriver.Chrome() 方法来创建 Google Chrome 浏览器对象了，代码如下：

```
from selenium import webdriver
browser = webdriver.Chrome()
```

Selenium Webdriver 的属性和方法

Selenium Webdriver API 常用的属性和方法如下：

方法 / 属性	说明
current_url	取得当前的网址
page_source	读取网页的源代码

续表

方法 / 属性	说明
text	读取元素内容
size	返回元素大小，例如 {'width': 250, 'height': 30}
get_window_position()	取得窗口左上角的位置
set_window_position(x,y)	设置窗口左上角的位置
maximize_window	浏览器窗口最大化
get_window_size()	取得窗口的高度和宽度
set_window_size(x,y)	设置窗口的高度和宽度
click()	单击按钮
close()	关闭浏览器，但不退出驱动程序
get(url)	连接 url 网址
refresh()	刷新页面
back()	返回上一页
forward()	下一页
clear()	清除输入内容
send_keys()	用键盘输入
submit()	提交
quit()	关闭浏览器并退出驱动程序

用 Python 操作 Chrome 浏览器

创建 Google Chrome 浏览器对象后，就可以通过 get() 方法连接到指定网址，最后用 quit() 方法关闭浏览器。以百度网的连接和退出为例，代码如下：

```
from selenium import webdriver
browser = webdriver.Chrome()
browser.get('http://www.baidu.com')
browser.quit()
```

我们还可以把要浏览的网站建立一个列表，这样就能依次访问这些网站。如先打开 Chrome 浏览器，把窗口最大化，然后每 3 秒打开一个列表中的网站，最后关闭浏览器。（<browser.py>）

```
from selenium import webdriver
from time import sleep

urls = ['http://www.baidu.com',
        'http://www.wsbookshow.com',
        'http://news.sina.com.cn/']

browser = webdriver.Chrome()
browser.maximize_window

for url in urls:
    browser.get(url)
    sleep(3)

browser.close()
```

6.3.2 查找网页元素

如果我们想要与网页进行互动，比如，我们要单击下单铵钮、超链接或要输入文字，那么我们必须先获得网页元素，这样才能对这些特定元素进行操作。

Selenium Webdriver API 提供了多种获取网页元素的方法，如下表所示：

方法	说明
find_element_by_id(id)	通过 id 查找指定元素
find_element_by_class_name(name)	通过类别名称查找指定元素
find_element_by_tag_name("tag name")	通过 HTML 标签查找指定元素
find_element_by_name(name)	通过名称查找指定元素
find_element_by_link_text(text)	通过链接文本查找指定元素
find_element_by_partial_link_text("cheese")	通过部分链接文本查找指定元素
find_element_by_css_selector(selector)	通过 CSS 样式表查找指定元素
find_element_by_xpath()	通过 xml 路径查找。xpath 是指通过 node 的层次关系及每个 node 的属性来查找元素

在以上各个方法名称中的 element 后面加上 s，会返回查找到的元素列表。

下面我们通过用 Chrome 浏览器访问 http://www.wsbookshow.com/bookshow/jc/bk/cxsj/12442.html 这个 HTML 页面中的元素，来对以上方法进行示例说明。（getelement.py）

```
1  from selenium import webdriver       # 导入 webdriver
2  url='http://www.wsbookshow.com/bookshow/jc/bk/cxsj/12442.html'
    # 设置链接
3  browser=webdriver.Chrome()       # 生成 Chrome 浏览器对象
4  browser.get(url)         # 用浏览器打开 url
```

现在，我们通过以下方法来获取指定元素（cho6/getelement.py）。

find_element_by_id

```
5  login_form = browser.find_element_by_
       id(' menu_1')  # 查找 id="menu_1" 的元素
6  print(login_form.text)    # 显示元素内容
7  browser.quit()      # 退出浏览器，退出驱动程序
```

find_element_by_name

```
8  username = browser.find_element_by_name('username')
       # 查找 name="username" 的元素
9  password = browser.find_element_by_name('pwd')
       # 查找 name="pwd" 的元素
```

find_element_by_xpath

```
10  login_form = browser.find_element_by_
      xpath("//form[@id='feedback_userbox']")
11  login_form = browser.find_element_by_xpath("//input[@name='arcID']")
```

find_element_by_link_text

```
12  continue_link = browser.find_element_by_link_text(' 新概念英语 ')
```

find_element_by_partial_link_text

```
13  continue_link = browser.find_element_
     by_partial_link_text(' 英语 ')
```

find_element_by_tag_name

```
14  heading1 = browser.find_element_by_tag_name('h1')
```

find_element_by_class_name

```
15  content = browser.find_element_by_class_name('topbanner')
```

find_element_by_css_selector

```
content = browser.find_element_by_css_selector('.topbanner')
```

CSS 选择器中，class="topbanner "，必须用“.topbanner ”来表示它是一个类。

6.3.3 学以致用——自动登录 51cto 网站

打开 www.51cto.com 网站，如果已经通过某用户名进行了登录，那么先退出登录。

登录该网站的一般步骤如下：

（1）单击右上角的“登录”按钮。

（2）先输入账号。

（3）再输入密码，然后单击“登录”按钮。

现在，我们要改用 Python 程序，自动完成上面登录 51CTO 网站的操作。

案例：自动登录 51CTO 网站

用 Python 程序，打开 51CTO 网站，自动输入账号和密码并单击“登录”按钮，从而完成 51CTO 网站的自动登录。

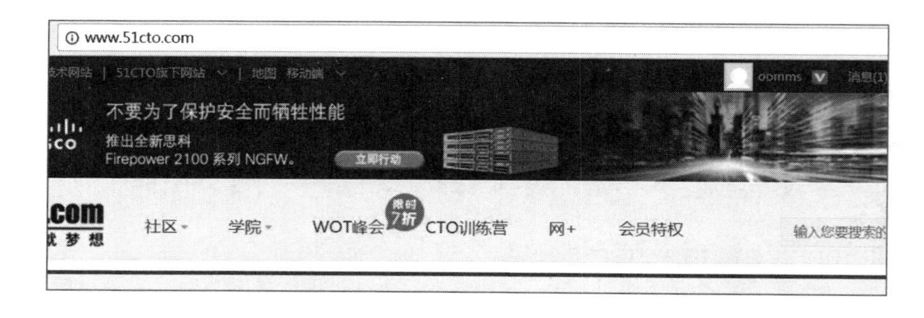

程序代码：ch06\login51cto.py

```
1   from selenium import webdriver
2   from time import sleep
3
4   url = 'http://www.51cto.com'
5
6   browser = webdriver.Chrome()
7   browser.maximize_window()
8   browser.get(url)
9
10  browser.find_element_by_xpath('//*[@id="login_status"]/
        a[1]').click()  # 获取“登录”元素
11  browser.find_element_by_xpath('//*[@id="loginform-
        username"]').clear()# 清空输入框
12  browser.find_element_by_xpath('//*[@id="loginform-
        username"]').send_keys('oomms')  # 填写用户名
13  browser.find_element_by_xpath('//*[@id="loginform-
        password"]').clear()  # 清空输入框
14  browser.find_element_by_xpath('//*[@id="loginform-
        password"]').send_keys('abc123')  # 填写密码
15  sleep(3)   # 加入等待
16  browser.find_element_by_xpath('//*[@id="login-form"]/div[3]/
        input').click()   # 单击“登录”按钮
```

程序说明

■1 ～ 8　自动在浏览器中打开 51CTO 网站。

■10　单击右上角的“登录”按钮。为了快速找到该按钮元素在网页代码中的位置，我们可在该按钮上单击右键，在弹出的快捷菜单中选择“检查 (N)”命令，这样就可直接定位到该按钮对应的代码位置，如下图。

■ 11 ～ 12　在该元素的代码上单击右键，选择 Copy/CopyXPath，可复制出“登录”按钮元素的 XPath，这样我们就可以通过这个 XPath 在程序中控制这个元素了。我们先用 clear() 方法清除输入框原有的内容，再用 send_keys() 方法输入自己的账号。

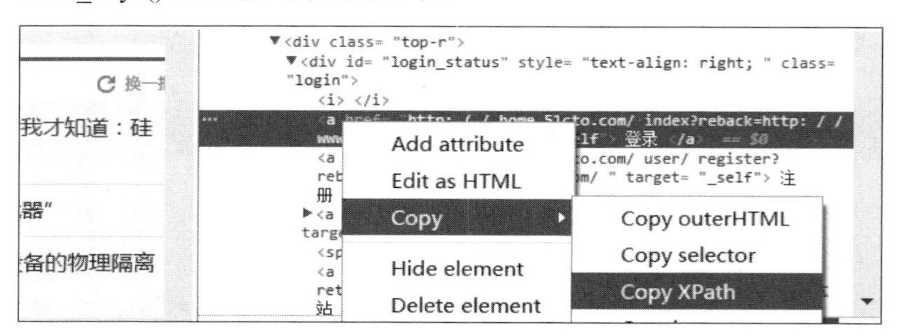

■ 13 ～ 14　同样地，用 send_keys() 方法自动输入密码。

■ 16　用 click() 方法单击“登录”按钮，从而完成了自动登录网站的过程。

Chapter 07

绘制图形

Python 除了擅长于数据抓取，把抓到的数据绘制成统计图形更是它的强项。

Matplotlib 是 Python 在 2D 绘图领域使用最广泛的组件，通过它可让用户轻松地将数据图形化，并且提供了多种输出格式。Matplotlib 功能强大，尤其在绘制各种科学图形方面更有非凡表现。

如果绘制的图形不是非常复杂，小巧的 Bokeh 组件就足以应付，它所需的资源大约只有 Matplotlib 的五分之一，却能绘出各种实用的图形，并可以在网页中进行呈现。

7.1 Matplotlib 包

Matplotlib 是 Python 在 2D 绘图领域使用最为广泛的包，它能让用户轻松地将数据图形化，并且提供多种输出格式。

7.1.1 Matplotlib 基本绘图

使用 Matplotlib 包绘图时，经常要与 Numpy 包搭配使用。我们在第 1 章安装 Anaconda 集成开发环境时，Matplotlib 及 Numpy 包都已安装完成，可以直接进行导入使用。

在使用 Matplotlib 绘图之前，首先要导入 Matplotlib 包。大部分绘图功能是在 matplotlib.pyplot 子包中，所以通常只导入 pyplot 子包就够了。另外在导入 matplotlib.pyplot 子包时，我们还经常会设置一个简短的别名以方便输入。例如，我们可把别名取为 plt：

```
import matplotlib.pyplot as plt
```

Matplotlib 绘图的主要功能是绘制 x、y 坐标图。绘图时，我们需要把 x、y 坐标保存在列表变量中并传给 Matplotlib。例如，我们要绘制 6 个点：

```
listx = [1,5,7,9,13,16]
listy = [15,50,80,40,70,50]
```

x 坐标的列表及 y 坐标的列表的元素数目必须相同，否则执行时会产生“x and y must have same first dimension”的错误。

matplotlib.pyplot 中绘制线形图的方法为 plot()，其语法格式为：

```
包名 .plot(x 坐标列表 , y 坐标列表 )
```

例如，我们要用 listx 及 listy 的列表进行绘图：

```
plt.plot(listx, listy)
```

绘图后如果不会自动显示，可用 show 方法显示，例如：

```
plt.show()
```

执行结果如下图：(ch07\plot1.py)

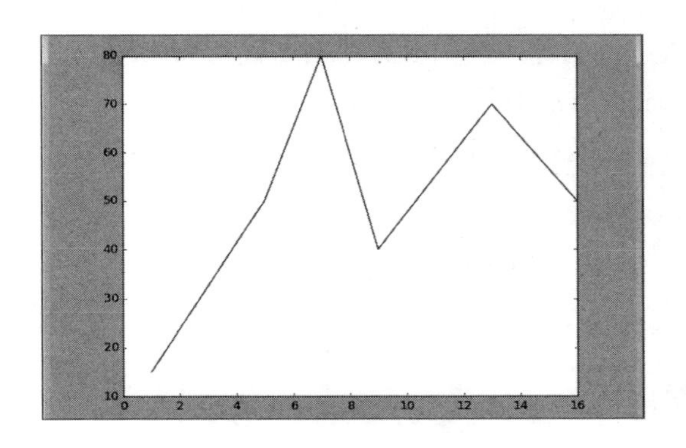

7.1.2 plot () 方法的参数及图形设置

matplotlib.pyplot 包中的 plot() 方法，除了 x 坐标列表及 y 坐标列表为必需的参数外，还有数十个可选参数用于设置绘图的不同特性，下面是 4 个常用的可选参数：

- color：设置线条颜色。默认为蓝色，要设置线条为红色，则 color="red"。
- linewidth or lw：设置线条宽度。默认为 1.0，如果要设置线条宽度为 5.0，则 linewidth=5.0。
- linestyle or ls：设置线条样式。可选值有 “-”（实线）、“--”（虚线）、“-.”（虚点线）及 “:”（点线），默认为 “-”。

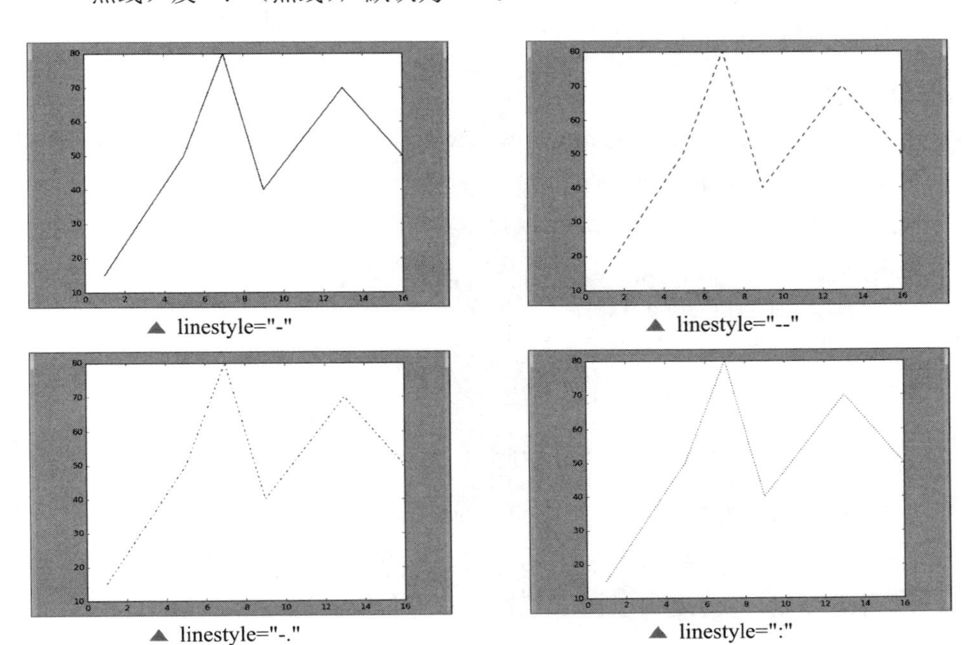
▲ linestyle="-"　▲ linestyle="--"

▲ linestyle="-."　▲ linestyle=":"

■ label：设置图例名称，例如设置图例名称为 money：label="money"。此属性需搭配 legend() 方法使用才可生效。

例：绘制红色、虚线、线宽为 5、名称为 food 的线形图。

```
plt.plot(listx, listy, color="red", lw=5.0, ls="--", label="food")
```

设置好属性后，执行 legend() 方法进行显示：

```
plt.legend()
```

同时绘制多个图形

在同一个坐标系中可以绘制多个图形，我们通常会将所有图形都绘制完成后再显示。例如我们要绘制两个图形：

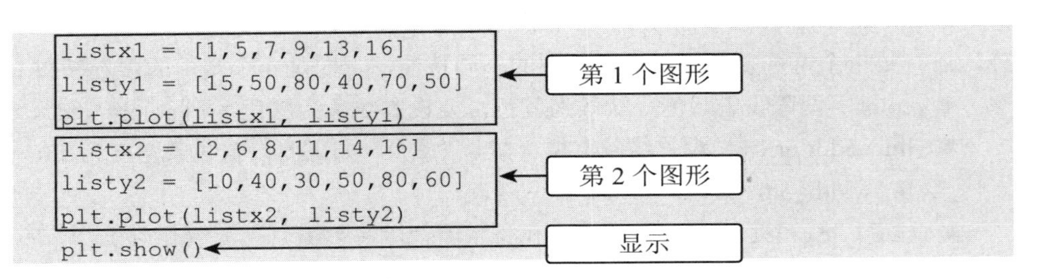

```
listx1 = [1,5,7,9,13,16]
listy1 = [15,50,80,40,70,50]
plt.plot(listx1, listy1)
listx2 = [2,6,8,11,14,16]
listy2 = [10,40,30,50,80,60]
plt.plot(listx2, listy2)
plt.show()
```


如果没有设置线条颜色，系统会自动设置不同颜色。

图形的属性设置

图形绘制完成后，可对图形的属性做一些设置，如图形标题、x 及 y 坐标轴标题等，这样可以让图形看起来更加直观。

设置图形的标题、x 坐标轴标题、y 坐标轴标题的语法分别为：

```
组件名称 .title( 图形标题 )
组件名称 .xlabel(x 坐标标题 )
组件名称 .ylabel(y 坐标标题 )
```

例如：

```
plt.title(" 学生成绩 ")   # 图形标题
plt.xlabel(" 座号 ")   #x 坐标标题
plt.ylabel(" 成绩 ")   #y 坐标标题
```

如果没有指定 x 坐标及 y 坐标范围，系统会根据数据大小判断最适合的 x 坐标及 y 坐标取值范围。我们也可以自行设置 x 、y 的坐标范围，语法为：

```
组件 .xlim( 起始值 , 终止值 )   # 设置 x 坐标范围
组件 .ylim( 起始值 , 终止值 )   # 设置 y 坐标范围
```

例如设置 x 坐标范围为 0 到 100，y 坐标范围为 0 到 50：

```
plt.xlim(0, 100)   # 设置 x 坐标范围
plt.ylim(0, 50)    # 设置 y 坐标范围
```

案例：线形图的绘制

绘制两个线形图并设置其相关的属性。

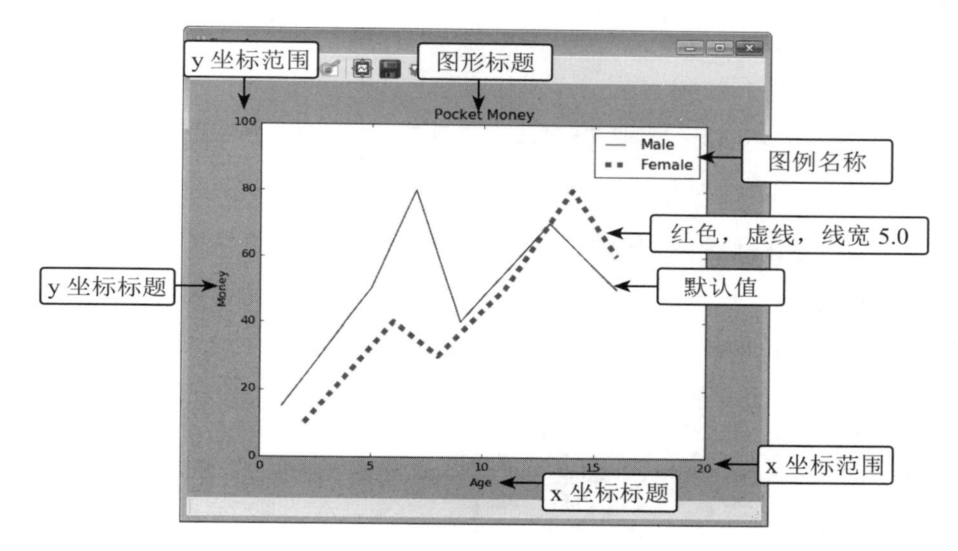

程序代码：ch07\plot2.py

```
 1 import matplotlib.pyplot as plt
 2
 3 listx1 = [1,5,7,9,13,16]
 4 listy1 = [15,50,80,40,70,50]
 5 plt.plot(listx1, listy1, label="Male")      # 颜色、线宽、线形缺省
 6 listx2 = [2,6,8,11,14,16]
 7 listy2 = [10,40,30,50,80,60]
 8 plt.plot(listx2, listy2, color="red", linewidth=5.0,
       linestyle="--", label="Female")
 9 plt.legend()           # 显示图例名称
10 plt.xlim(0, 20)
11 plt.ylim(0, 100)
```

```
12 plt.title("Pocket Money")        # 设置图形标题
13 plt.xlabel("Age")                # 设置 X 轴标题
14 plt.ylabel("Money")              # 设置 y 轴标题
15 plt.show()
```

程序说明

- 1　　导入所需的包并设置别名。
- 3 ～ 5　　画第 1 个线形图，使用默认值。
- 6 ～ 8　　画第 2 个线形图：红色、线宽 5、虚线。
- 9　　显示图例名称。
- 10 ～ 11　　设置 x、y 坐标范围。
- 12 ～ 14　　设置图形标题及 x、y 坐标标题。
- 15　　显示图形。需要注意的是，在交互式界面中，用或不用此方法图形都会显示

7.1.3 在 Matplotlib 中显示中文

Matplotlib 默认无法显示中文，所以在前面的例子中各种标题及图例使用的都是英文。若想在 Matplotlib 显示中文，只需将其默认使用的字体更改为简体中文即可。更改默认字体的操作方法有两种：

第一种方法是在文本编辑器（如记事本）中打开 <C:\ProgramData\Anaconda3\Lib\site-packages\matplotlib\mpl-data> matplotlibrc 文件，查找下面的文本行：

```
#font.sans-serif:  ……
```

在冒号后面加上一个简体中文字体 SimHei 就可以了：

```
#font.sans-serif: SimHei,.....
```

第二种是直接在代码中导入 pylab 包，并把字体参数传递给配置文件：

```
from pylab import *
rcParams['font.sans-serif'] = ['SimHei']
```

7.1.4 绘制柱状图及饼图

Matplotlib 除了可绘制线形图外，还可绘制柱状图或饼图。

柱状图的绘制是通过 bar() 方法来实现的，其语法为：

```
包名 .bar(x 坐标列表 , y 坐标列表 , 其他参数…)
```

绘制柱状图的参数与绘制线形图类似，除了一些线形图的属性参数（如线宽、线形等）不能使用外，其余参数在绘制柱状图时都可以使用。

下例与前面的例子相同，只是现在我们用柱状图来呈现，并用中文显示各项文字。

案例：柱状图绘制

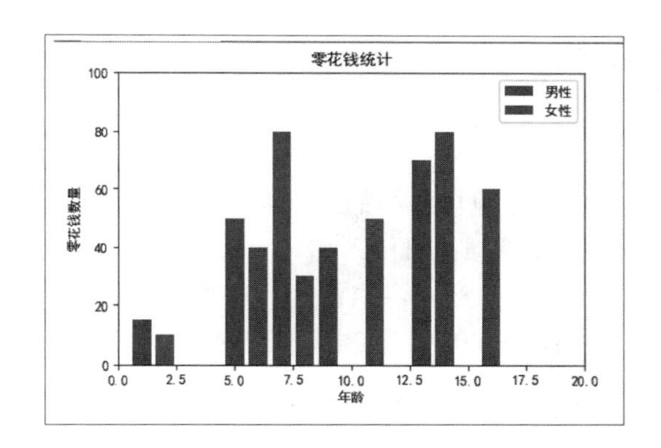

程序代码仅列出与前例的不同之处。

程序代码：ch07\bar1.py

```
...
 5 plt.bar(listx1, listy1, label=" 男性 ")
...
 8 plt.bar(listx2, listy2, color="red", label=" 女性 ")
...
12 plt.title(" 零花钱统计 ")
13 plt.xlabel(" 年龄 ")
14 plt.ylabel(" 零花钱数量 ")
...
```

饼图是用 pie() 方法来绘制的，其语法为：

```
包名 .pie( 数据列表 [, 可选参数列表 ])
```

“数据列表”是列表型数据，可省略，其值作为饼图的数据源。

“可选参数列表”可有可无，其名称与功能如下：

- labels：由每个项目标题组成的列表。
- colors：由每个项目颜色组成的列表。
- explode：由每个项目的凸出值组成的列表。“0”表示不凸出。下面两个图显示了设置不同凸出值的效果。

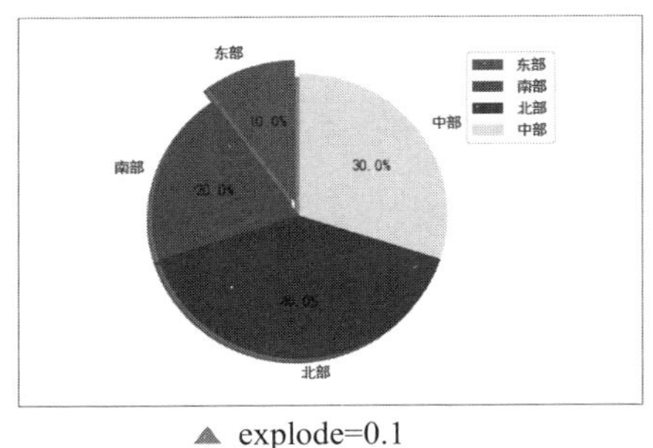

▲ explode=0.1

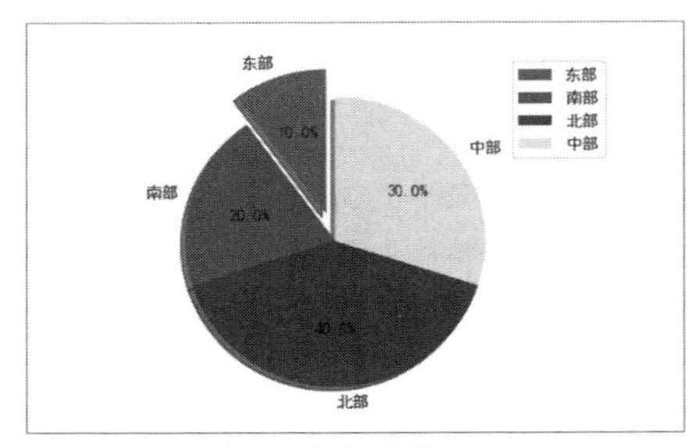

▲ explode=0.2

- labeldistance：项目标题与圆心的距离是半径的多少倍。例如“1.1”表示项目标题与圆心的距离是半径的 1.1 倍。
- autopct：项目百分比的格式，语法为“% 格式 %%”。例如“%2.1f%%”表示整数占 2 位，小数占 1 位。
- shadow：布尔值，True 表示图形有阴影，False 表示图形没有阴影。
- startangle：绘图的起始角度，绘图时按逆时针旋转顺序进行。

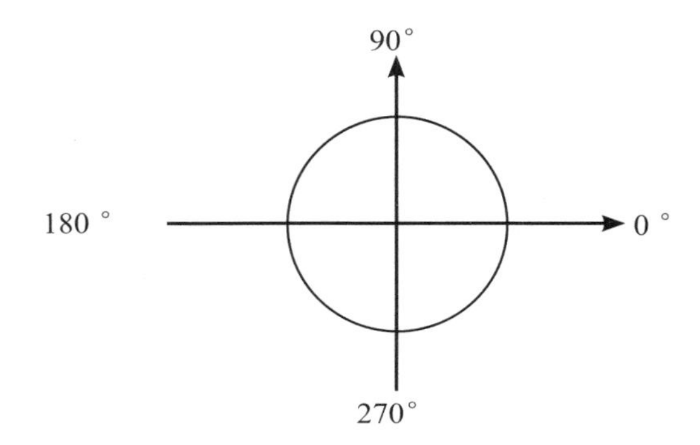

- pctdistance：百分比数值与圆心的距离是半径的多少倍。

默认绘制的饼图是椭圆形，若要绘制正圆形饼图，需用下列方法让 x、y 轴单位相等：

```
包名.axis("equal")
```

饼图的展示效果虽然不错，但仅适合少量数据的呈现，若将圆饼图分块太多，那么比例太小的数据就会看不清楚。

案例：绘制圆形饼图

以饼图的方式表现东、西、南、北各区的业绩。

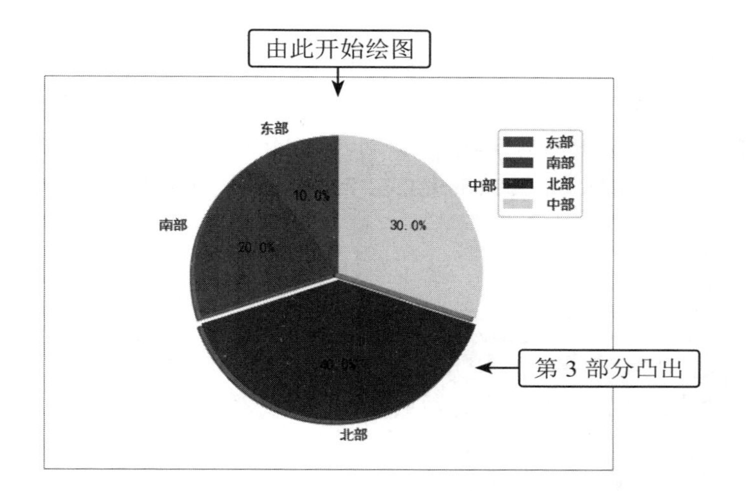

程序代码：ch07\pie1.py

```
 1 import matplotlib.pyplot as plt
 2
 3 labels = [" 东部 ", " 南部 ", " 北部 ", " 中部 "]
 4 sizes = [5, 10, 20, 15]
 5 colors = ["red", "green", "blue", "yellow"]
 6 explode = (0, 0, 0.05, 0)
 7 plt.pie(sizes,explode = explode,labels = labels,colors = colors,\
 8     labeldistance = 1.1,autopct = "%3.1f%%",shadow = True,\
 9     startangle = 90,pctdistance = 0.6)
10 plt.axis("equal")
11 plt.legend()
12 plt.show()
```

程序说明

■3　　项目标题列表。

■4　　数据列表。

■5　　项目颜色列表。

■6　　凸出数值列表，此处为第 3 部分凸出，数值 0.05。

■ 7 ～ 9　　绘制饼图。

■ 10　　设置图形为正圆形

■ 11 ～ 12　　显示所绘图形。

7.1.5 实战：爬取我国 1990 年到 2016 年 GDP 数据并绘图显示

绘制图形所需的数据源通常是不固定的，比如，有时我们会需要从网页抓取，也可能需从文件或数据库中获取。本节利用第五章中的网页数据抓取技术，把我国 1990 年到 2016 年的 GDP 数据抓取出来，再利用 Matplotlib 进行绘图显示。

经搜索发现，http://value500.com/M2GDP.html 网页中有我们所需数据。

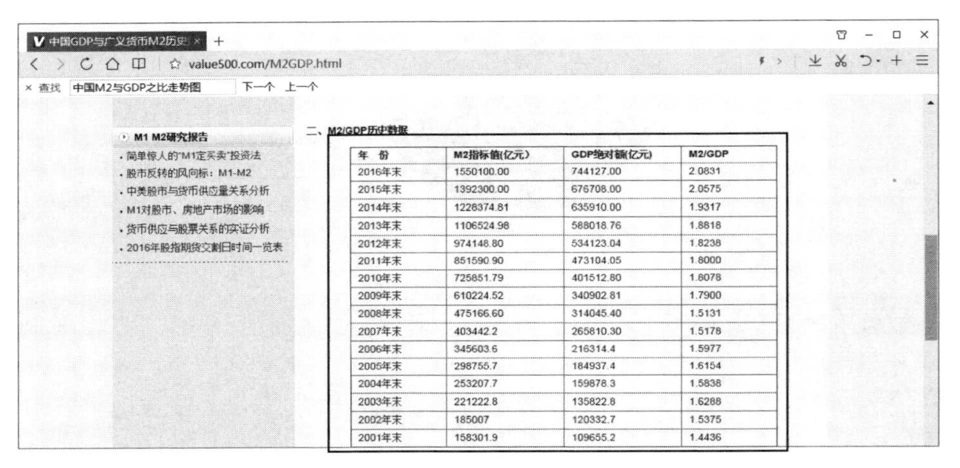

年　份	M2指标值(亿元)	GDP绝对额(亿元)	M2/GDP
2016年末	1550100.00	744127.00	2.0831
2015年末	1392300.00	676708.00	2.0575
2014年末	1228374.81	635910.00	1.9317
2013年末	1106524.98	588018.76	1.8818
2012年末	974148.80	534123.04	1.8238
2011年末	851590.90	473104.05	1.8000
2010年末	725851.79	401512.80	1.8078
2009年末	610224.52	340902.81	1.7900
2008年末	475166.60	314045.40	1.5131
2007年末	403442.2	265810.30	1.5178
2006年末	345603.6	216314.4	1.5977
2005年末	298755.7	184937.4	1.6154
2004年末	253207.7	159878.3	1.5838
2003年末	221222.8	135822.8	1.6288
2002年末	185007	120332.7	1.5375
2001年末	158301.9	109655.2	1.4436

将鼠标移到表格每一行的"年份"处并右击，在弹出的快捷菜单中选择"检查"命令。

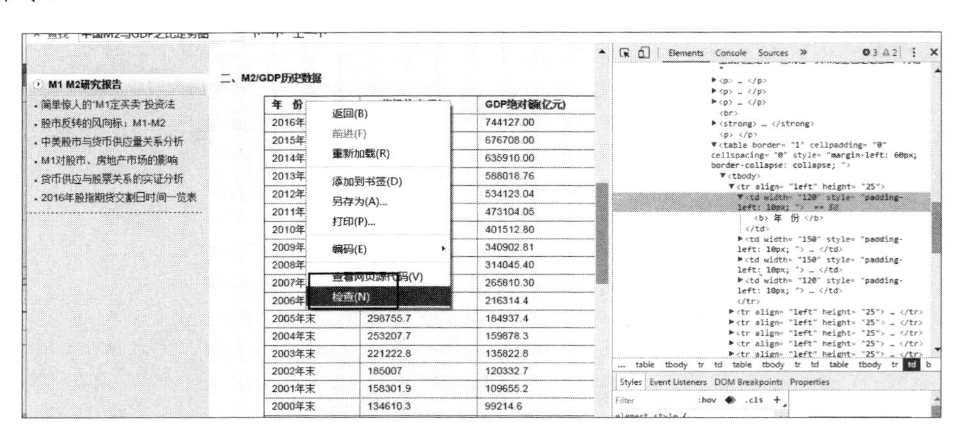

Chrome 会进行开发者工具页面，并自动把鼠标定位到所对应的代码位置。由网页的源代码可见：年份数据位于 table 中第 1 个 td 标签中，gdp 数据位于表格中第 3 个 td 标签中。

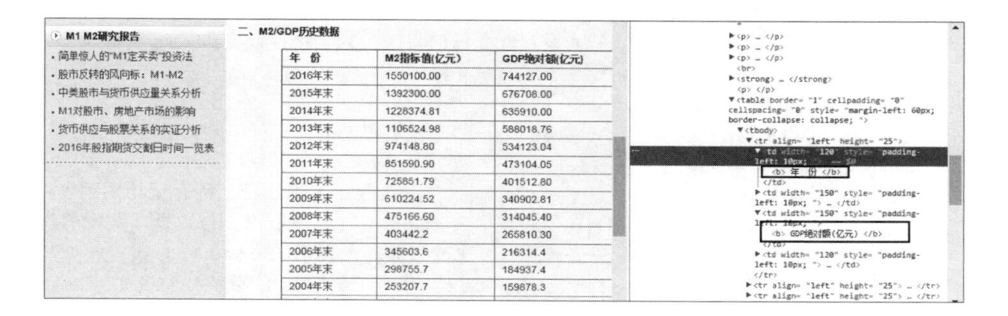

年 份	M2指标值(亿元)	GDP绝对额(亿元)
2016年末	1550100.00	744127.00
2015年末	1392300.00	676708.00
2014年末	1228374.81	635910.00
2013年末	1106524.98	588018.76
2012年末	974148.80	534123.04
2011年末	851590.90	473104.05
2010年末	725851.79	401512.80
2009年末	610224.52	340902.81
2008年末	475166.60	314045.40
2007年末	403442.2	265810.30
2006年末	345603.6	216314.4
2005年末	298755.7	184937.4
2004年末	253207.7	159878.3

案例实现：爬取并绘制我国 GDP1990~2016 数据图

由网页爬取所需数据，并用 Matplotlib 绘制图形，最终结果如下：

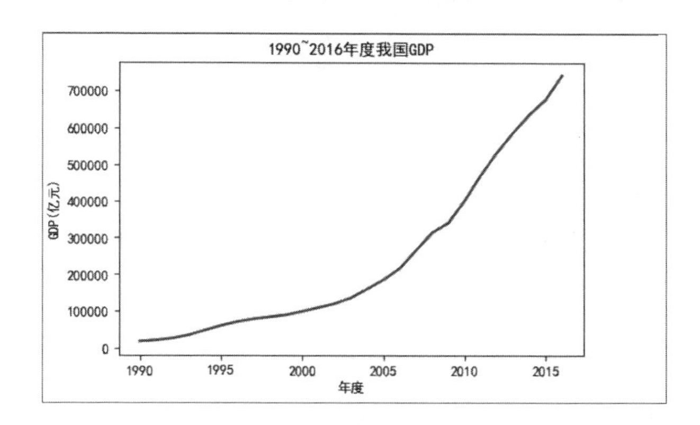

程序代码：ch07\gdp-plot.py

```
 1  import matplotlib.pyplot as plt    # 导入绘图模块，重命名为plt
 2  import requests     # 导入网页内容抓取功能包
 3  from bs4 import BeautifulSoup as bs   # 导入网页解析模块，重命名为bs
 4  from pylab import *    # 导入pylab包
 5  rcParams['font.sans-serif'] = ['SimHei']   # 支持简体中文
 6
 7  year = []      # 横坐标列表
 8  gdp = []       # 纵坐标列表
 9  url = "http://value500.com/M2GDP.html"    # 设置要在哪个网页抓取数据
10  content = requests.get(url)    # 获取网页内容
```

```
11  content.encoding='utf-8'     # 转为 utf-8 编码
12  content1=content.text  # 取得网页内容的 text 部分
13  parse = bs(content1,"html.parser") # 进行 html 解析
14  data1 = parse.find_all("table") # 获取所有的表
15  rows = data1[19].find_all("tr") # 说明见代码下方
16  i=0                      # 设置此变量的目的是为了不读取表头数据
17  for row in rows:
18      cols = row.find_all("td")   # 把行数据存入 cols 变量
19      if(len(cols) > 0 and i==0):  # 如果是第一行，则控制变量加 1
20          i+=1
21      else:                           # 如果不是第一行，则存至绘图列表
22          year.append(cols[0].text[:-2])   # 取得年份数据（数据的最后
            两个字符不是数值，所以要去除）并写入图形的 year 轴
23          gdp.append(cols[2].text)        # 把 GDP 值存入 GDP 轴
24  plt.plot(year, gdp, linewidth=2.0)     # 绘制图形，线宽为 2
25  plt.title("1990~2016 年度我国 GDP")     # 设置图形标题
26  plt.xlabel(" 年度 ")      # 设置 x 轴标题
27  plt.ylabel("GDP ( 亿元 ) ")   # 设置 y 轴标题
28  plt.show()     # 显示所绘图形
```

程序说明

- 6 ～ 7　　year 保存年份，gdp 保存 GDP 数值。
- 9 ～ 13　　读取网页，然后解析为 html 格式。
- 14　　读取网页中所有表元素。
- 15　　从所有 table 元素中，取出第 20 个 table（即 data1[19], 因为所需数据包含在第 20 个 table 中）。然后再取出 data1[19] 这个表中的所有行数据（每一对 <tr></tr> 标签元素 , 包含表中的一行数据）
- 16 ～ 23　　把表数据写入绘图变量中。
- 19　　此表中由于表头行与数据行标签名称相同，所以用控制变量跳过表头行。

7.2 Bokeh 包

Matplotlib 在绘制各种科学图形方面功能强大，但占用的内存空间及计算资源也很大。如果绘制的图形不太复杂，小巧的 Bokeh 包就够用了。Bokeh 的大小只有 Matplotlib 的五分之一，并且其所绘制的图形还是在网页中显示。

7.2.1 用 Bokeh 绘制基本图形

与 Matplotlib 包相同，我们在安装 Anaconda 集成开发环境时，Bokeh 包也已进

行了安装，所以可以直接导入使用。

使用 Bokeh 绘图时，其大部分绘图功能是由 bokeh.plotting 子包中的 figure 和 show 模块完成的，所以我们一般至少要导入 figure 及 show 这两个模块：

```
from bokeh.plotting import figure, show
```

Bokeh 绘制的图形是在浏览器中显示的，因此还需要先用 figure() 方法在浏览器中创建一个网页作为图形区域，语法为：

```
变量 = figure(width=绘图区宽度, height=绘图区高度)
```

例如：创建一个宽 800 像素、高 400 像素的绘图区，并把绘图区定义为变量 p：

```
p = figure(width=800, height=400)
```

Bokeh 也是主要用于绘制 x、y 坐标图，所以必须把 x、y 坐标存入列表中传给 Bokeh，例如我们要绘制 6 个点：

```
listx = [1,5,7,9,13,16]
listy = [15,30,50,60,80,90]
```

bokeh.plotting 绘制线形图的方法为 line()，语法为：

```
绘图区变量.line(x坐标列表, y坐标列表)
```

例：用 listx 及 listy 绘制线形图：

```
p.line(listx, listy)
```

所绘的图形不会自动显示，需要调用 show() 方法打开浏览器显示绘图区，例：

```
show(p)
```

执行结果如下图：（ch07\line1.py）

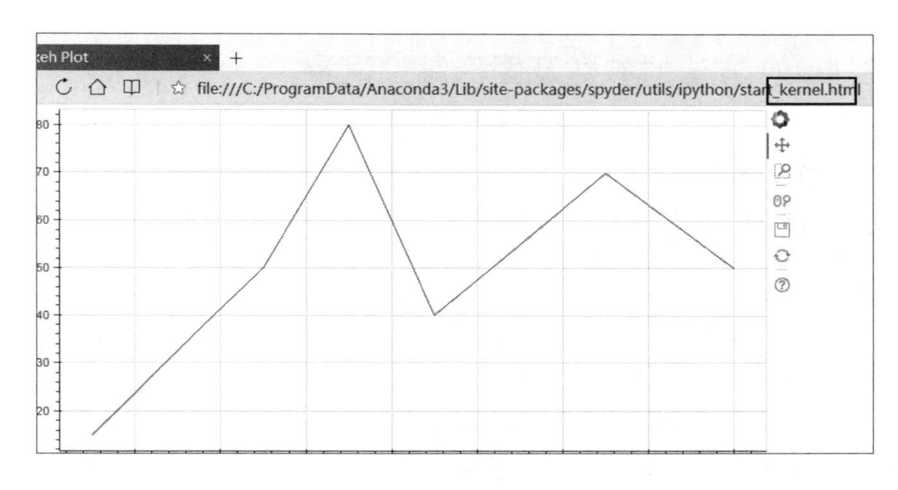

Bokeh 会生成一个名为 start_kernel.html 的文件，然后打开该文件以显示图形。

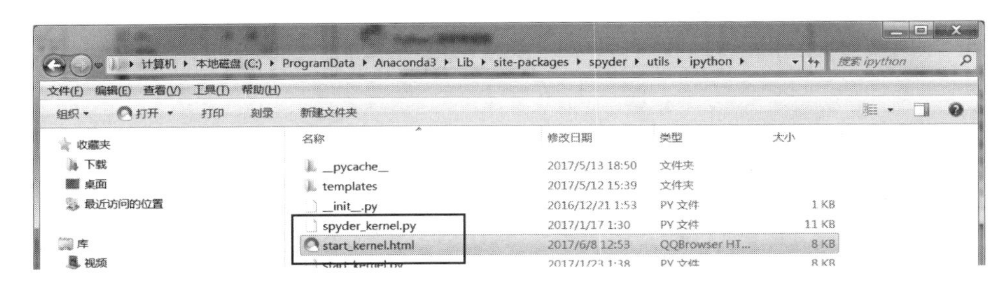

如果需要自定义该文件的名称，可通过 output_file() 方法来指定输出文件的名称。例如，自定义网页名称为 lineout.html：

```
output_file("lineout.html")
```

使用上述方法前，需导入 output_file 包。line2.py 的执行结果与 line1.py 相同，只是创建的网页文件名变为了 lineout.html，其程序代码为：

程序代码：ch07\line2.py

```
1 from bokeh.plotting import figure, show, output_file
2
3 output_file("lineout.html")
4 p = figure(width=800, height=400)
5 listx = [1,5,7,9,13,16]
6 listy = [15,50,80,40,70,50]
7 p.line(listx, listy)
8 show(p)
```

7.2.2 line() 方法的参数及图形属性设置

bokeh.plotting 的 line() 方法中，除了 x 坐标列表及 y 坐标列表为必需参数外，其他主要可选参数如下：

- line_color：设置线条颜色。例如设置线条为红色：line_color="red"。
- line_width：设置线条宽度。例如设置线条宽度为 5：linewidth=5。
- line_alpha：设置线条透明度，0 为完全透明，1.0 为完全不透明。例如设置透明度为 0.5：line_alpha=0.5。
- line_dash：设置虚线样式，其值是一个列表：第一个元素为显示点数，第二个元素为空白点数。例如：line_dash=[12,6]。
- legend：设置图例名称。例如设置图例名称为“年度”：legend=" 年度 "。

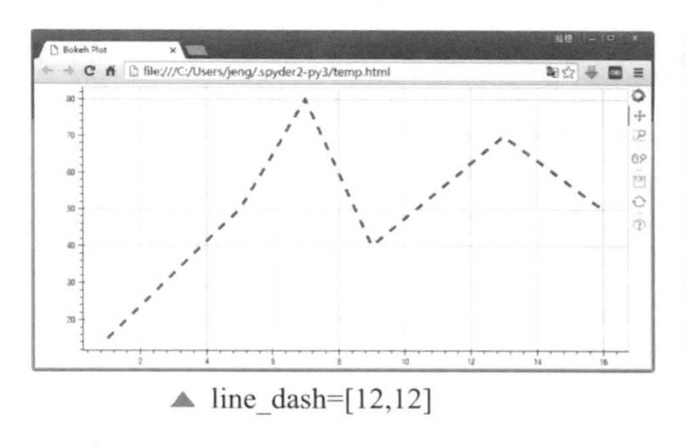

▲ line_dash=[12,12]

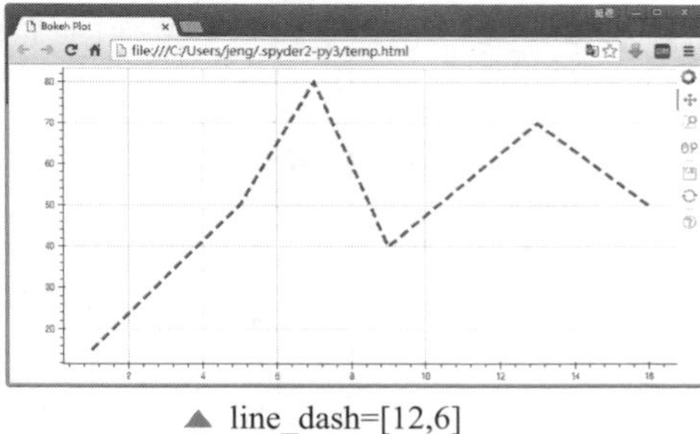

▲ line_dash=[12,6]

同时绘制多个图形

在一个坐标系中绘制多个图形时，我们一般会在绘制完成所有图形后一并显示，例如绘制以下两个图形：

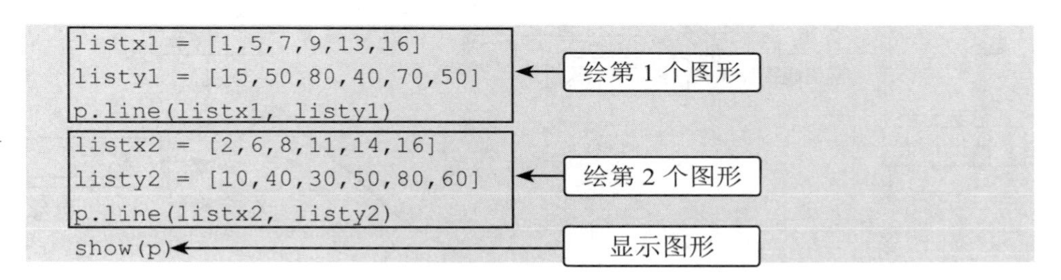

图形设置

图形标题是通过 figure() 方法的 title 参数进行设置的，其语法为：

```
figure(title= 图形标题 )
```

例如设置图形标题为“统计图”：

```
p = figure(width=800, height=400, title=" 统计图 ")
```

系统还提供了设置字体大小及颜色功能，语法为：

```
p.title_text_color = 文字颜色
p.title_text_font_size = 字体大小
```

字体大小值需指定单位，例如设置文字为蓝色，大小为 20pt：

```
p.title_text_color = "blue"
p.title_text_font_size = "20pt"
```

图形 x、y 轴的标题是通过 xaxis.axis_label 属性及 yaxis.axis_label 属性来设置的，

例如设置 x 轴标题为“年度”，y 轴标题为“金额”：

```
p.xaxis.axis_label = " 年度 "
p.yaxis.axis_label = " 金额 "
```

我们还可以通过 p.xaxis.axis_label_text_color 及 p.xaxis.axis_label_text_colorl 这两个属性来设置 x、y 轴标题的颜色，例如设置 x 轴标题为“红色”，y 轴标题为“绿色”：

```
p.xaxis.axis_label_text_color = "red"
p.yaxis.axis_label_text_color = "green"
```

案例：Bokeh 线形图绘制

绘制两个线形图并设置相关图形属性。

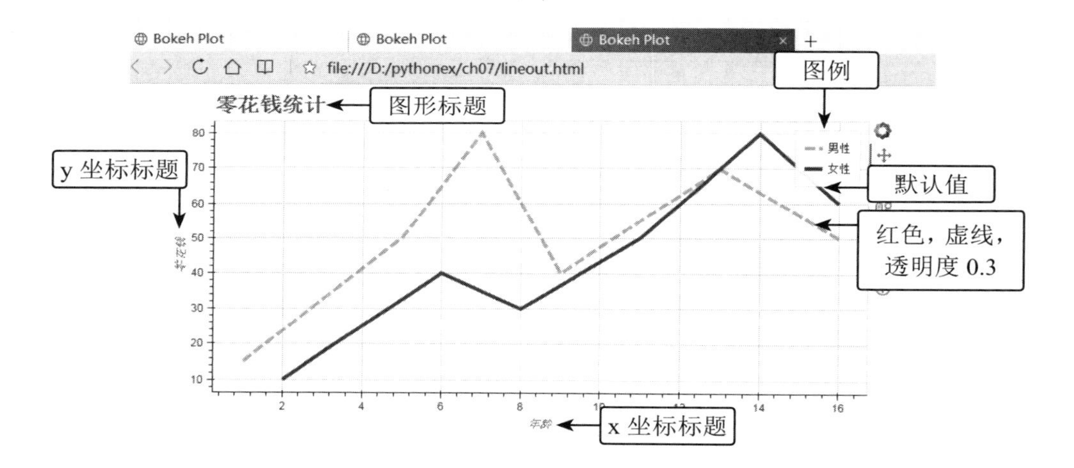

程序代码：ch07\line3.py

```
 1 from bokeh.plotting import figure, show
 2
 3 p = figure(width=800, height=400, title=" 零花钱统计 ")
 4 p.title_text_color = "green"
 5 p.title_text_font_size = "18pt"
 6 p.xaxis.axis_label = " 年龄 "
 7 p.xaxis.axis_label_text_color = "violet"
 8 p.yaxis.axis_label = " 零花钱 "
 9 p.yaxis.axis_label_text_color = "violet"
10 dashs = [12, 4]
11 listx1 = [1,5,7,9,13,16]
```

```
12 listy1 = [15,50,80,40,70,50]
13 p.line(listx1, listy1, line_width=4, line_color="red",
        line_alpha=0.3, line_dash=dashs, legend="男性")
14 listx2 = [2,6,8,11,14,16]
15 listy2 = [10,40,30,50,80,60]
16 p.line(listx2, listy2, line_width=4, legend="女性")
17 show(p)
```

程序说明

- 3　设置浏览器绘图区及图形标题。
- 4 ～ 5　设置图形标题的颜色及文字大小。
- 6 ～ 9　设置 x、y 轴标题及颜色。
- 10　设置虚线样式的参数列表。
- 11 ～ 13　绘制第 1 个线形图。
- 14 ～ 16　绘制第 2 个线形图。

7.2.3 散点图

除了绘制线形图的功能外，Bokeh 还可用于绘制多种散点图，即仅显示各坐标点而不进行连接。

绘制散点图的语法为：

```
绘图区变量.circle(x坐标列表, y坐标列表, size=大小, color=颜色, alpha=透明度)
```

- 大小：可以是一个数值，表示所有坐标点大小相同；也可以是数值列表，依次设定各坐标点大小。例如：

```
p.circle(listx, listy, size=20)  # 所有点大小都为20
p.circle(listx, listy, size=[20,30,40])  # 坐标点大小依次为20,30,40
```

- 颜色：可以是一个颜色字符串，表示所有坐标点颜色相同；也可以是字符串列表，依次指定各坐标点颜色。例如：

```
p.circle(listx, listy, color="green")  # 所有点都为绿色
p.circle(listx, listy, color=["red","blue","green"])
                                        # 颜色依次为红、蓝、绿
```

- alpha：设置坐标点透明度，0 表示完全透明，1.0 表示完全不透明。例如设置坐标点的透明度为 0.5：alpha=0.5。

其余的在线形图中适用的各种图形属性，在散点图中也基本都可以使用。

案例：绘制散点图

用 Bokeh 绘制坐标点为圆形点的散点图，并对图形的属性进行设置。

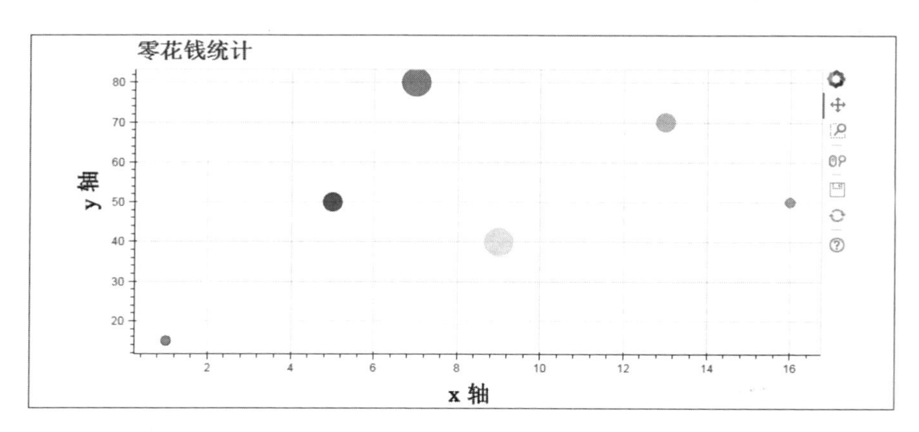

程序代码：ch07\circle1.py

```
 1 from bokeh.plotting import figure, show
 2 
 3 p = figure(width=800, height=400, title=" 零花钱统计 ")
 4 p.title_text_font_size = "18pt"
 5 p.xaxis.axis_label = "X 轴 "
 6 p.yaxis.axis_label = "y 轴 "
 7 listx = [1,5,7,9,13,16]
 8 listy = [15,50,80,40,70,50]
 9 sizes=[10,20,30,30,20,10]
10 colors=["red","blue","green","pink","violet","gray"]
11 #sizes=25  # 所有点相同大小
12 #colors="red"  # 所有点相同颜色
13 p.circle(listx, listy, size=sizes, color=colors, alpha=0.5)
14 show(p)
```

程序说明

- 3 ～ 6　设置绘图区大小及图形属性。
- 9 ～ 10　创建各坐标点的大小及颜色列表。
- 11 ～ 12　若希望各坐标点的大小及颜色相同，可启用 11~12 行代码。
- 13　绘制散点图。

Bokeh 提供的各种散点图的坐标点的形状如下表：

函数名称	形状	函数名称	形状
circle	●	circle_cross	⊕
circle_x	⊗	square	■
square_cross	⊞	square_x	⊠
inverted_triangle	▼	triangle	▲
asterisk	✳	cross	+
x	×		

绘制散点图的语法为：

```
绘图区变量 . 函数名称 (x 坐标列表 , y 坐标列表 ……)
```

例：绘制坐标点为方形的散点图。

```
p.square(listx, listy)
```

其中 circle_cross、circle_x、square_cross、square_x 会在圆或方框内加入“X”或“+”，因其颜色与圆形或方形相同，绘图时必须设置较低透明度才能看到图形内的“X”或“+”。

7.2.4 实战：用 Bokeh 绘制我国 GDP 数据散点统计图

与 7.1.5 节的案例相同，现在我们再次把我国 1990 年到 2016 年的 GDP 数据抓取出来，然后用 Bokeh 绘制成散点统计图。

实现：用 Bokeh 绘制我国 GDP 数据的散点统计图

由网页爬取所需数据，并用 Bokeh 绘制散点图。

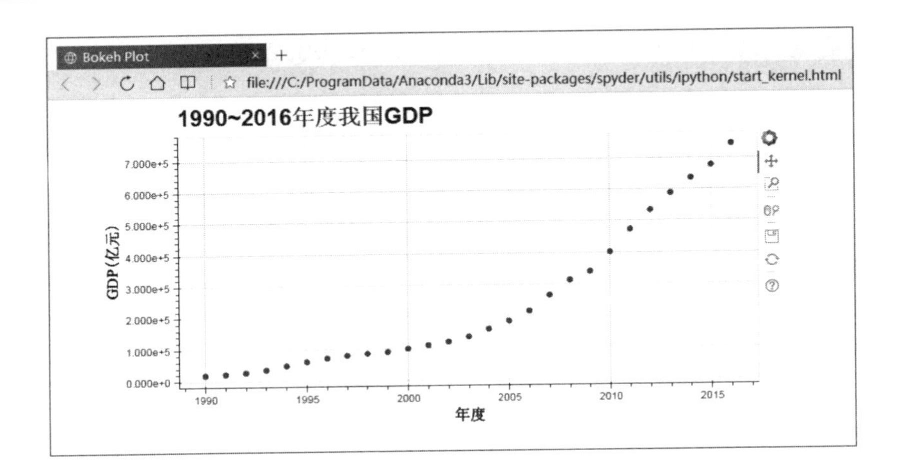

程序代码：ch07\gdp-bokeh.py

```
1 from bokeh.plotting import figure, show
2 import matplotlib.pyplot as plt    # 导入绘图模块，重命名为plt
3 import requests     # 导入网页内容抓取包
4 from bs4 import BeautifulSoup as bs   # 导入网页解析模块，重命名为bs
5 year = []      # 横坐标列表
6 gdp = []    # 纵坐标列表
7 url = "http://value500.com/M2GDP.html"    # 设置要在哪个网页抓数据
8 content = requests.get(url)    # 获取网页内容
9 content.encoding='utf-8'     # 转为utf-8 编码
10 content1=content.text   # 取得网页内容的 text 部分
11 parse = bs(content1,"html.parser") # 进行 html 解析
12 data1 = parse.find_all("table")   # 获取所有表元素
13 rows = data1[19].find_all("tr") # 取出包含所需数据的表(网页第 20 个表)
14 i=0                             # 为了不读取表头数据，设置此控制变量
15 for row in rows:
16     cols = row.find_all("td")   # 把每一行表数据存入 cols 变量
17     if(len(cols) > 0 and i==0):   # 如果是第一行，则控制变量加 1
18         i+=1
19     else:                          # 如果不是第一行，则写入绘图列表
20         year.append(cols[0].text[:-2])   # 取得年份数据（数据的最后
               两个字符不是数据需去除）并写入图形的 year 轴
21         gdp.append(cols[2].text)       # 把 gdp 值存入 gdp 轴
22 p = figure(width=800, height=400, title="1990~2016 年度我国 GDP")
               # 在浏览器生成画图区域
23 p.title_text_font_size = "20pt" # 设置字体大小为 20
24 p.xaxis.axis_label = " 年度 "   # 设置 x 轴标题
```

```
25 p.yaxis.axis_label = "GDP(亿元)"    # 设置 y 轴标题
26 p.circle(year,gdp, size=6) # 圆点显示，点的大小为 6
27 show(p)  # 显示图形
```

程序说明

■22　　在浏览器中创建绘图区域并设置图形标题。

■23　　设置图形标题字体大小。

■24　　设置 x 轴标题。

■25　　设置 y 轴标题。

■26　　绘制点的大小为 6 的散点图。

■27　　在浏览器中显示所绘图形。

Memo

Chapter 08

实战：Word 文件操作

Office 文件是我们日常工作生活中经常用到的文件格式，其中以 Word 格式的文件最为常用。

Python 可通过 Win32com 组件对 Microsoft Office 文件进行存取。Python 已内置了 Win32com 组件，不需要另外安装。使用 Win32com 组件处理 Microsoft Office 文件，计算机必须已安装 Microsoft Office。

本章利用 Win32com 组件来完成两个实战案例，一是自动生成全月午餐菜单的 Word 文件，二是自动访问指定目录中的所有 Word 文件（包含子目录），并对所有 Word 文件的某些字符进行统一的搜索与替换。

8.1 用 Win32com 组件操作 Word 文件

Python 语言可通过 Win32com 组件对 Microsoft Office 文件进行存取，而且 Python 已内置了 Win32com 组件，不需要另外安装。

要用 Win32com 组件操作 Microsoft Office 文件，计算机必须已确保安装了 Microsoft Office 软件。本章将对通过用 Python 操作 Word 文件的方法进行讲解。

8.1.1 实现新建文件并保存

Win32com 组件不需要安装，直接导入就可使用，下面我们先导入 Win32com 组件的 client 模块：

```
from win32com import client
```

要处理 Word 文件，需先创建 Word 应用程序变量。语法为：

```
应用变量 = client.gencache.EnsureDispatch('Word.Application')
```

例如，建立一个名为 word 的 Word 应用程序变量：

```
word = client.gencache.EnsureDispatch('Word.Application')
```

Word 应用程序变量的 Visible、DisplayAlerts 属性及 Documents 方法：

- Visible：1 表示要显示 Word 界面，0 表示不显示 Word 界面。
- DisplayAlerts：1 表示要显示 Word 警告信息，0 表示不显示 Word 警告信息。
- Documents：操作 Word 文件，如打开文件、保存文件等。

新建文件

用 Win32com 组件新建文件通是过 Documents 的 Add() 方法来实现的，语法为：

```
文件变量 = 应用变量 .Documents.Add()
```

例如，新建一个文件，并保存至变量 doc：

```
doc = word.Documents.Add()
```

文件内容的位置可通过文件变量的 Range () 方法来设置，语法为：

```
范围变量 = 文件变量 .Range( 起始位置 , 结束位置 )
```

起始位置及结束位置为整数，表示字符的起始及结束位置。例如，把文件前 10 个字符保存至 range1 变量：

```
range1 = doc.Range(0,9)
```

向 Word 文件中插入文本可通过两种方法来实现。一种方法是通过 InsertAfter() 方法，此方法把文字插入到范围变量结束位置之后，执行插入操作以后，位置变量的结束值会变为所插入的内容后的位置值，语法为：

```
范围变量 .InsertAfter( 文字 )
```

另一种方法是通过 InsertBefore() 方法，此方法是将文字插入到范围变量起始位置的前面，语法为：

```
范围变量 .InsertBefore( 文字 )
```

使用 InsertBefore() 方法插入文本后不会改变范围变量的位置起始值，再次使用 InsertBefore 方法时，还是会把文字插入到变量的最初起始位置值之前。

保存文件

本章案例的 Word 文件位于 media 文件夹中（media 文件夹与 .py 文件位于同一目录中）。由于 Win32com 组件存取文件时不能使用相对路径，所以必须先取得 Python 程序文件所在路径（即 media 文件夹的路径），语法为：

```
import os
路径变量 = os.path.dirname(__file__)
```

保存 Word 文件的语法为：

```
文件变数 .SaveAs( 路径变量 )
```

例如，把文件保存在 media 文件夹中，文件名为 test1.docx：

```
cpath = os.path.dirname(__file__)
doc.SaveAs(cpath + "\\media\\test1.docx")
```

处理完 Word 文件，通常会在程序最后关闭 Word 文件及应用，以免占用系统资源，语法为：

```
文件变量 .Close()
应用变量 .Quit()
```

实战：新建 Word 文件并存盘

用 Win32com 组件新建 Word 文件，插入内容后存盘。

程序代码：ch08\newdocx1.py

```
 1 import os
 2 from win32com import client
 3 word = client.gencache.EnsureDispatch('Word.Application')
 4 word.Visible = 1
 5 word.DisplayAlerts = 0
 6 doc = word.Documents.Add()
 7 range1 = doc.Range(0,0)  # 设置范围变量的起止位置
 8 range1.InsertAfter("这是测试第一行\n这是测试第二行\n")
 9 range1.InsertAfter("这是测试第三行\n这是测试第四行\n")
10 range1.InsertBefore("第一次插入到文件最前方\n")
11 range1.InsertBefore("再次插入到文件最前方\n")
12 cpath = os.path.dirname(__file__)
13 doc.SaveAs(cpath + "\\media\\test1.docx")
14 #doc.Close()
15 #word.Quit()
```

程序说明

- 4～5　显示 Word 界面但不显示警告信息。
- 6　新建 Word 文件。
- 7　新文件没有内容，将范围变量的起止置设在文件起始处。
- 8~9　用 InsertAfter() 插入文字两次，注意第二次插入的文字在第一次插入文字的后面。
- 10～11　用 InsertBefore() 插入文字两次，注意第二次插入的文字在第一次插入文字的前面。
- 12～13　取得 Python 文件完整路径后保存。
- 14～15　这两行不执行，可让读者查看 Word 文件内容，请手动关闭 Word。

8.1.2 打开文件并显示文件内容

Win32com 组件是通过 Documents 的 Open() 方法来实现打开文件的，语法为：

```
文件变量 = 应用变量 .Documents.Open( 文件路径 )
```

例如，打开上一节创建的 test1.docx 文件，文件变量名为 doc：

```
doc = word.Documents.Open(cpath + "\\media\\test1.docx")
```

获取文件内容的方法有两种，第一种较为简单，用文件变量的 Content 属性即可获取全部内容，语法为：

```
文件变量 .Content
```

例如，通过下面代码可在命令窗口中显示 doc 文件变量的内容：(<readdocx1.py>)

```
print(doc.Content)
```

执行结果如下：

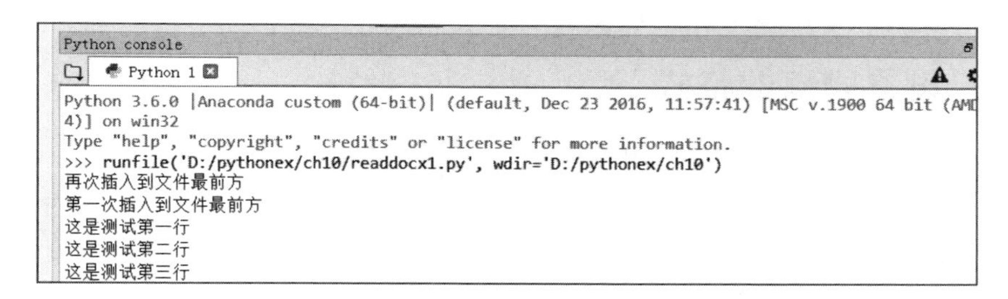

第二种获取文件内容的方法是先取得所有段落，再通过循环来显示段落内容。取得所有段落的语法为：

```
段落集合变量 = 文件变量 .Paragraphs
```

例如，取得所有段落内容并保存在 paragraphs 集合变量中：

```
paragraphs = doc.Paragraphs
```

通过循环显示段落内容的代码为：(<readdocx2.py>)

```
for p in paragraphs:
    text = p.Range.Text.strip()
    print(text)
```

其中，“p.Range.Text”代码用于实现段落内容的读取，其后的 strip() 方法用于实现换行符的删除，执行结果与 readdocx1.py 相同。

以上代码可逐段读取内容并显示。要读取任意一个段落的内容，可通过以下代码来实现：

```
段落集合变量 (n).Range.Text
```

注意 n 的值是由 1 开始，即 1 表示第一段，2 表示第二段，依此类推。例如下面程序会显示第一段及第三段的内容：(<readdocx3.py>)

```
paragraphs = doc.Paragraphs
print("第一段：" + paragraphs(1).Range.Text.strip())
print("第三段：" + paragraphs(3).Range.Text.strip())
```

执行结果如下：

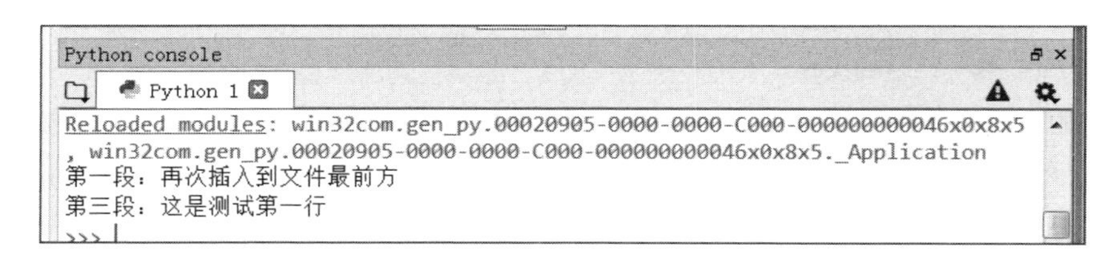

8.1.3 设置段落的格式

Win32com 组件可为段落中指定范围的内容设置格式，较常用的有标题格式、对齐方式格式及字体格式。许多格式的值用常量来表示，所以需先导入 constants 常量包：

```
from win32com.client import constants
```

设置标题格式的语法为：

```
范围变量 .Style = constants. 标题常量
```

标题常量的取值为从 wdStyleHeading1 到 wdStyleHeading9，包括字号、粗体等设置，wdStyleHeading1 字号最大，wdStyleHeading9 字号最小。

设置对齐方式格式的语法为：

```
范围变量 .ParagraphFormat.Alignment = constants. 对齐方式常量
```

对齐方式常量的可取值如下：

- wdAlignParagraphRight：靠右对齐。
- wdAlignParagraphLeft：靠左对齐。
- wdAlignParagraphCenter：居中对齐。
- wdAlignParagraphJustify：左右散开对齐。

设置字体格式的语法为：

```
范围变量 .Style.Font. 字体属性 = 设置值
```

字体属性的常用值为：

- Name：字体名称，如 Arial、新细明体等。
- Color：字体颜色，由 6 位十六进制数组成，如“0xFF0000”为蓝色（前两位 0x 表示 16 进制）、“0x00FF00”为绿色、“0x0000FF”为红色等。
- Bold：“1”表示粗体，“0”表示正常。
- Italic：“1”表示斜体，“0”表示正常。
- Underline：“1”表示加底线，“0”表示正常。
- Shadow：“1”表示加阴影，“0”表示正常。
- Outline：“1”表示加外框，“0”表示正常。
- Size：字号大小。注意此处设置的是整个文件的字号大小，所以文件中只要没有其它字号设置语句，整个文件都按此参数设置字号大小（wdStyleHeading1 到 wdStyleHeading9 都包含字号设置，不受此设置的影响）。

案例：Word 文件格式设置

对 Word 文件做各种格式设置。此例中要注意，在段落 3 中设置字体大小为 10，则从第 3 段以后所有段落的字体都是 10；另外，由于 Word 文件内容有修改，关闭 Word 时会提示是否保存文件。

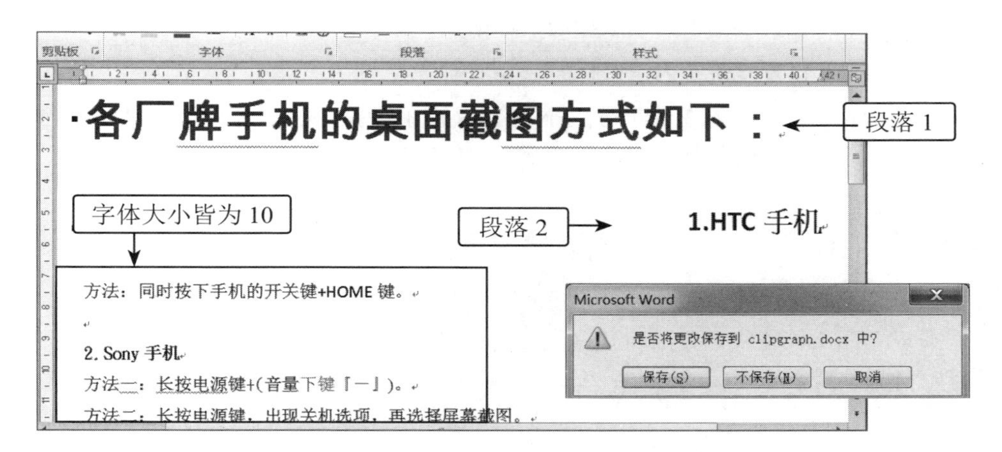

程序代码：ch08\styledocx1.py

```
1 import os
2 from win32com import client
3 from win32com.client import constants
...
8 doc = word.Documents.Open(cpath + "\\media\\clipgraph.docx")
```

```
 9 paragraphs = doc.Paragraphs
10 range1 = paragraphs(1).Range  # 第 1 段
11 range1.Style = constants.wdStyleHeading1
12 range1.Style.Font.Name = " 标楷体 "
13 range1.Style.Font.Color = 0xFF0000   # 蓝色
14 range1.Style.Font.Bold = 1
15
16 range2 = paragraphs(2).Range  # 第 2 段
17 range2.Style = constants.wdStyleHeading3
18 range2.ParagraphFormat.Alignment = constants.wdAlignParagraphRight
19
20 range3 = paragraphs(3).Range  # 第 3 段
21 range3.Style.Font.Size = "10"
22 #doc.Close()
23 #word.Quit()
```

程序说明

- 3　导入 constants 模块。
- 8　打开 <media> 文件夹下的 <clipgraph.docx> 文件。
- 9　取得所有段落。
- 10 ～ 14　设置段落 1 为一级标题、标楷体、蓝色、粗体。
- 16 ～ 18　设置段落 2 为三级标题、靠右对齐。
- 20 ～ 21　设置段落 3 的字号大小为 10，除了段落 1 及 2 这两个设置过标题格式的段落外，文件中其余内容的字号大小都会设置为 10。

Close() 与 Quit() 方法默认情况下会直接保存文件

如果把上面案例第22和23行代码中前面的“#”去掉，则程序会自动关闭文件及 Word软件，不会显示询问是否存盘的对话框，而是直接保存修改后的内容，原始文件将被覆盖。

8.1.4 表格处理

表格也是 Word 文件中常用的对象，下面我们对 Win32com 中常用的表格操作命令进行讲解。

新建表格的语法为：

```
表格变量 = 文件变量 .Tables.Add( 范围变量 , 行数 , 行数 )
```

例如，在 range1 范围变量的起始位置之前新增一个 3 行 4 列的表格 table：

```
table = doc.Tables.Add(range1, 3, 4)
```

设置单元格内容的方法有两种，第一种是使用 Cell 方法，语法为：

```
表格变量 .Cell( 行 , 列 ).Range.Text = 内容值
```

例如，设置第 2 行第 3 列的内容为“姓名”：

```
table.Cell(2,3).Range.Text = " 姓名 "
```

注意：行、列的编号都是从 1 开始。

在表格右方新增一列或在表格下方新增一行的语法为：

```
表格变量 .Rows.Add()  # 新增一行
表格变量 .Columns.Add()  # 新增一列
```

既然有新增行与列的方法，当然就有删除行与列的方法，语法为：

```
表格变量 .Rows(n).Delete()  # 删除第 n 行
表格变量 .Columns(n).Delete()  # 删除第 n 列
```

n 表示要删除的行或列的编号，例如：

```
table.Rows(2).Delete()  # 删除第 2 行
table.Columns(3).Delete()  # 删除第 3 列
```

Win32com 组件还提供了读取表格行、列数量的方法，语法为：

```
变量名称 = 表格变量 .Rows.Count  # 取得行数
变量名称 = 表格变量 .Columns.Count  # 取得列数
```

案例：在 Word 文件中新建一个表格并插入单元格内容

在 Word 文件中新建一个 3 行 4 列的表格，并通过循环向其中的单元格插入内容。

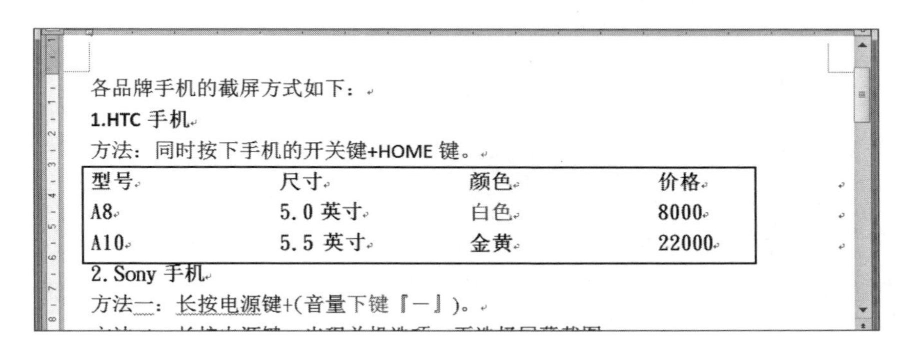

程序代码：ch08\tabledocx1.py

```
...
 7 doc = word.Documents.Open(cpath + "\\media\\clipgraph.docx")
 8 data = [ [" 型号 ", " 大小 ", " 颜色 ", " 价格 "],
            ["A8", "5.0 英寸 ", " 白色 ", "8000"], \
 9          ["A10", "5.5 英寸 ", " 金黄 ", "22000"] ]
10 paragraphs = doc.Paragraphs
11 range1 = paragraphs(4).Range  # 获取第 4 段的起止范围
12 table = doc.Tables.Add(range1, 3,4)
              # 在第 4 段之前插入一个 3 行 4 列表格
13 for i in range(1,table.Rows.Count+1):
          #i 取值为 1~3，切记 range() 函数的特性！
14     for j in range(1,table.Columns.Count+1): #j 取值为 1~4
15         table.Cell(i,j).Range.Text = data[i-1][j-1]
16 table.Cell(2,3).Range.Font.Color=0x0000FF
                                  # 设置第 2 行第 3 列单元格内容的颜色
17 #doc.Close()
18 #word.Quit()
```

程序说明

- 8 ～ 9　建立 3×4 的二维列表作为待插入表格的单元格内容。
- 10 ～ 11　因段落 4 的内容只是一个换行符，所以用段落 4 作为插入表格的位置。
- 12　创建 3 行 4 列表。
- 13 ～ 14　用循环逐个插入单元格内容：注意单元格编号是从 1 开始的，所以 range() 函数的起始值应为 1 而不是 0。另外还需注意，rang() 函数的返回值包含左边界但不包含右边界的这一特性。
- 15　列表索引值是从 0 开始而不是从 1 开始，所以 data[i-1][j-1]。
- 16　设置第 2 行第 3 列单元格内容颜色为红色。

8.1.5 向 Word 文件中插入图片

向 Word 文件中插入图片的语法为：

```
范围变量 .InlineShapes.AddPicture( 文件路径 , 链接 , 保存 )
```

- 链接：布尔值。True 表示链接到原始图片文件，False 表示不链接到图片文件。
- 保存：布尔值。True 表示将原始图片文件存于 Word 文件中，False 表示 Word 文件中不保存图片文件。

例如，在 clipgraph.docx 文件的第 4 段插入 cell.jpg 图片，并将图片文件保存于 Word 文件内：（<imagedocx1.py>）

```
...
doc = word.Documents.Open(cpath + "\\media\\clipgraph.docx")
paragraphs = doc.Paragraphs
range1 = paragraphs(4).Range
range1.InlineShapes.AddPicture(cpath + "\\media\\cell.jpg", False, True)
```

执行结果如下：

8.1.6 自动查找替换 Word 文件中的指定字符

Win32com 组件提供了自动替换 Word 文件中指定字符的功能。在使用“查找”功能替换字符之前，可先清除源字符及目标字符的格式，以免影响替换效果，语法为：

```
Word 应用变量 .Selection.Find.ClearFormatting()
Word 应用变量 .Selection.Find.Replacement.ClearFormatting()
```

替换 Word 文件中特定字符的语法为：

```
Word 应用变量 .Selection.Find.Execute( 被替换文字 , 比较 1, 比较 2,
   比较 3, 比较 4, 比较 5, 搜索方向 , 动作 , 格式 , 替换文字 , 替换次数 )
```

- 比较 1：布尔值。True 为区分大小写字母，False 为不分大小写字母。
- 比较 2：布尔值。True 为全部字符，False 为部分字符。
- 比较 3：布尔值。True 为可使用通配符，False 为不可使用通配符。

- 比较 4：布尔值。True 为可使用 Like 比较，False 为不可使用 Like 比较。
- 比较 5：布尔值。True 为完全符合时态，False 为不分时态（例如过去式、过去分词也可以）。
- 方向：布尔值。True 表示向前搜索，False 表示向后搜索。
- 动作：搜索到被替换文字后所执行的操作，可能的常量值有：

  constants.wdFindAsk：显示对话框询问用户是否继续搜索。

  constants.wdFindContinue：替换后继续搜索。

  constants.wdFindStop：替换后停止搜索。
- 格式：布尔值。True 表示需要符合格式，False 表示不需要符合格式。
- 替换次数：设置替换的次数，可能的常量值有：

  constants.wdReplaceNone：不替换。

  constants.wdReplaceOne：只替换一次。

  constants.wdReplaceAll：替换全部。

案例：批量替换多个 Word 文件中的特定字符

将指定目录中所有 Word 文件中的所有“方法”都替换为“method”。

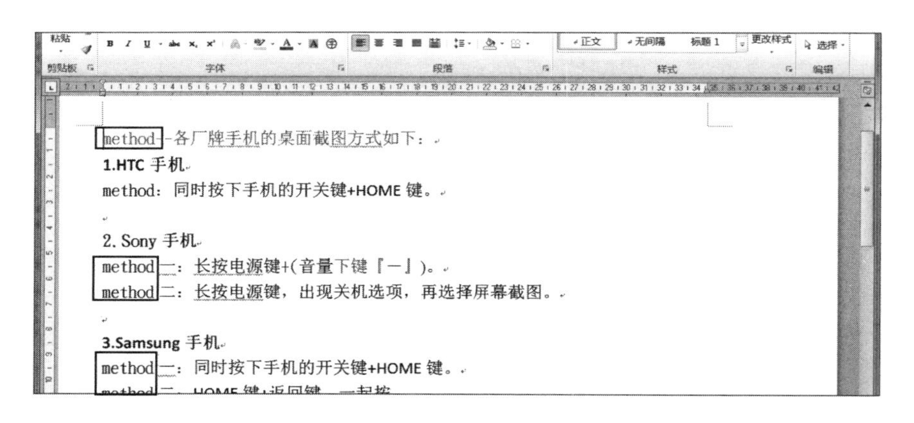

程序代码：ch08\replace1.py

```
 1 import os
 2 from win32com import client as client
 3 from win32com.client import constants
…
 8 doc = word.Documents.Open(cpath + "\\media\\clipgraph.docx")
 9 word.Selection.Find.ClearFormatting()
10 word.Selection.Find.Replacement.ClearFormatting()
```

```
11 word.Selection.Find.Execute("方法",False,False,False,False,False,
     True,constants.wdFindContinue,False,"method",constants.wdReplaceAll)
12 #doc.Close()
13 #word.Quit()
```

程序说明

- 9 ～ 10　清除搜索及替换字符的格式设置。
- 11　把“方法”全部替换为“method”。

8.2 实战：菜单自动生成器及批处理替换文字

本节我们用 Win32com 组件做两个实用程序：自动生成整个月份的营养午餐菜单的 Word 文件，自动取得指定目录中所有 Word 文件（包含子目录），并对所有 Word 文件中的指定文字进行替换。

8.2.1 实战一：自动生成菜单 Word 文件

许多学校营养午餐的菜单是手工制作出来的，这是一个比较烦锁的工作，如果能用自动的方式生成一个大家都熟悉的Word格式的菜单文件，那一定是一个不错的主意。

案例要求

给定 3 种主食、20 种菜品、20 种肉品、10 种汤。要求从 3 种主食中随机选取一种、20 种菜品及 20 种肉品中各随机选取两种、10 种汤中随机选取一种，然后自动组合成当日菜单。每天菜单自成一页，周六及周日会自动跳过（案例以 2017 年 8 月菜单为例）。(<randfood.py>)

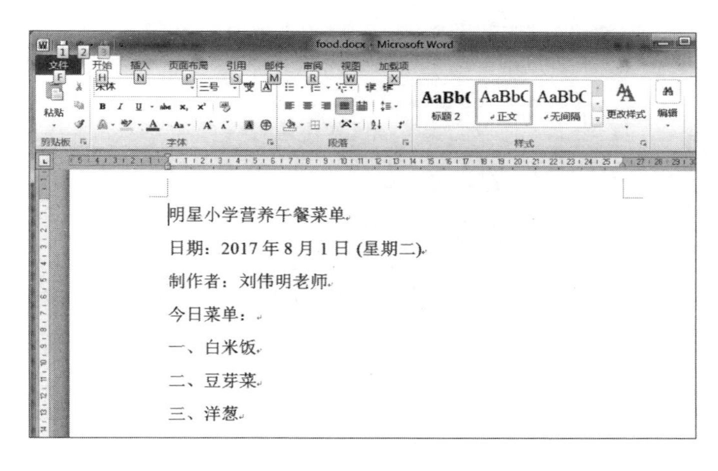

自动菜单程序的实现

先想象一下，菜品或肉品都需要从所有的菜品列表或肉品列表中随机选取两种，且不可重复。所以，我们就需要一个可取得指定范围内两个随机且不重复数的函数，来取得菜品或肉品列表的下标值。

程序代码：ch08\randfood.py

```
 1 def getrandom2(n1, n2):  # 取得两个随机且不重复的数
 2     while True:
 3         r1 = random.randint(n1, n2)
 4         r2 = random.randint(n1, n2)
 5         if r1 != r2:  # 如果两数不相等就跳出循环
 6             break
 7     return r1, r2
```

程序说明

- 2 ～ 6　用循环取得两个随机且不重复的数。
- 3 ～ 4　在 n1 与 n2 范围内取得两个随机数。
- 5 ～ 6　如果两个随机数不相等，跳出循环；相等则继续获取。
- 7　　　返回取得的两个随机数。

然后，我们就要声明各变量及初始化可选菜品列表。

程序代码：ch08\randfood.py（续）

```
 9 import os, random
10 from win32com import client
11 from win32com.client import constants
12 word = client.gencache.EnsureDispatch('Word.Application')
13 word.Visible = 1
14 word.DisplayAlerts = 0  # 不显示警告
15 doc = word.Documents.Add()
16 range1 = doc.Range(0,0)  # 文件开头
17 range1.Style.Font.Size = "16"  # 字体大小
18 title = "明星小学营养午餐菜单"
19 year1 = "2017年8月"
20 week = ["一","二","三","四","五"]
21 teacher = ["欧阳怡","翟定国","陈碧山","陈丽娟","郑怡衡","林邓超",
      "朱健政","刘伟明","刘维基","梁银燕"]
22 rice = ["糙米饭","白米饭","拌面"]
23 vegetable = ["毛豆白菜","豆芽菜","蛋香时瓜","高丽菜","佛手瓜",
      "酸菜豆包","冬瓜","萝卜海带结","茄汁洋芋","家常豆腐","鲜菇花椰",
```

```
        "豆皮三丝","五彩雪莲","干香根丝","茄汁豆腐","香炒花椰","芹香粉丝",
        "红萝卜","洋葱","青椒"]
24 meat = ["糖醋排骨","美味大鸡腿","椒盐鱼条","香菇肉燥","宫保鸡丁",
        "香卤腿排","梅干绞肉","香酥鱼丁","条瓜烧鸡","时瓜肉丝","海结卤肉",
        "葱烧鸡","柳叶鱼","咖哩鸡肉","笋香鸡","沙茶猪柳","五香棒腿",
        "三杯鸡丁","海结猪柳","茄汁鸡丁"]
25 soup = ["蛋香木须汤","味噌海芽汤","绿豆汤","榨菜肉丝汤","姜丝海芽汤",
        "枸杞爱玉汤","冬菜蛋花汤","冬瓜西米露","紫菜蛋花汤","蛋香木须汤"]
26 date1= 1   # 开始日期为 1 日
27 weekday = 2 # 由万年历可知，2017 年 8 月 1 日 是星期二
```

程序说明

- 15　建立新的 Word 文件。
- 16　将范围函数的起止值都设为 0，即文件起始位置，作为插入位置。
- 17　设置字号大小为 16。
- 20　声明 week 列表变量，保存星期一到星期五。
- 21　声明 teacher 列表变量，保存 10 个老师的姓名。
- 22　声明 rice 列表变量，保存 3 种主食。
- 23　声明 vegetable 列表变量，保存 20 种菜品名称。
- 24　声明 meat 列表变量，保存 20 种肉品名称。
- 25　声明 soup 列表变量，保存 10 种汤品名称。
- 26　声明 date1 变量，初值赋 1，表示 2017 年 8 月的第 1 日。
- 27　声明 weekday 变量，初值赋 2，表示 2017.8.1 日是星期二。

最后是产生全月菜单的程序代码。

程序代码：ch08\randfood.py（续）

```
29 while weekday < 6 and date1 < 31:  # 周一到周五及 30 日前才制作菜单
30     range1.InsertAfter(title + "\n")
31     range1.InsertAfter("日期：" + year1 + str(date1) + "日
          (星期" + week[weekday-1] + ")\n")
32     range1.InsertAfter("制作者:" + teacher[random.randint(0,9)] + "老师\n")
33     range1.InsertAfter("今日菜单：\n")
34     range1.InsertAfter("一、" + rice[random.randint(0,2)] + "\n")
35     rand1, rand2 = getrandom2(0,19)   # 取得两个随机数
36     range1.InsertAfter("二、" + vegetable[rand1] + "\n")
37     range1.InsertAfter("三、" + vegetable[rand2] + "\n")
38     rand1, rand2 = getrandom2(0,19)
```

```
39      range1.InsertAfter(" 四、" + meat[rand1] + "\n")
40      range1.InsertAfter(" 五、" + meat[rand2] + "\n")
41      range1.InsertAfter(" 六、" + soup[random.randint(0,9)] + "\n")
42      range1.Collapse(constants.wdCollapseEnd)  # 移到 range 尾
43      range1.InsertBreak(constants.wdSectionBreakNextPage)  # 换页
44      weekday += 1  # 星期加 1
45      date1 += 1  # 日期加 1
46      if weekday == 6:  # 如果是星期六
47          weekday = 1  # 设为星期一
48          date1 += 2  # 日期加 2（星期六及星期日）
49
50 cpath=os.path.dirname(__file__)
51 doc.SaveAs(cpath + "\\media\\food.docx")  # 存为 <food.docx>
52 #doc.Close()
53 #word.Quit()
```

程序说明

■ 29 ～ 48	创建 Word 文件内容：如果是星期一到星期五且日期小于 30 就执行 29~48 行。
■ 30	插入标题。
■ 31	插入日期，因为列表索引是由 0 开始，所以通过“week[weekday-1]”才可取得正确的周日期。
■ 32	从教师姓名列表中随机取得一个姓名并输出。
■ 34	从主食列表随机取得一道主食并输出。
■ 35 ～ 37	先由 getrandom2(0,19) 函数取得 0 到 19 间两个不重复随机数，再从菜品列表取出两道菜名输出。
■ 38 ～ 40	与 35~37 相同，从肉品列表取出两道菜名输出。
■ 41	由汤品列表随机取得一道汤名并输出。
■ 42	将插入点移到文件最后。
■ 43	插入换页，使下一个菜单由新页开始。
■ 44 ～ 45	星期及日期都加 1。
■ 46 ～ 48	如果是星期六，就将星期设为星期一，并将日期加 2 以跳过星期六及星期日。
■ 50 ～ 51	将菜单保存至 media 文件夹的 food.docx 文件。

8.2.2 实战二：批量替换 Word 文件中的特定字符

我们经常会遇到在不同的 Word 文件中的需要做相同的字符替换，若是一个一个文件操作，会花费大量时间。本节案例可以找出指定目录中的所有 Word 文件（包含子目录），并对每一个文件进行指定的文字替换操作。

案例要求

把 replace 目录（包含子目录）下所有 Word 文件中的“方法”都替换为“method”。下图中左图为 replace\subReplace\else.docx 文件替换后的结果，右图为在命令窗口中显示的所有进行过替换操作的 Word 文件。（<replaceall.py>）

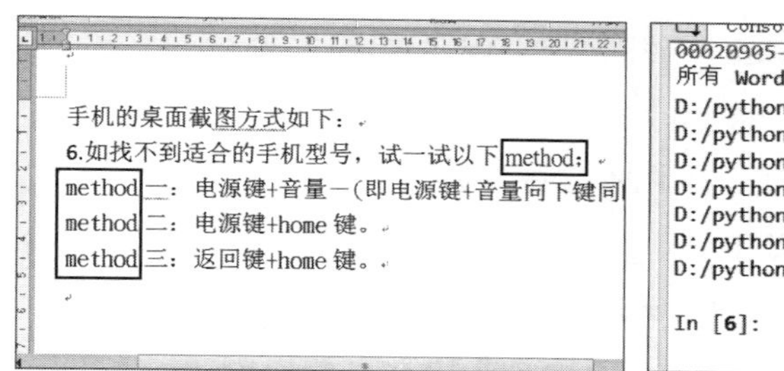


```
00020905-0000-0000-C000-000000000046x0x8x5._Applicat
所有 Word 文件：
D:/pythonex/ch10\replace\allcell.docx
D:/pythonex/ch10\replace\htc.docx
D:/pythonex/ch10\replace\lg.docx
D:/pythonex/ch10\replace\sony.docx
D:/pythonex/ch10\replace\subReplace\asus.docx
D:/pythonex/ch10\replace\subReplace\else.docx
D:/pythonex/ch10\replace\subReplace\samsung.docx

In [6]:
```

应用程序内容

程序代码：ch08\replaceall.py

```
 1 import os
 2 from win32com import client
 3 from win32com.client import constants
 4 word = client.gencache.EnsureDispatch('Word.Application')
 5 word.Visible = 0
 6 word.DisplayAlerts = 0
 7 runpath = os.path.dirname(__file__) + "\\replace" # 处理 <replace> 文件夹
 8 tree = os.walk(runpath)   # 取得目录树
 9 print(" 所有 Word 文件：")
10 for dirname, subdir, files in tree:
11     allfiles = []
12     for file in files:  # 取得所有 .docx .doc 文件，存入 allfiles 列表
13         ext = file.split(".")[-1]  # 取得文件的后缀名
14         if ext=="docx" or ext=="doc":  # 取得所有 .docx .doc 档
15             allfiles.append(dirname + '\\' + file) # 插入 allfiles 列表
16
```

```
17     if len(allfiles) > 0:   # 如果有符合条件的文件
18         for dfile in allfiles:
19             print(dfile)
20             doc = word.Documents.Open(dfile)   # 打开文件
21             word.Selection.Find.ClearFormatting()
22             word.Selection.Find.Replacement.ClearFormatting()
23             word.Selection.Find.Execute(" 方法 ",False,False,
                False,False,False,True,constants.wdFindContinue,
                False,"method",constants.wdReplaceAll)
24             doc.Close()
25 word.Quit()
```

程序说明

■ 5、25	本应用会处理多个 Word 文件，因此不显示 Word 软件。
■ 7	指定要处理的文件夹 replace。
■ 8	使用 os.walk 读取包括子目录的文件结构。
■ 10	依次处理各文件夹中的文件。
■ 11	allfiles 列表保存文件夹及子文件夹中的所有文件名。
■ 12	os.walk 取得的文件返回值存于 files 变量中。
■ 13	取得文件的后缀名。
■ 14 ～ 15	如果是 Word 文件，就把文件路径插入 allfiles 列表。
■ 17 ～ 24	有 Word 文件才进行处理。
■ 18	逐一处理 Word 文件。
■ 20	打开文件。
■ 21 ～ 22	清除搜索及替换文字的格式。
■ 23	将文件中“方法”都替换为“method”。
■ 24	关闭文件。

实战：PM2.5 实时监测显示器

PM2.5 对人体的健康影响很大，所以空气中的 PM2.5 实时信息受到越来越多的关注。

Python 的 Pandas 包不但可以自动读取网页中的表格数据，还可对数据进行修改、排序等处理，也可绘制统计图表，对于信息抓取、整理以及显示是不可多得的好工具。

本章将开发一个 PM2.5 实时监测显示器程序。本程序可以直接读取指定网站上的PM2.5数据，并在整理后显示，这样就可以方便地让用户随时看到最新的PM2.5监测数据。

9.1 Pandas：强大的数据处理套件

用 Python 进行数据分析处理，其中最炫酷的就属 Pandas 包了。比如，如果我们通过第 5 章的 Requests 及 Beautifulsoup 来抓取网页中的表格数据，需要进行较复杂的搜寻才能抓取，但通过 Pandas 不但可以自动读取网页中的表格数据，还能对数据进行修改、排序等处理，并绘制出漂亮的统计图表。

Pandas 主要的数据类型有两种：Series 与 DataFrame。其中 Series 是一维数据结构，其用法与列表类似；DataFrame 是二维数据结构，表格就是一种典型的 DataFrame 的数据结构。本书仅讲解 DataFrame 数据结构的使用。

9.1.1 创建 DataFrame 数据

用 Pandas 套件进行数据处理，首先要导入 Pandas 套件。在安装 Anaconda 集成开发环境时，Pandas 套件已安装完成，所以可直接导入使用。官网建议在导入 Pandas 套件时命名为“pd”，语法为：

```
import pandas as pd
```

创建 DataFrame 的语法为：

```
数据变量 = pd.DataFrame(数据类型)
```

“数据类型”可以是多种形式：第一种形式是以相同数量的列表数据作为键值的字典型数据。例如，建立一个包含 4 位学生、每人有 5 科成绩的 DataFrame，数据变量名称为 df：

```
df = pd.DataFrame( {"林大明":[65,92,78,83,70], "陈聪明":[90,72,76,93,56],\
      "黄美丽":[81,85,91,89,77], "熊小娟":[79,53,47,94,80] } )
```

所创建的 DataFrame 如下图：以字典的“键”作为列标题（注意其顺序是随机的），以自动生成的数值作为行标题。（<dataframe1.py>）

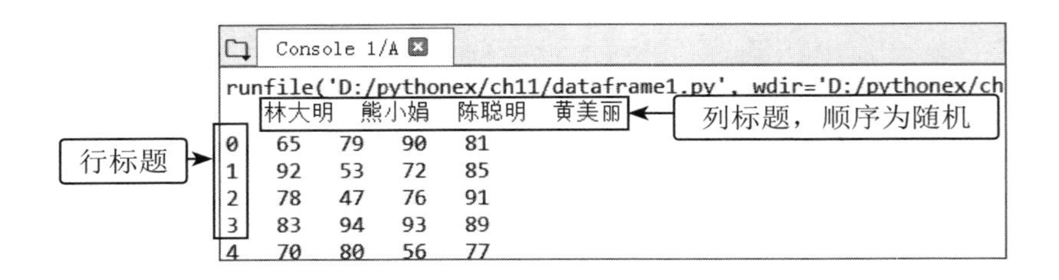

	林大明	熊小娟	陈聪明	黄美丽
0	65	79	90	81
1	92	53	72	85
2	78	47	76	91
3	83	94	93	89
4	70	80	56	77

“数据类型”的第二种形式是可以自行设置行标题及列标题的形式：

```
数据变量 = pd.DataFrame(数据[, columns=列标题列表, index=行标题列表])
```

例如，建立一个由 4 位学生、每人有 5 科成绩的 DataFrame，数据变量名称为 df，列标题为科目名称，行标题为学生姓名：(<dataframe2.py>)

```
datas = [[65,92,78,83,70], [90,72,76,93,56], [81,85,91,89,77], [79,53,47,94,80]]
indexs = ["林大明", "陈聪明", "黄美丽", "熊小娟"]
columns = ["语文", "数学", "英文", "自然", "社会"]
df = pd.DataFrame(datas, columns=columns,  index=indexs)
```

```
IPython console
Console 1/A
In [2]: runfile('D:/pythonex/ch11/dataframe2.py', wdir='D:/pythonex/ch11')
     语文  数学  英文  自然  社会
林大明  65  92  78  83  70
陈聪明  90  72  76  93  56
黄美丽  81  85  91  89  77
熊小娟  79  53  47  94  80
```

“columns= 列标题列表”及“index= 行标题列表”这两个参数是可以省略的，系统会自动加入数值作为标题。

这种方式会按用户输入数据的顺序来生成 DataFrame，且具有行列标题。如无特殊需求，大部分用户会以这种方式生成 DataFrame。

修改行、列标题

如果创建 DataFrame 时没有设置行、列标题，或者程序执行过程中需要修改行、列标题，例如上面例子中要更改学生姓名，那么可以通过修改行、列标题的命令来进行修改。修改列标题的语法为：

```
df.columns = 列标题列表
```

修改行标题的语法为：

```
df.index = 行标题列表
```

现在我们就把上面案例中第一个学生的姓名改为“林晶辉”，把第 4 个科目的名称改为“理化”：(<dataframe3.py>，粗体部分为新加的程序代码)

```
import pandas as pd
datas = [[65,92,78,83,70], [90,72,76,93,56], [81,85,91,89,77], [79,53,47,94,80]]
indexs = ["林大明", "陈聪明", "黄美丽", "熊小娟"]
columns = ["语文", "数学", "英文", "自然", "社会"]
df = pd.DataFrame(datas, columns=columns,  index=indexs)
```

```
indexs[0] = "林晶辉"
df.index = indexs
columns[3] = "理化"
df.columns = columns
print(df)
```

```
Console 1/A
In [3]: runfile('D:/pythonex/ch11/dataframe3.py', wdir='
       语文  数学  英文  理化  社会
林晶辉   65   92   78   83   70
陈聪明   90   72   76   93   56
黄美丽   81   85   91   89   77
熊小娟   79   53   47   94   80
```

修改行标题

修改列标题

9.1.2 获取 DataFrame 数据

下面的程序中的数据，都来自于 dataframe2.py 中所创建的 DataFrame。

获取列数据

获取一个列数据的语法为：

```
df[列标题]
```

例如，读取所有学生自然科目的成绩：(<datatake1.py>)

```
df["自然"]
```

执行结果：

```
林大明     83
陈聪明     93
黄美丽     89
熊小娟     94
Name: 自然, dtype: int64
```

若要获取两个以上列数据，则需用两个中括号把列标题括起来，语法为：

```
df[[列标题1, 列标题2, ……]]
```

例如，获取所有学生的语文、数学及自然成绩：

```
df[["语文", "数学", "自然"]]
```

执行结果：

```
        语文  数学  自然
```

```
林大明  65    92    83
陈聪明  90    72    93
黄美丽  81    85    89
熊小娟  79    53    94
```

我们还可以通过对列数据进行逻辑运算来获取数据，例如获取数学成绩 80 分以上（含）的所有学生成绩：

```
df[df.数学 >= 80]
```

执行结果：

```
        语文  数学  英文  自然  社会
林大明  65    92    78    83    70
黄美丽  81    85    91    89    77
```

用 df.values 获取数据

df.values 可获取全部数据，返回结果是一个二维列表，执行结果为：（<datatake2.py>）

```
[ [65 92 78 83 70]
 [90 72 76 93 56]
 [81 85 91 89 77]
 [79 53 47 94 80] ]
```

获取第 2 位学生陈聪明成绩的语法为：

```
df.values[1]
```

执行结果：

```
[90 72 76 93 56]
```

读取第 2 位学生陈聪明的英文成绩（第 3 个科目）的语法为：

```
df.values[1][2]
```

执行结果为“76”。

用 df.loc 通过行、列标题获取数据

用 df.values 获取数据的前提是必须知道学生及科目在表中的位置，非常麻烦。而 df.loc 可直接通过行、列标题读取数据，使用起来更为方便。

使用 df.loc 的语法为：

```
df.loc[行标题, 列标题]
```

行标题或列标题若包含多个项目，则用小括号将项目括起来，项目之间以逗号分隔，如“(" 数学 "," 自然 ")”；若要包含所有项目，则用冒号“:”表示。

例如读取学生陈聪明的所有成绩：(<datatake3.py>)

```
df.loc[" 陈聪明 ", :]
```

执行结果：

```
语文    90
数学    72
英文    76
自然    93
社会    56
Name: 陈聪明 , dtype: int64
```

此处的冒号“:”可以省略。

读取学生陈聪明的数学科目成绩：

```
df.loc[" 陈聪明 "][" 数学 "]
```

执行结果为“72”。

读取学生陈聪明、熊小娟的所有成绩：

```
df.loc[(" 陈聪明 ", " 熊小娟 "), :]
```

执行结果：

```
        语文  数学  英文  自然  社会
陈聪明  90    72    76    93    56
熊小娟  79    53    47    94    80
```

读取学生陈聪明、熊小娟的数学、自然科目成绩：

```
df.loc[(" 陈聪明 ", " 熊小娟 "), (" 数学 ", " 自然 ")]
```

执行结果：

```
        数学  自然
陈聪明  72    93
熊小娟  53    94
```

读取学生陈聪明到熊小娟的数学科目到社会科目的成绩：

```
df.loc[" 陈聪明 ":" 熊小娟 ", " 数学 ":" 社会 "]
```

执行结果：

```
        数学  英文  自然  社会
陈聪明  72    76    93    56
```

```
黄美丽  85    91    89    77
熊小娟  53    47    94    80
```

读取从头到黄美丽的学生，及其从数学科目到社会科目的成绩：

```
df.loc[:"黄美丽", "数学":"社会"]
```

执行结果：

```
        数学  英文  自然  社会
林大明  92    78    83    70
陈聪明  72    76    93    56
黄美丽  85    91    89    77
```

读取从陈聪明到最后的学生，他们的数学科目到社会科目的成绩：

```
df.loc["陈聪明":, "数学":"社会"]
```

执行结果：

```
        数学  英文  自然  社会
陈聪明  72    76    93    56
黄美丽  85    91    89    77
熊小娟  53    47    94    80
```

用 df.iloc 通过行、列位置读取数据

df.iloc 是以行、列位置读取数据的，语法为：

```
df.iloc(行位置, 列位置)
```

df.iloc 的用法与 df.loc 完全相同，只需要把“标题”改为“位置”即可。例如，读取陈聪明（第 2 位学生）的所有成绩：(<datatake4.py>)

```
df.iloc[1, :]
```

读取学生陈聪明的数学（第 2 个科目）成绩：

```
df.iloc[1][1]
```

用 df.ix 通过行、列标题或行、列位置读取数据

df.ix 是 df.loc 及 df.iloc 的合体，使用 df.ix，通过行、列标题或行、列位置，都可以获取数据，语法为：

```
df.ix(行标题或行位置, 列标题或列位置)
```

df.ix 的用法与 df.loc 完全相同。例如，读取陈聪明（第 2 位学生）的数学（第 2 个科目）成绩，通过下列 4 种语法都可以实现：(<datatake5.py>)

```
df.ix["陈聪明"]["数学"]
df.ix["陈聪明"][1]
df.ix[1]["数学"]
df.ix[1][1]
```

由于 df.ix 可取代 df.loc 及 df.iloc，实际开发中，只使用 df.ix 就足够了。

获取最前面或最后面的几行数据

如果要获取最前面或最后面的几行数据，可使用 head() 方法，语法为：

```
df.head(n)
```

参数 n 可有可无，表示读取最前面 n 行数据，若省略则默认读取前 5 行数据。例如，读取最前面 2 个学生成绩（林大明及陈聪明）：(<datatake6.py>)

```
df.head(2)
```

若要读取最后面几行数据，则使用 tail() 方法，语法为：

```
df.tail(n)
```

使用方法与 head () 相同。例如读取最后面两个学生成绩（黄美丽及熊小娟）：

```
df.tail(2)
```

9.1.3 DataFrame 数据的修改及排序

DataFrame 数据的修改

修改 DataFrame 数据的操作非常简单，只需要把上节中读取的数据项设为指定值即可。例如，把陈聪明的数学成绩修改为 91：(<datamodify1.py>)

```
df.ix["陈聪明"]["数学"] = 91
```

或把陈聪明的所有成绩都改为 80：

```
df.ix["陈聪明", :] = 80
```

DataFrame 数据的排序

Pandas 提供了两种 DataFrame 数据排序功能。

第 1 种排序功能是根据指定列标题下面的值进行排序，语法为：

```
数据变量 = df.sort_values(by=列标题[, ascending=布尔值])
```

- 列标题：设置需要以哪一列作为排序依据。
- 布尔值：可省略，True 表示升序 (默认值)，False 表示降序。

例如，根据数学成绩做降序排序，并把结果存入 df1 中：(datasort1.py)

```
df1 = df.sort_values(by=" 数学 ", ascending=False)
```

执行结果：

```
       语文   数学   英文   自然   社会
林大明  65    92    78    83    70
黄美丽  81    85    91    89    77
陈聪明  90    72    76    93    56
熊小娟  79    53    47    94    80
```

由大到小排序

第 2 种排序功能是根据行标题或列标题进行排序，语法为：

```
数据变量 = df.sort_index(axis= 行列值 [, ascending= 布尔值 ])
```

- 行列值：0 表示根据行标题排序，1 表示根据列标题排序。

例如，按照行标题升序排序，并把结果存至 df2 中：

```
df2 = df.sort_index(axis=0)
```

注意：根据测试结果，根据行、列标题排序的功能对中文的支持效果不佳。

9.1.4 删除 DataFrame 数据

Pandas 可通过 drop() 方法删除 DataFrame 数据，语法为：

```
数据变量 = df.drop( 行标题或列标题 [, axis= 行列值 ])
```

- 行列值：0 表示根据行标题排序（默认值），1 表示根据列标题排序。

例如，删除陈聪明（行标题）的成绩：(<datadrop1.py>)

```
df1 = df.drop(" 陈聪明 ")   #axis 参数可省略
```

执行结果：

```
       语文   数学   英文   自然   社会
林大明  65    92    78    83    70
黄美丽  81    85    91    89    77
熊小娟  79    53    47    94    80
```

删除数学（列标题）成绩：

```
df2 = df.drop(" 数学 ", axis=1)
```

若删除的行或列超过 1 个，需使用列表作为参数，例如删除数学及自然成绩：

```
df3 = df.drop([" 数学 ", " 自然 "], axis=1)
```

如果删除的行或列项目很多且连续，可使用删除“范围”的方式来处理。删除连续行的语法为：

```
数据变量 = df.drop(df.index[ 开始数值 : 结束数值 ][, axis= 行列值 ])
```

执行结果会删除“开始数值”到“结束数值 -1”行，例如删除第 2 行到第 4 行（陈聪明、黄美丽、熊小娟）的成绩：

```
df4 = df.drop(df.index[1:4])
```

执行结果：

```
         语文   数学   英文   自然   社会
林大明   65     92     78     83     70
```

删除连续列的语法为：

```
数据变量 = df.drop(df.columns[ 开始数值 : 结束数值 ][, axis= 行列值 ])
```

例如，删除第 2 列到第 4 列（数学、英文、自然）成绩：

```
df5 = df.drop(df.columns[1:4], axis=1)
```

9.1.5 导入数据

有时候，手工生成 Pandas 的 DataFrame 数据是件非常麻烦的事情，所以我们通常会先把数据保存在 Excel 表格或数据库中，然后再把数据导入 Pandas。我们还可以直接从网页中抓取表格数据并导入到 Pandas 中，作为 DataFrame 数据。

Pandas 常用的导入数据方法有：

方法	说明
read_csv	导入表格型数据（*.csv）
read_excel	导入 Microsoft Excel 型数据（*.xlsx）
read_sql	导入 SQLite 数据库型数据（*.sqlite）
read_json	导入 Json 型数据（*.json）
read_html	导入网页中的表数据（*.html）

下面，我们示范用 read_html() 方法抓取网页中的表格数据。

Pandas 的 read_html() 方法会用到 html5lib 包，在 AnaConda Prompt 下通过下面的命令安装该包：

```
conda install html5lib
```

我们还是以 http://value500.com/M2GDP.html 网页中的中国历年 GDP 数据表为例进行演示：

年 份	M2指标值(亿元)	GDP绝对额(亿元)	M2/GDP
2016年末	1550100.00	744127.00	2.0831
2015年末	1392300.00	676708.00	2.0575
2014年末	1228374.81	635910.00	1.9317
2013年末	1106524.98	588018.76	1.8818
2012年末	974148.80	534123.04	1.8238
2011年末	851590.90	473104.05	1.8000
2010年末	725851.79	401512.80	1.8078
2009年末	610224.52	340902.81	1.7900
2008年末	475166.60	314045.40	1.5131
2007年末	403442.2	265810.30	1.5178

现在我们只需两行代码就能抓到网页中所有的表格数据：

```
import pandas as pd
tables = pd.read_html("http://value500.com/M2GDP.html")
```

其中，read_html() 方法返回 DataFrame 列表，列表中的每一个元素是网页中的一个表格。有时候一个网页中有多个表格，如何知道哪一个表格才是我们要抓取的呢？这需要我们以手动方式在网页的原代码中通过“<table”搜索，查看第几个表格才是要抓取的。手动方式既麻烦又不精确，以下程序可显示所有表格的前 5 行数据：

程序代码：ch09\readhtml1.py

```
1 import pandas as pd
2 tables = pd.read_html("http://value500.com/M2GDP.html")
3 n = 1
4 for table in tables:
5     print("第 " + str(n) + " 个表格：")
6     print(table.head())
7     print()
8     n += 1
```

执行结果：

```
0  数据读取中,请稍候... // <![CDATA[ var so = new SWFObje...

第 19 个表格:
        0            1              2           3
0     年 份    M2指标值(亿元)    GDP绝对额(亿元)   M2/GDP
1  2016年末  1550100.00    744127.00  2.0831
2  2015年末  1392300.00    676708.00  2.0575
3  2014年末  1228374.81    635910.00  1.9317
4  2013年末  1106524.98    588018.76  1.8818
```

列标题

行标题

浏览程序的执行结果，我们可以看到要抓取的表格是第 19 个表，每个表格以系统自动编号作为行、列标题，数据的第 1 行是标题行，第 2 行开始才是表格数据。

了解了所抓取的表格结构以后，就可从中抓取数据并进行处理了。

案例：在网页中抓取我国历年 GDP 数据

要求：先用 read_html() 方法抓取网页中包含我国历年 GDP 数据的表格，然后删除第 1 行无效数据，并重新设置行、列标题，如下图。

```
Console 1/A
In [2]: runfile('E:/选题/a台湾/a碁峰/python基础与项目实战教程/光盘/python
table.py', wdir='E:/选题/a台湾/a碁峰/python基础与项目实战教程/光盘/python
        年份         M2指标      GDP绝对额   M2/GDP
0    2016年末   1550100.00   744127.00   2.0831
1    2015年末   1392300.00   676708.00   2.0575
2    2014年末   1228374.81   635910.00   1.9317
3    2013年末   1106524.98   588018.76   1.8818
4    2012年末    974148.80   534123.04   1.8238
5    2011年末    851590.90   473104.05   1.8000
```

程序代码：ch09\table.py

```
1 import pandas as pd
2 tables = pd.read_html("http://value500.com/M2GDP.html")
3 table = tables[18]
4 table = table.drop(table.index[[0,1]])
5 table.columns = ["年份", "M2 指标", "GDP 绝对额", "M2/GDP"]
6 table.index = range(len(table.index))
7 print(table)
```

程序说明

■2　用 read_html() 方法抓取网页表格数据，tables 是 DataFrame 列表型变量，其每一个元素对应网页中的一个表格。

■3　GDP 数据位于第 19 个表格，所以用“tables[18]”来读取（列表的下标值都是从 0 开始的）。

■4　删除第 1 行数据。

■5　设置列标题。

■6　删除第 1 行数据后，表中的行数据变成从第“1”行开始，因此需重置行下标，以统一为从“0”开始编号。

9.1.6 绘制图形

为了让表格数据看起来一目了然，有时我们需要把表格数据绘制成统计图。Pandas 提供了图形绘制的功能，语法为：

```
df.plot()
```

案例：绘制学生成绩统计图

为 dataframe2.py 程序中所创建的 DataFrame 数据绘制一张统计图，如下图所示。

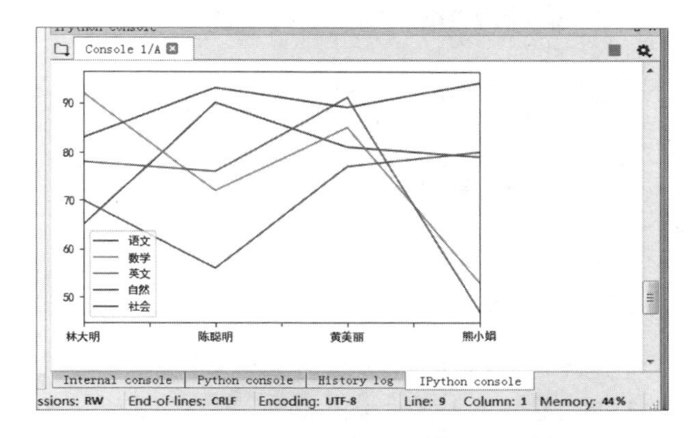

程序代码：ch09\dataplot1.py

```
1 import pandas as pd
2 from pylab import *
3 rcParams['font.sans-serif'] = ['SimHei']  # 设置中文显示
4 datas = [[65,92,78,83,70], [90,72,76,93,56],
       [81,85,91,89,77], [79,53,47,94,80]]
5 indexs = [" 林大明 ", " 陈聪明 ", " 黄美丽 ", " 熊小娟 "]
6 columns = [" 语文 ", " 数学 ", " 英文 ", " 自然 ", " 社会 "]
7 df = pd.DataFrame(datas, columns=columns,  index=indexs)
8 df.plot()
```

关于图形显示的中文支持问题，可参阅 7.1.3 节中的中文字体设置方法。

9.2 实战：PM2.5 实时监测显示器

PM2.5 是空气中的细悬浮颗粒物的浓度指数，由于它对人体的健康影响很大，所以有些网站专门对 PM2.5 的实时数据进行收集、整理并向大众公开。

在第 6 章中，我们曾抓取过 PM2.5 的数据文件。本章我们再编写一个 PM2.5 数据的实时监测程序，让用户可以随时查看最新的监测数据。

9.2.1 应用程序总览

执行程序后，会自动选取第 1 个区县及该区县域内的第 1 个监测站点，下方则显示该监测站点当前的 PM2.5 数值及污染等级。某些监测站点也可能没有监测数据，若无数据，程序会通过提示信息告知用户。（<tkpm25html.py）

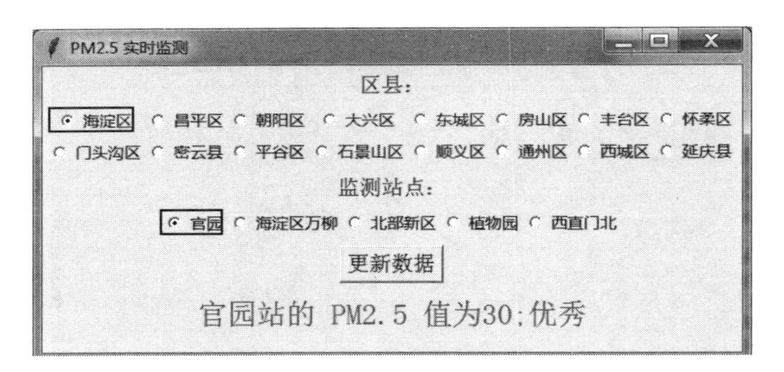

单击其他区县，下方监测站点会显示该区县所有监测站点，默认选取第 1 个监测站点并显示其 PM2.5 信息。单击其他监测站点，则显示其他站点的 PM2.5 信息。

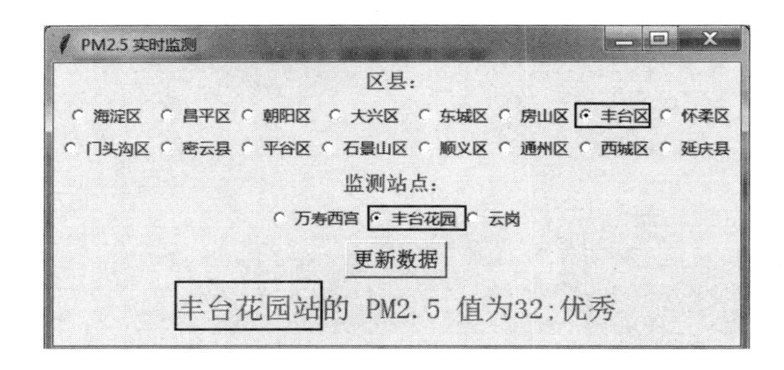

用户还可以随时单击“更新数据”按钮来刷新该监测站的最新 PM2.5 数据。

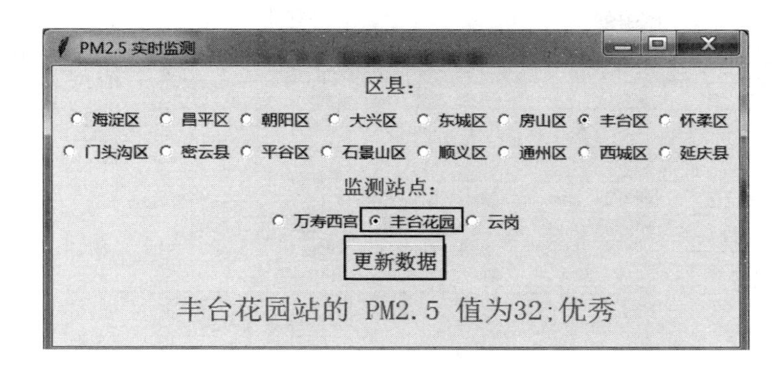

9.2.2 PM2.5 公开数据

我们要抓取的北京市各区县的 PM2.5 数据位于网站 http://www.86pm25.com/city/beijing.html 中。打开该网页，我们可以看到一个北京市各区县的“各监测站点实时数据”表格，在网页的最下方，可以选取不同的城市。

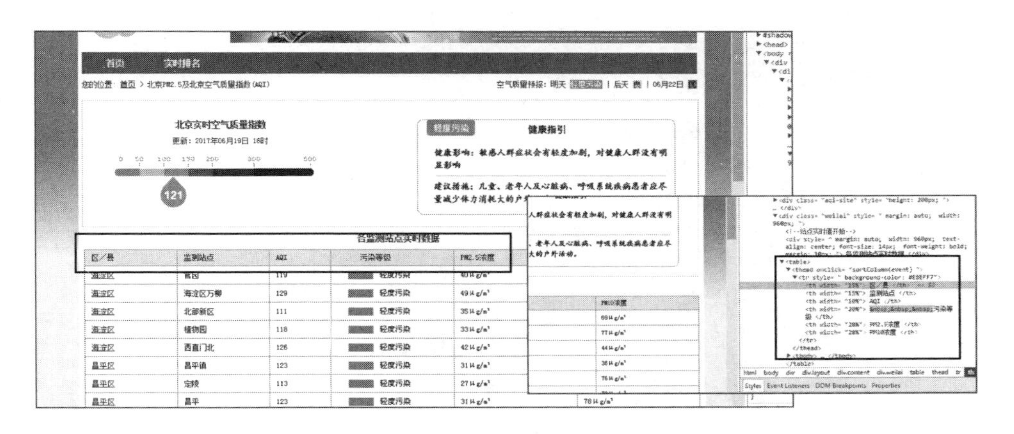

以上数据位于网页中的一个 table 内（网页中并非只有看着象表格的才是 table）。使用 Pandas 的 read_html() 方法可抓取网页中的表格数据，程序代码为：(readhtml.py)

```
import pandas as pd
dt = pd.read_html("http://www.86pm25.com/city/beijing.html")
data=dt[0]
print(data)
```

执行结果中，数据第 1 行为表格的列标题，行标题则为自动生成的递增数值。

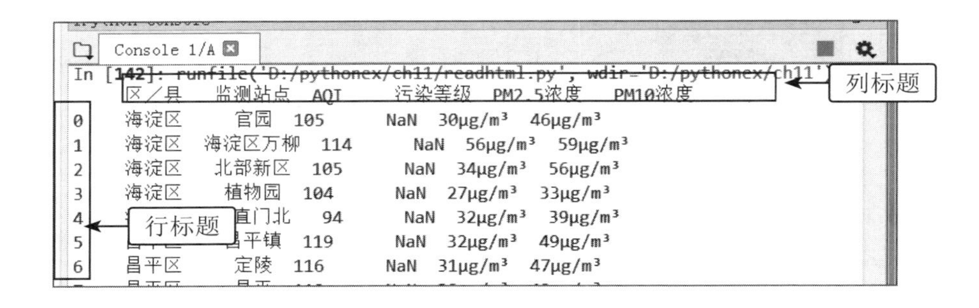

9.2.3 用户数据接口配置

本应用程序使用 Tkinter 套件设计用户数据接口：

程序代码：ch09\tkpm25html.py

```
...
51 import tkinter as tk
52 import pandas as pd
53 df = pd.read_html("http://www.86pm25.com/city/beijing.html")
54 data=df[0]  # 网页中只有 1 个表，所以 df 列表中只抓到一个表格数据，即 df(0)
55 win=tk.Tk()       # 创建一个显示窗口
56 win.geometry("640x270")      # 设置显示窗口的大小
57 win.title("PM2.5 实时监测 ")      # 设置显示窗口的标题
58 city = tk.StringVar()   # 区县名称变量
59 site = tk.StringVar()   # 监测站点名称变量
60 result1 = tk.StringVar()   # 提示信息变量
61 citylist = []  # 区县列表变量
62 sitelist = []  # 监测站点列表变量
63 listradio = []  # 区县按钮列表变量
64 # 建立区县列表
65 for c1 in data[" 区 / 县 "]:  #data[" 区 / 县 "] 的值是各站点对谓的区县
66     if(c1 not in citylist):  # 如果列表中不存在该县区
67         citylist.append(c1)    # 就将该县区名称插入列表
68 # 建立第 1 个区县的监测站点列表
69 count = 0
70 for c1 in data[" 区 / 县 "]:
71     if(c1 ==  citylist[0]):  # 如果是第 1 个区县，则
72         sitelist.append(data.ix[count, 1])   # 把该区县的所有监测
                                               # 站点插入到监测站点列表
73     count += 1
74 label1 = tk.Label(win, text=" 区县：", pady=6, fg="blue",
```

```
    font=(" 新细明体 ", 12))
75 label1.pack()
76 frame1 = tk.Frame(win)  # 区县容器
77 frame1.pack()
78 for i in range(0,2):  # 按钮分 2 行
79     for j in range(0,8):  # 每行 8 个
80         n = i * 8 + j  # 第 n 个按钮
81         if(n < len(citylist)):
82             city1 = citylist[n]  # 取得区县名称
83             rbtem = tk.Radiobutton(frame1, text=city1, variable=
                city, value=city1, command=rbCity)  # 建立单选按钮
84             rbtem.grid(row=i, column=j)  # 设置按钮的位置
85             if(n==0):  # 判断是不是第一个区县的按钮
86                 rbtem.select()  # 如果是，则选中该按钮
87 label2 = tk.Label(win, text=" 监测站点：", pady=6, fg="blue",
   font=(" 新细明体 ", 12))
88 label2.pack()
89 frame2 = tk.Frame(win)  # 监测站点容器
90 frame2.pack()
91 sitemake()
92 btnDown = tk.Button(win, text=" 更新数据 ", font=(" 新细明体 ",
   12), command=clickRefresh)
93 btnDown.pack(pady=6)
94 lblResult1 = tk.Label(win, textvariable=result1, fg="red",
   font=(" 新细明体 ", 16))
95 lblResult1.pack(pady=6)
96 rbSite()  # 显示测站信息
97 win.mainloop()
```

程序说明

■ 58 ～ 60　city 保存选取的区县按钮值，site 保存选取的监测站点按钮值，result1 保存 PM2.5 信息。

■ 61 ～ 63　citylist 列表保存所有区县名称，sitelist 列表保存选中区县的监测站点名称，listradio 列表保存监测站点按钮。（当单击区县后，需要删除旧的监测站点按钮，所以，把按钮保存在列表中，非常便于用循环进行删除）

■ 65 ～ 67　创建所有区县列表：检查每一条数据的“区 / 县”字段。如果列表中没有该区县，就将其插入到列表中。 `data[" 区 / 县 "]` 的值是各站点对应的区县名称，所以值有重复

■ 69、73　行标题是由 0 开始递增的数值，而 count 变量的初始值为 0，每次循环递增 1，所以 count 值恰好与行标题的值相同。

■ 70 ～ 73　建立选中区县（默认为区县列表中的第一个区县）中的监测站点列表：如果 data[" 区 / 县 "] 的值与区县列表中的第一个区县值相等，则把该区县对应的监测站点名称插入到监测站点列表中。

■ 76 ～ 77　建立 frame1 窗口区域。

■ 78 ～ 86　创建区县按钮。

■ 78 ～ 79　区县有 16 个，所以分 2 行、每行显示 8 个按钮。

■ 80　由行、列数计算当前按钮的序号。

■ 81　因最后一行可能不足 8 个，所以要检查按钮数量，若全部区县都创建完毕，就不再创建按钮。

■ 82 ～ 84　在 frame1 中创建按钮，并放在指定位置。

■ 85 ～ 86　设置第 1 个区县为选中状态。

■ 87 ～ 91　建立空的 frame2 窗口区域，用于放置监测站点按钮，此区域中的组件是通过 45~46 行代码动态生成。

■ 92 ～ 93　创建“更新数据”按钮。

■ 95 ～ 96　创建显示 PM2.5 信息的组件，开始执行时，通过第 96 行代码显示第 1 条数据的监测站点的 PM2.5 信息。

9.2.4 事件处理及函数

用户单击区县按钮后的处理函数：读取单击区县对应的监测站点，并重构监测站点按钮，然后显示第 1 个监测站点的 PM2.5 信息。

程序代码：ch09\tkpm25html.py（续）

```
1 def rbCity():  # 单击区县按钮的处理函数
2     global sitelist, listradio
3     sitelist.clear()   # 清除原有监测站点列表
4     for r in listradio:  # 删除原有监测站点按钮
5         r.destroy()
6     n=0
7     for c1 in data[" 区 / 县 "]:  # 逐一取出所选区县市的监测站点
8         if(c1 == city.get()):
9             sitelist.append(data.ix[n, 1])
10        n += 1
11     sitemake()  # 生成测站点按钮
12     rbSite()  # 显示 PM2.5 数值
```

程序说明

■3 ～ 5　清除原有监测站点列表数据并删除监测站点按钮。

■6 及 10　行标题是从 0 开始递增的数值，利用变量 n 递增读取行标题。

■7 ～ 9　创建选中区县的监测站点列表：检查每一条数据的“区 / 县”字段，如果与选取中的县相同，就取出该数据的“监测站点”值插入列表中。

■11 ～ 12　创建监测站点按钮并显示监测站点的 PM2.5 信息。

用户单击监测站点按钮后的处理函数：显示单击的监测站点的 PM2.5 信息。

程序代码：ch09\tkpm25html.py（续）

```
14 def rbSite():  # 单击监测站按钮后的处理函数
15 n = 0
16     for s in data.ix[:,1]:  # 逐一取得监测站点
17         if(s == site.get()): # 如果某测站点名称与选中的监测站点相同，则
18             pm = data.ix[n][ "PM2.5 浓度 "]  # 取得该站点的 PM2.5 数值
19             pm=pm[:-5]     # 去除数据后面的 5 位单位字符
20             pm=int(pm)  # 把 PM2.5 的字符型数据转为整型
21             if(pd.isnull(pm)):  # 如果没有数据，则
22                 result1.set(s + " 站的 PM2.5 值当前无数据！ ")
                                  # 显示无数据
23             else:  # 如果有数据，则
24                 if(pm <= 35):  # 转换为空气质量等级
25                     grade1 = " 优秀 "
26                 elif(pm <= 53):
27                     grade1 = " 良好 "
28                 elif(pm <= 70):
29                     grade1 = " 中等 "
30                 else:
31                     grade1 = " 差 "
32                 result1.set(s + " 站 PM2.5 值为 "
                     + str(pm) + ";" + grade1 )
33             break  # 找到选中的监测站点的数据后就跳出循环
34         n += 1
```

程序说明

■15 及 34　用变量 n 递增作为行标题。

■16 ～ 17　逐一检查“监测站点”字段以判断单击的是哪个监测站点。

■18　通过“PM2.5 浓度”字段读取所单击的监测站点的 PM2.5 数值。

■21 ～ 22　根据实际情况，有时网站上有些项目会没有数据，Pandas 的 isnull 方

法可检查 DataFrame 项目是否有数据：若该监测站点无 PM2.5 数据，则显示提示信息。

■ 23 ～ 32　若该监测站点有 PM2.5 数据，则将数值转换为等级并显示。

■ 33　因单击的监测站点只有一个，故找到单击监测站点后就通过 break 跳出循环。

clickRefresh 为用户单击“更新数据”按钮后的处理函数：重新读取网页数据后更新监测站点数据。

sitemake 为创建监测站点按钮的函数：通过监测站点列表逐个创建按钮。

程序代码：ch09\tkpm25html.py（续）

```
36 def clickRefresh():  # 重新读取数据
37     global data
38     df = pd.read_html("http://www.86pm25.com/city/beijing.html")
39     data=df[0]
40     rbSite()  # 更新监测站点的数据
41
42 def sitemake():  # 建立监测站点按钮
43     global sitelist, listradio
44     for c1 in sitelist:  # 逐一建立按钮
45         rbtem = tk.Radiobutton(frame2, text=c1, variable=site,
               value=c1, command=rbSite)  # 建立单选按钮
46         listradio.append(rbtem)  # 插入至按钮列表
47         if(c1==sitelist[0]):  # 默认选取第 1 个按钮
48             rbtem.select()
49         rbtem.pack(side="left")  # 靠左对齐
```

程序说明

■ 38 ～ 39　本函数用于重新导入数据

■ 40　更新监测站点数据。

■ 42 ～ 49　根据监测站点列表的元素逐个创建按钮。

■ 45　创建按钮。

■ 46　将监测站点按钮插入列表，这样，第 4 ～ 5 行代码才能根据此列表删除监测站点按钮。

■ 47 ～ 48　选取第 1 个监测站点按钮。

■ 49　此处只有设置了“side="left"”靠左排列，所有按钮才会按顺序由左至右排列。若未设此置参数，按钮会由上到下排列。

实战：人脸识别及验证码图片破解

OpenCV 是一个开源、跨平台的计算机视觉库，它可以在商业和研究领域中免费使用，目前已广泛应用于人机互动、人脸识别、动作识别、运动跟踪等领域。

要识别特定的图像，最重要的是要有识别对象的特征文件，OpenCV 已内置了人脸识别的特征文件，我们只需通过 OpenCV 的 CascadeClassifier 类就可以进行人脸识别的操作。

图形验证码是很多网站用于阻挡用户的不当或恶意访问操作而采取的一种技术手段。要破解验证码图片，需要将验证码图片转换为文字，而 Python 可以通过图形处理包去除大部分图片背景，再通过 Tesseract 包中的 OCR 来识别文字，从而达到图片破解的目的。

10.1 OpenCV：人脸识别应用

目前，图像识别技术已经比较成熟，而且广泛应用于我们的实际生活当中，比如人脸识别、指纹识别、瞳孔识别或车牌识别等，其中以人脸识别技术最为炙手可热。Python 的人脸识别操作是通过 OpenCV 包来完成的。

10.1.1 用 OpenCV 读取和显示图形

OpenCV（Open Source Computer Vision Library）是一个跨平台的计算机视觉库。OpenCV 由英特尔公司发起并参与开发，可在商业和研究领域中免费使用。OpenCV 可用于开发实时的图像处理及计算机视觉程序，目前已广泛应用于人机互动、人脸识别、动作识别、运动跟踪等领域。

要安装 OpenCV，可在 http://www.lfd.uci.edu/ ~ gohlke/pythonlibs/ 找到本机 Python 版本对应的 OpenCV 文件（本机 Python 为 3.6 版本，所以选择 opencv_python-3.2.0-cp36-cp36m-win_amd64.whl 文件进行下载），单击文件并下载至 D 盘目录下，然后在 Anaconda 的 Anaconda Prompt 窗口中通过下面的命令行即可进行安装：

```
pip install d:/opencv_python-3.2.0-cp36-cp36m-win_amd64.whl
```

要在程序中使用 OpenCV 库，需要通过下列代码进行导入：

```
import cv2
```

导入链接库后，创建一个窗口来显示图像，语法为：

```
cv2.namedWindow(窗口名称 [, 窗口标识 ])
```

窗口标识的值可能是如下值：

- cv2.WINDOW_AUTOSIZE：系统默认值，窗口大小会根据图像大小自动调整，不能手动改变窗口大小。
- cv2.WINDOW_FREERATIO：可随意改变图像大小，也可改变窗口大小。
- cv2.WINDOW_FULLSCREEN：全屏幕窗口，不能改变窗口大小。
- cv2.WINDOW_KEEPRATIO：改变图像大小时会保持原来比例，窗口大小可变。
- cv2.WINDOW_NORMAL：可以改变窗口大小。
- cv2.WINDOW_OPENGL：支持 OpenGL（开源图形库）。

例如，我们以默认模式创建一个名称为 Image 的窗口：

```
cv2.namedWindow("Image")
```

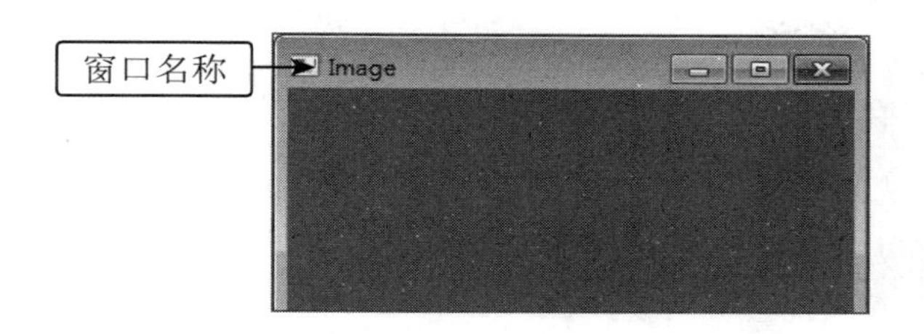

如果窗口不再使用，可将其关闭。关闭窗口有两种方式：第一种方式是关闭指定名称的窗口，语法为：

```
cv2.destroyWindow(窗口名称)
```

例如，关闭名称为 Image 的窗口：

```
cv2.destroyWindow("Image")
```

第二种方式是关闭所有打开的窗口，如果同时打开了多个窗口，可用此方式关闭所有窗口，语法为：

```
cv2.destroyAllWindows()
```

要在窗口中显示图像，需先读取图像文件，语法为：

```
图像变量 = cv2.imread(图像文件路径 [, 读取标识])
```

图像文件路径中若只有文件名，表示图像文件与 Python 程序文件在同一文件夹中；图像文件的路径还可使用相对路径，例如“media\\img.jpg”。

读取标识的值可以是如下值：

- cv2.IMREAD_COLOR：读取彩色图像，其值为 1，这是系统默认值。
- cv2.IMREAD_GRAYSCALE：以灰度模式读取图像，其值为 0。
- cv2.IMREAD_UNCHANGE：以图像原始模式读取图像，其值为 -1。

例如，以灰度模式读取 media 文件夹中的 img.jpg 图形文件，并保存至 img 变量：

```
img = cv2.imread("media\\img.jpg", 0)
```

OpenCV 支持绝大多数的图像格式：*.bmp、*.jpeg、*.jpg、*.dib、*.png、*.webp、*.pbm、*.pgm、*.ppm、*.sr、*.ras、*.tif、*.tiff 等。

在窗口中显示图像的语法为：

```
cv2.imshow(窗口名称, 图像变量)
```

例如，将 img 图像变量显示在 Image 窗口中：

```
cv2.imshow("Image", img)
```

为了让用户可以观察显示的图像，通常会在图像显示后加入等待代码，直到用户按任意键或时间到的时候才继续执行程序，其语法为：

```
cv2.waitKey(n)
```

n 为等待时间，单位是毫秒。若 n 的值为 0，表示时间为无限长，即用户按任意键可继续执行程序。

案例：用 OpenCV 显示图形

用 OpenCV 读取图形文件，并分别以彩色及灰度模式显示（图形文件 img01.jpg 位于 media 文件夹中）。

▲ 彩色

▲ 灰度

程序代码：ch11\showimage1.py

```
 1 import cv2
 2 cv2.namedWindow("ShowImage1")
 3 cv2.namedWindow("ShowImage2")
 4 image1 = cv2.imread("media\\img01.jpg")
 5 #image1 = cv2.imread("media\\img01.jpg", 1)
 6 image2 = cv2.imread("media\\img01.jpg", 0)
 7 cv2.imshow("ShowImage1", image1)
 8 cv2.imshow("ShowImage2", image2)
 9 cv2.waitKey(0)
10 #cv2.waitKey(10000)
11 cv2.destroyAllWindows()
```

程序说明

- ■2 ～ 3　创建两个窗口。
- ■4 ～ 6　第 4 行或第 5 行以彩色模式读取，第 6 行以灰度模式读取。
- ■7 ～ 8　第 7 行显示彩色图形，第 8 行显示灰度图形。
- ■9　用户按任意键后继续执行程序。
- ■10　等待 10 秒或用户按任意键，程序会继续执行。若经过 10 秒用户仍未按任意键，程序也会继续执行。
- ■11　关闭所有窗口。

10.1.2 保存图像文件

图像经过 OpenCV 处理后可以进行保存，保存图像的语法为：

```
cv2.imwrite(存盘路径, 图像变量[, 存盘标识])
```

存盘标识的值可以是如下值：

- cv2.CV_IMWRITE_JPEG_QUALITY：设置图片格式为 .jpeg 或 .jpg 格式的图片质量，其值为 0 到 100（数值越大表示质量越高），默认值为 95。
- cv2.CV_IMWRITE_WEBP_QUALITY：设置图片格式为 .webp 格式的图片质量，其值为 0 到 100。
- cv2.CV_IMWRITE_PNG_COMPRESSION：设置 *.png 格式图片的压缩比，其值为 0 到 9（数值越大表示压缩比越大），默认值为 3。

例如，把 img 变量保存为 img.jpg 文件，图片品质为 70：

```
cv2.imwrite("img.jpg", img, [int(cv2.IMWRITE_JPEG_QUALITY), 70])
```

案例：用 OpenCV 保存图形文件

先用 OpenCV 读取图形文件，然后以不同图片质量进行保存。

程序代码：ch11\saveimage1.py

```
1 import cv2
2 cv2.namedWindow("ShowImage")
3 image = cv2.imread("media\\img01.jpg", 0)
4 cv2.imshow("ShowImage", image)
5 cv2.imwrite("media\\img01copy1.jpg", image)
6 cv2.imwrite("media\\img01copy2.jpg", image,
      [int(cv2.IMWRITE_JPEG_QUALITY), 50])
7 cv2.waitKey(0)
8 cv2.destroyWindow("ShowImage")
```

程序说明

- 2 ～ 4　创建窗口、读取图形文件、显示图形文件。
- 5　以默认值把文件保存至 media 文件夹，图片质量默认为 95。
- 6　设置质量值为 50 并保存文件。

从文件管理器中可看到：img01.jpg 是源文件，img01copy1.jpg 是质量为 95 的图形文件（默认），文件大小略小于原始文件；img01copy2.jpg 是质量为 50 的图形文件，文件大小约等于原文件的五分之一。

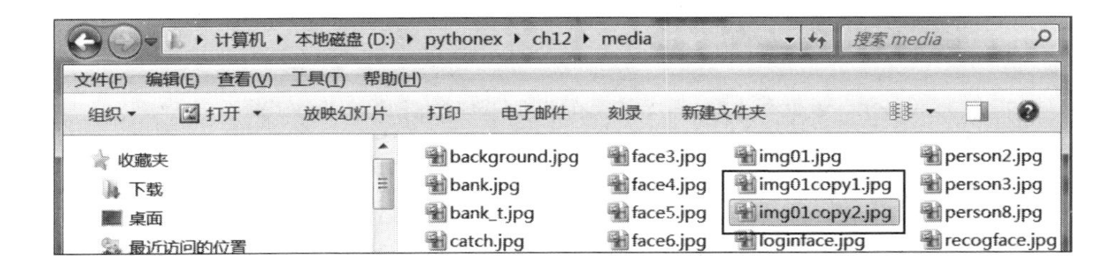

10.1.3 OpenCV 基本绘图

OpenCV 提供了绘制直线、圆形、矩形等基本绘图的功能。

OpenCV 画直线的语法为：

```
cv2.line(画布, 起点, 终点, 颜色, 宽度)
```

- 颜色：000 到 255 的数值列表，如（120,80,255）。注意第一个值表示蓝色，第二个值表示绿色，第三个值表示红色。

例如，画一条从起点（20,60）到终点（300,400）的直线，宽度为 2，红色：

```
cv2.line(image, (20,60), (300,400), (0,0,255), 2)
```

OpenCV 画矩形的语法为：

```
cv2.rectangle(画布, 起点, 终点, 颜色, 宽度)
```

- 宽度：若宽度值大于 0，表示边线宽度；若小于 0，表示画实心矩形。

例如，画一个从起点（20,60）到终点（300,400）的蓝色实心矩形：

```
cv2.rectangle(image, (20,60), (300,400), (255,0,0), -1)
```

OpenCV 画圆形的语法为：

```
cv2.circle(画布, 圆心, 半径, 颜色, 宽度)
```

- 宽度：若宽度值大于 0，表示边线宽度；若小于 0，表示画实心圆形。

例如，画一个圆心为（300,300）、半径为 40、线宽为 2 的绿色圆形：

```
cv2.circle(image, (300,300), 40, (0,255,0), 2)
```

OpenCV 画多边形的语法为：

```
cv2.rectangle(画布, 点坐标列表, 封闭, 颜色, 宽度)
```

- 点坐标列表：是一个 numpy 类型的列表，因此需要导入 numpy 包。

```
import numpy
```

创建点坐标列表的语法为：

```
numpy.array([[ 第一个点坐标 ],[ 第二个点坐标 ],……], numpy.int32)
```

■ 封闭：布尔值，True 表示封闭多边形，False 表示开口多边形。

例如，画一个由（20,60）、（300,280）、（150,200）三点构成的线宽为 2 的红色三角形：

```
pts = numpy.array([[20,60],[300,280],[150,200]], numpy.int32)
cv2.polylines(image, [pts], True, (0,0,255), 2)
```

在画布上添加文字的语法为：

```
cv2.putText( 画布 , 文字 , 位置 , 字体 , 大小 , 颜色 , 文字粗细 )
```

■ 字体：显示文字的字体可取以下值：

cv2.FONT_HERSHEY_SIMPLEX：正常尺寸 sans-serif 字体。

cv2.FONT_HERSHEY_SPLAIN：小尺寸 sans-serif 字体。

cv2.FONT_HERSHEY_COMPLEX：正常尺寸 serif 字体。

cv2.FONT_HERSHEY_SCRIPT_SIMPLEX：手写风格字体。

例如，在（350,300）位置处显示“apple”字符，要求大小为 1、粗细为 2、蓝色：

```
cv2.putText(image, "apple", (350,300), cv2.FONT_HERSHEY_SIMPLEX,
    1, (255,0,0), 2)
```

OpenCV 还有许多功能强大的图形处理功能，如边绿检测、图片侵蚀、膨胀等，这些功能将在后面的案例中用到时再进行讲解。

案例：用 OpenCV 绘制基本图形

以 OpenCV 基本绘图绘制各种图形及显示文字。

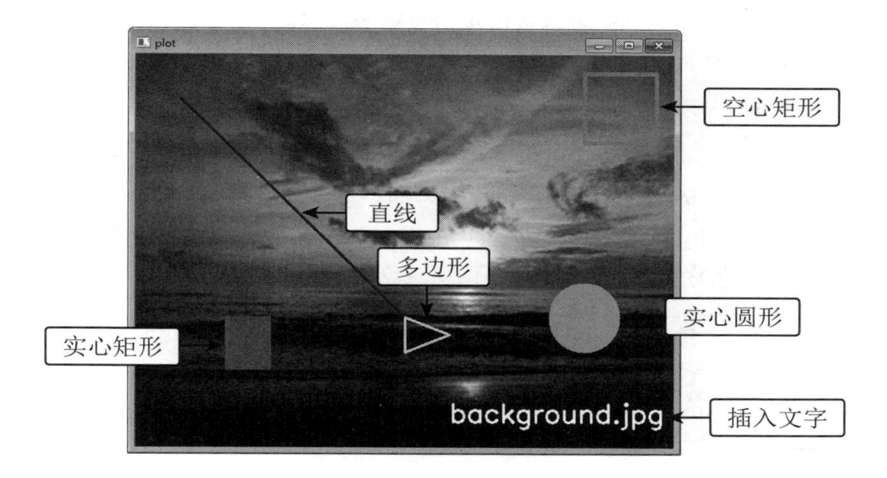

程序代码：ch10\basicplot1.py

```
 1 import cv2, numpy
 2 cv2.namedWindow("plot")
 3 image = cv2.imread("media\\background.jpg")
 4 cv2.line(image, (50,50), (300,300), (255,0,0), 2)
 5 cv2.rectangle(image, (500,20), (580,100), (0,255,0), 3)
 6 cv2.rectangle(image, (100,300), (150,360), (0,0,255), -1)
 7 cv2.circle(image, (500,300), 40, (255,255,0), -1)
 8 pts = numpy.array([[300,300],[300,340],[350,320]], numpy.int32)
 9 cv2.polylines(image, [pts], True, (0,255,255), 2)
10 cv2.putText(image,"background.jpg", (350,420),
        cv2.FONT_HERSHEY_SIMPLEX, 1, (255,255,255), 2)
11 cv2.imshow("plot", image)
12 cv2.waitKey(0)
13 cv2.destroyAllWindows()
```

程序说明

- 3　读取一张图片作为画布。
- 4 ～ 7　分别画直线、空心矩形、实心矩形、实心圆形。
- 8 ～ 9　画三角形。
- 10　插入文字。

10.1.4 用 OpenCV 进行人脸识别

要对特定图像进行识别，最关键的是要有识别对象的特征文件，OpenCV 已内置了人脸识别特征文件，我们只需使用 OpenCV 的 CascadeClassifier 类即可进行识别。

创建 CascadeClassifier 对象的语法为：

```
识别对象变量 = cv2.CascadeClassifier(识别文件路径)
```

以 conda 方式安装的 OpenCV 人脸识别文件路径为 C:\Program Files\Anaconda3\pkgs\opencv3-3.1.0-py35_0\Library\etc\haarcascades\haarcascade_frontalface_default.xml。例如，创建名称为 faceCascade 的识别对象：

```
faceCascade = cv2.CascadeClassifier(C:\\Program Files\\Anaconda3\\
  pkgs\\opencv3-3.1.0-py35_0\\Library\\etc\\haarcascades\\
  haarcascade_frontalface_default.xml)
```

接着通过识别对象 detectMultiScale 方法即可对面部进行识别，语法为：

```
识别结果变量 = 识别对象变量 .detectMultiScale( 图片 , 参数 1, 参数 2, ……)
```

detectMultiScale 方法的参数有：

- scaleFactor：其原理是系统会以不同区块大小对图片扫描，再进行特征对比。此参数用于设置区块的改变倍数，如无特别需求，此参数一般设为 1.1。
- minNeighbors：此为控制误检率参数。系统根据不同区块大小进行特征对比时，在不同区块中可能会多次成功取得特征，成功取得特征数需达到此参数设置值才算识别成功。默认值为 3。
- minSize：此参数设置最小识别区块。
- maxSize：此参数设置最大识别区块。
- flags：此参数设置检测模式。可取值如下：

  cv2.CV_HAAR_SCALE_IMAGE：按比例正常检测。

  cv2.CV_HAAR_DO_CANNY_PRUNING：利用 Canny 边缘检测器来排除一些边缘很少或很多的图像区域。

  cv2.CV_HAAR_FIND_BIGGEST_OBJECT：只检测最大的物体。

  cv2.CV_HAAR_DO_ROUGH_SEARCH：只做初步检测。

例如，设置识别最小区域为（10,10），误检率为 5，模式为正常识别，要识别的图像为 image，并将识别结果存到 faces 变量中：

```
faces = faceCascade.detectMultiScale(image, scaleFactor=1.1,
  minNeighbors=5, minSize=(10,10), flags = cv2.CASCADE_SCALE_IMAGE)
```

detectMultiScale 方法可识别图片中的多个面部，返回值是一个列表，列表元素是由面部区域左上角的 x、y 坐标，面部宽度，面部高度组成的元组。通过下列代码可获得每一张面部区域的数据：

```
for (x,y,w,h) in faces:
```

x、y 为面部区域左上角的 x、y 坐标，w、h 为面部区域的宽及高，有了这些数据就可以对面部做各种操作，如标识出面部位置、抓取面部区域等。

案例：标识面部位置

找出图片中的面部位置，并在左下角显示识别出的面部数量。

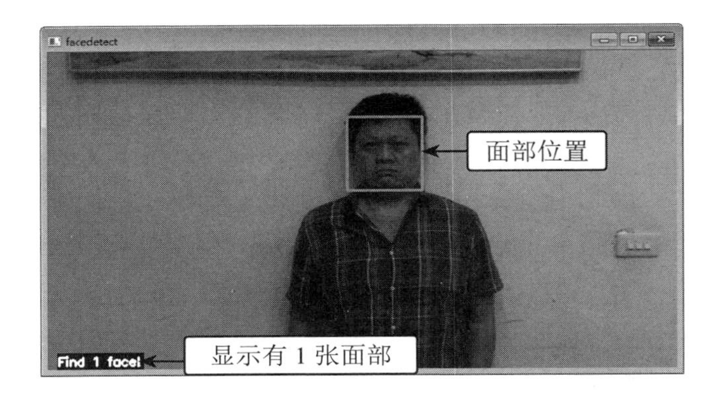

程序代码：ch10\detectFace1.py

```
 1 import cv2
 2 casc_path = "C:\\ProgramData\\Anaconda3\\pkgs\\opencv3-3.1.0-py27_0\\
     Library\etc\\haarcascades\\haarcascade_frontalface_default.xml"
 3 faceCascade = cv2.CascadeClassifier(casc_path)
 4 imagename = cv2.imread("media\\person1.jpg")
 5 faces = faceCascade.detectMultiScale(imagename, scaleFactor=1.1,
     minNeighbors=5, minSize=(30,30), flags = cv2.CASCADE_SCALE_IMAGE)
 6 #imagename.shape[0]：取图片高度，imagename.shape[1]：取图片宽度
 7 cv2.rectangle(imagename, (10,imagename.shape[0]-20),
     (110,imagename.shape[0]), (0,0,0), -1)
 8 cv2.putText(imagename,"Find " + str(len(faces)) + " face!", (10,
     imagename.shape[0]-5), cv2.FONT_HERSHEY_SIMPLEX, 0.5, (255,255,255), 2)
 9 for (x,y,w,h) in faces:
10     cv2.rectangle(imagename,(x,y),(x+w, y+h),(128,255,0),2)
11 cv2.namedWindow("facedetect")
12 cv2.imshow("facedetect", imagename)
13 cv2.waitKey(0)
14 cv2.destroyWindow("facedetect")
```

程序说明

■ 2 ～ 3　创建识别对象。

■ 4　读取要识别的图片。

■ 5　进行识别，识别结果保存在 faces 中。

■ 7　在图片左下角画一个黑色矩形，作为显示文字的区域。

■ 8　以白色文字显示面部数量。

■ 9 ～ 10　通过循环逐个在面部位置画一个矩形来标识面部位置。

detectMultiScale 方法可识别图片中的多个人脸，读者可修改第 4 行代码，把图片文件更改为 person3.jpg 或 person8.jpg 进行多个人脸的识别。

▲ detectFace3.py

▲ detectFace8.py

10.1.5 抓取脸部图形及保存

将面部的范围识别出来后，可以对识别出来的部分进行抓取。抓取一张图片中的部分图形是通过 pillow 包中的 crop 方法来实现的，pillow 包在安装 Anaconda 时已自动安装，只需导入即可使用：

```
from PIL import Image
```

我们首先学习用 pillow 包来读取图片文件，语法为：

```
图片变量 = Image.open(图片路径)
```

例如，打开 test.jpg 图片文件，然后保存至 img 变量：

```
img = Image.open("test.jpg")
```

接着我们用 crop 方法抓取图片的指定范围，语法为：

```
图片变量.crop((左上角 x 坐标, 左上角 y 坐标, 右下角 x 坐标, 右下角 y 坐标))
```

例如，抓取（50,50）到（200,200）的图片并保存在 img2 变量：

```
img2 = img.crop((50, 50, 200, 200))
```

不同图片所抓取下来的面部大小可能不一致，为了方便图形对比，可以将图片调整为固定大小。pillow 包中的 resize 方法可实现对图片尺寸的重新设定：

```
图片变量.resize((图片宽度, 图片高度), 质量标识)
```

- 质量标识：设置重设尺寸后的图片质量，可取值如下：

  Image.NEAREST：最低质量，此为默认值。

  Image.BILINEAR：双线性取样算法。

Image.BICUBIC：双三次样条插值算法。

Image.ANTIALIAS：最高质量。

例如，以最高质量将图片尺寸重设为（300,300），并将结果保存至 img3 变量：

```
img3 = img.resize((300, 300), Image.ANTIALIAS)
```

最后，我们通过 save 方法保存文件，语法为：

```
图片变量 .save( 保存路径 )
```

案例：抓取图片中的面部区域并保存

先用 OpenCV 取得面部区域，再用 pillow 包中的 crop 方法抓取面部区域并保存。

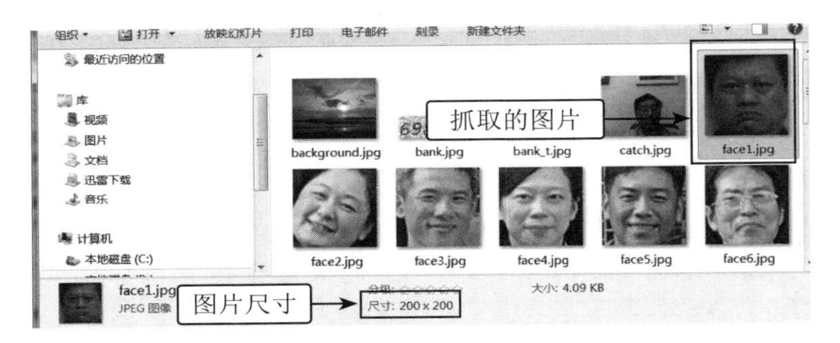

程序代码：ch10\saveFace1.py

```
...
 8 count = 1
 9 for (x,y,w,h) in faces:
10     cv2.rectangle(image, (x,y), (x+w,y+h), (128,255,0), 2)
11     filename = "media\\face" + str(count)+ ".jpg"
12     image1 = Image.open(imagename)
13     image2 = image1.crop((x, y, x+w, y+h))
14     image3 = image2.resize((200, 200), Image.ANTIALIAS)
15     image3.save(filename)
16     count += 1
...
```

程序说明

- 1 ～ 7　用 OpenCV 进行人脸识别，代码与 detectFace1.py 相同。
- 8 及 11　count 变量作为文件计数器，以实现把第一张图片命名为 face1.jpg，第二张图片命名为 face2.jpg 的功能。
- 1 ～ 13　读取图形文件及抓取面部区域。

■ 14　　以最高质量将图片尺寸转为 200×200。

■ 15　　保存图形文件。

读者可把第 5 行代码中的图片名修改为 person3.jpg 或 person8.jpg，这样可一次抓取多个面部区域。下图为修改为 person8 后的抓取结果（saveFace8.py）。

face1.jpg

face2.jpg

face3.jpg

face4.jpg

face5.jpg

face6.jpg

face7.jpg

face8.jpg

10.1.6 抓取摄像头视频图像

OpenCV 除了可以读取、显示静态图片外，还可以加载及播放动态影片，以及读取内置或外接摄像头的图像信息。很多笔记本电脑都具有摄像头，OpenCV 可通过 VideoCapture 方法来打开摄像头，语法为：

```
摄像头变量 = cv2.VideoCapture(n)
```

其中，n 为整数，内置摄像头为 0，若还有其他摄像头则依次为 1,2,...。例如，打开内置摄像头并把摄像头变量保存至 cap 中：

```
cap = cv2.VideoCapture(0)
```

摄像头是否处于打开状态可通过 isOpened 方法进行判断，其语法为：

```
摄像头变量 .isOpened()
```

若摄像头处于打开状态，则返回 True；反之则返回 False。

摄像头打开后，可通过 read 方法来读取摄像头图像信息，语法为：

```
布尔变量 , 图像变量 = 摄像头变量 .read()
```

- 布尔变量：True 表示读取图像成功，False 表示读取图像失败。
- 图像变量：若读取图像成功，则将图像保存到此变量中。

例如，读取摄像头图像，布尔值存于 ret 变量，图像存于 img 中：

```
ret, img = cap.read()
```

release 方法用来关闭摄像头并释放资源：

```
摄像头变量 .release()
```

获取用户键盘输入

摄像头获取的图像是动态图像，如何取得特定时间的静态图像呢？通过让用户按下特定按键来抓取该时刻的静态图片。本章的第 1 节中我们提到过 OpenCV 的 waitKey 方法可获取用户输入，这个方法同时还可获取按键的 ASCII 码值，语法为：

```
按键变量 = cv2.waitKey(n)
```

按键变量保存按键的 ASCII 码，取值范围为 0 ～ 255。例如：A 的 ASCII 码为 65。下面代码设置用户在 10 秒内需按键，并把所按键的 ASCII 码返回至 key 变量：

```
key = cv2.waitKey(10000)
```

若用户按 A，则 key 的值为 65。

Python 的 ord 函数可取得字符的 ASCII 码，通过与按键变量的 ASCII 码进行比较，即可知道用户按下的是什么键，例如：

```
if key == ord("A")
```

若结果是 True，则表示用户按了 A 键；False 表示用户按了其他键。

案例：通过摄像头抓取态图像

程序执行后会自动打开摄像头，用户按下 Z 键时抓取图像并保存。

程序代码：ch10\camPicture1.py

```
 1 import cv2
 2 cv2.namedWindow("frame")         #创建显示窗口
 3 cap = cv2.VideoCapture(0)      #创建内置摄影头变量
 4 while(cap.isOpened()):        #如果摄像头处于打开状态，则
 5     ret, img = cap.read()        #把摄影头获取的图像信息保存至 img 变量
 6     if ret == True:          #如果摄像头读取图像成功，则
 7         cv2.imshow("frame", img)      #在 frame 窗口中显示图像
 8         k = cv2.waitKey(100)
 9         if k == ord("z") or k == ord("Z"):
10             cv2.imwrite("media\\catch.
                 jpg", img)  #把图像保存为文件
11             break   #退出循环
12 cap.release()   #关闭摄像头
```

```
13 cv2.waitKey(0)      #任意键退出程序
14 cv2.destroyWindow("frame")      #释放窗口变量
```

程序说明

■3	打开内置摄像头。
■4	只要摄像头处于打开状态，通过一个无限循环对用户的键盘输入进行等待及检查。
■5	读取图像。
■6～7	如果读取成功，就在窗口显示。
■8	每隔 0.1 秒检查一次是否有键盘输入。
■9	用户可能按大写或小写 Z 键，所以两者都要检查。
■10～11	把抓取的图像保存为文件后跳出循环。
■12	关闭摄像头。

10.1.7 实战：通过人脸识别进行登录

人脸识别登录功能的基本原理是通过对比两张图片的差异度来判断两张图片是否是同一人的面部。对比图片差异度的算法有很多种，本例中使用“颜色直方图”算法来实现对人脸图像的识别。

下面为比较 img1.jpg 及 img2.jpg 这两张图片差异度的程序代码：

```
from PIL import Image
from functools import reduce
import math, operator
pic1 = Image.open("img1.jpg")
pic2 = Image.open("img2.jpg")
h1 = pic1.histogram()
h2 = pic2.histogram()
diff = math.sqrt(reduce(operator.add, list(map(lambda a,b:
   (a-b)**2, h1, h2)))/len(h1))
```

使用颜色直方图算法需要导入 pillow、functools、math 及 operator 包，最终的计算结果 diff 变量中保存的是一个浮点数，其值代表两张图片的差异程度，数值越大表示图片判别越大，若两张图片相同，则 diff=0.0。

应用程序概述

第一次执行时提示用户创建用户面部文件：按任意键会打开摄像头，调整摄像头中的人脸位置与角度，合适后按 Z 键抓取面部区域并保存，分辨率设为 200×200。

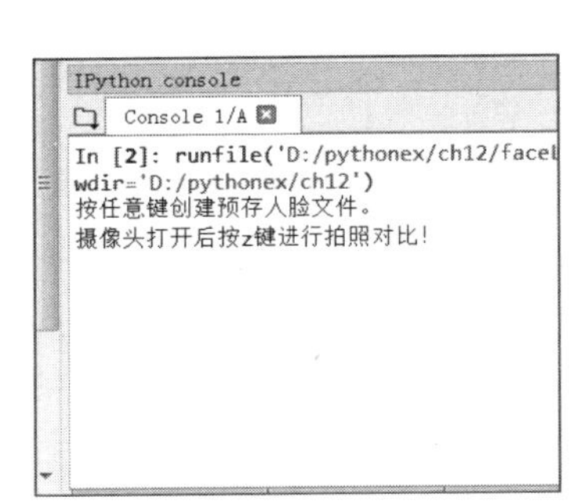

再次执行程序，先提示创建登录用户的面部文件。按任意键会打开摄像头，按 Z 键抓取面部区域并保存。然后与第一次创建的面部文件进行对比，若差异度在 100 内，显示允许登录信息，否则显示面部文件不正确信息。（faceLock1.py）

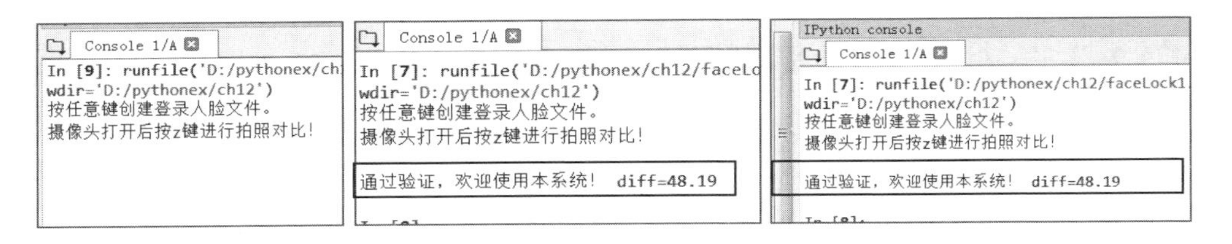

应用程序代码

程序代码：ch10\faceLock1.py

```
25 import cv2, os, math, operator
26 from PIL import Image
27 from functools import reduce
28
29 casc_path = "C:\\ProgramData\\Anaconda3\\pkgs\\opencv3-3.1.0-
     py27_0\\Library\etc\\haarcascades\\haarcascade_frontalface_default.xml"
30 faceCascade = cv2.CascadeClassifier(casc_path)  # 创建识别对象
31 recogname = "media\\recogface.jpg"  # 预存的人脸文件
32 loginname = "media\\loginface.jpg"  # 登录者的人脸文件
33 os.system("cls")  # 清除屏
34 if(os.path.exists(recogname)):  # 如果预存的人脸文件已存在，则
35     msg = " 按任意键创建登录者人脸文件。\n 摄像头打开后按 Z 键拍照对比！ "
36     makeFace(loginname, msg, "")  # 创建登录者的人脸文件
37     pic1 = Image.open(recogname)  # 打开预存的人脸文件
38     pic2 = Image.open(loginname)  # 打开登录者的人脸文件
39     h1 = pic1.histogram()  # 取预存人脸的直方图信息
```

```
40      h2 = pic2.histogram()   # 取登录者人脸的直方图信息
41      diff = math.sqrt(reduce(operator.add, list(map(
            lambda a,b: (a-b)**2, h1, h2)))/len(h1))   #计算二者的差异度
42      if(diff <= 100):   # 若差度在 100 内，可通过验证
43          print("通过验证，欢迎使用本系统！ diff=%4.2f" % diff)
44      else:
45          print("人脸错误，无法使用本系统！ diff=%4.2f" % diff)
46  else:   # 如果预存的人脸文件不存在，则
47      msg = "按任意键创建预存者的人脸文件。\n 摄像头打开后按 z 键拍照！ \n"
48      endstr = "预存的人脸文件创建完成！"
49      makeFace(recogname, msg, endstr)   # 创建预存的人脸文件文件
```

程序说明

- ■ 29 ～ 30　创建人脸识别对象。
- ■ 31　recogname 为预存人脸文件名，如果没有此文件，则没有比较对象。
- ■ 32　loginname 为登录者人脸的文件名。
- ■ 34 ～ 45　如果预存的人脸文件已存在，就开始抓取登录者的人脸图像。
- ■ 35 ～ 36　调用 makeFace 函数创建登录者的面部文件。
- ■ 37 ～ 41　对比预存的人脸文件与登录者的人脸文件的差异度。
- ■ 42 ～ 43　若差异度在 100 以内，显示通过认证的信息。
- ■ 44 ～ 45　若差异度大于 100，显示认证失败的信息。
- ■ 47 ～ 49　如果预存的人脸文件不存在，表示是第一次执行本程序，则会通过 makeFace 函数创建一个预存的人脸文件。

程序代码：ch10\faceLock1.py（续）

```
 1 def makeFace(facename, msg, endstr):
 2     print(msg)   # 显示提示信息
 3     cv2.namedWindow("frame")
 4     cv2.waitKey(0)
 5     cap = cv2.VideoCapture(0)   # 打开摄像头
 6     while(cap.isOpened()):   # 当摄像头为打开状态时
 7         ret, img = cap.read()   # 读取图像
 8         if ret == True:   # 若读取成功，则
 9             cv2.imshow("frame", img)   # 在 frame 窗口显示图像
10             k = cv2.waitKey(100)   # 每 0.1 秒读一次键盘
11             if k == ord("z") or k ==
                 ord("Z"):   # 如果用户按 z 键则 ......
12                 cv2.imwrite(facename,img)
                       # 抓取 img 图像至 facename 文件
13                 image = cv2.imread(facename)   # 读取刚抓取的文件
14                 faces = faceCascade.detectMultiScale(image,
```

```
                  scaleFactor=1.1, minNeighbors=5, minSize=(30,30),
                  flags = cv2.CASCADE_SCALE_IMAGE)
                      # 获取 image 的面部区
15            (x, y, w, h) = (faces[0][0], faces[0][1],
                  faces[0][2], faces[0][3])  # 读取人脸的区域信息
16            image1 = Image.open(facename).
                  crop((x, y, x+w, y+h))  # 抓取人脸区域的图片
17            image1 = image1.resize((200, 200),
                  Image.ANTIALIAS)  # 把抓取的文件的分辨率转为
                                        200×200
18            image1.save(facename)  # 保存人脸
19            break
20    cap.release()  # 关闭摄像头
21    cv2.destroyAllWindows()
22    print(endstr)
23    return
```

程序说明

■ 1 ～ 23　函数体：创建预存或登录者的人脸文件并保存为以参数 facename 命名的文件。

■ 3 ～ 4　创建窗口后等待用户按键。

■ 5　打开内置摄像头。

■ 6 ～ 9　如果摄像头为打开状态，读取摄像头的图像并显示在窗口中。

■ 10　每隔 0.1 秒读一次键盘。

■ 11 ～ 19　如果监测到用户按了 Z 键，执行 12 ～ 19 行代码。

■ 12　把从摄像头抓取的图像存为 facename 文件。

■ 13 ～ 14　读取图像文件并识别出该图像的面部区域。

■ 15 ～ 16　先取第一个面部区域信息，再从图像中裁出该区域的内容。

■ 17 ～ 18　将裁出的图形分辨率转为 200×200，然后保存至 facename 文件。

■ 19　跳出循环。

■ 20　关闭摄像头。

图像对比的准确性

经过测试多种图像对比技术，很多时候效果并不理想，本例中采用的频色直方图算法，会受光线强度、背景等因素而影响对比结果。

第42行程序的差异度标准（100）是笔者经多次测试后所选择的一个数值，该数值读者可根据实际测试情况加以调整。

10.2 用 Tesseract 识别验证码

第 6 章我们用 Selenium 包实现网页自动化操作的案例中，发现很多网页都因需输入图形验证码而导致实验无法进行。解决的办法就是对验证码进行识别。识别的方法之一是通过图形处理包将验证码的大部分背景去除，再用 OCR（Optical Character Recognition，光学字符识别）来识别出图片文字。不同的图形验证码需要不同图形处理技术去除背景，本节就演示一个较简单的案例。

10.2.1 简单的 OCR–Tesseract 包

Tesseract 是一个流行的 OCR 链接库，最初是由惠普公司（HP）在 1985 年开始研发，直到 2005 年 HP 将 Tesseract 开源，2006 年交给 Google 维护。

安装 Tesseract

打开链接 http://digi.bib.uni-mannheim.de/tesseract/tesseract-ocr-setup-3.05.00dev.exe，可以下载 Tesseract 安装包文件 tesseract-ocr-setup-3.05.00dev.exe。双击安装文件进行安装。安装过程中先单击三次 Next 按钮，再在第 4 个页面时展开 Registry settings 选择项，然后选中 Add to Path 及 Set TESSDATA_PREFIX variable 复选项。

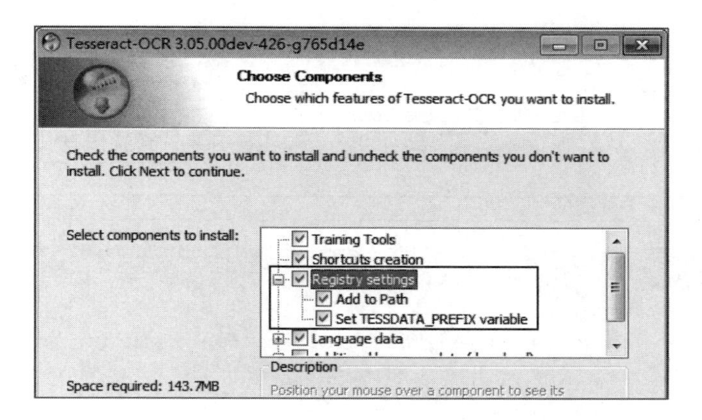

后面的步骤根据提示依次单击 Next、Install 或 Finish 按钮就可以了。

使用 Tesseract 识别图像

Tesseract 的使用方法非常简单，首先导入 Tesseract 包：

```
import subprocess
```

对图片进行识别的语法为：

```
识别变量 = subprocess.Popen("tesseract 图形文件路径 识别结果文件路径 ")
```

- 识别结果文件路径：识别结果会以文本文件进行保存，系统会自动添加 .txt 作为文件后缀名。

例如，识别 media 文件夹中的 textpic.jpg 图片，识别结果保存在 media 文件夹中的 result.txt 文件中：

```
ocr = subprocess.Popen("tesseract media\\textpic.jpg media\\result")
```

读取文件、进行文字识别以及保存文本文件的过程需要一段时间，Tesseract 提供了 wait 方法，以等到所有识别工作完成后再继续执行程序，语法为：

```
识别变量 .wait()
```

例如，在识别变量 ocr 上插入等待时间：

```
ocr.wait()
```

案例：用 Tesseract 识别文本

本例要求：识别 text1.jpg 图片后，将识别结果保存到 result.txt 文本文件中，再读取文本文件的内容并显示到命令窗口。

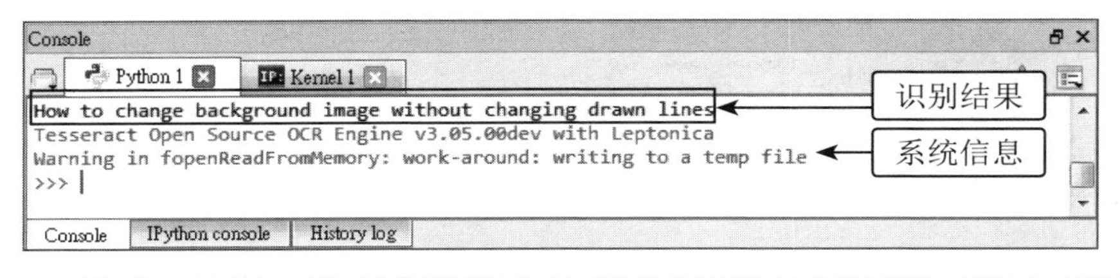

程序代码：ch10\ocr1.py

```
1 import subprocess
2 ocr = subprocess.Popen("tesseract media\\text1.jpg media\\result")
3 ocr.wait()
4 text = open("media\\result.txt").read().strip()
5 print(text)
```

程序说明

- 1　导入 Tesseract 包。
- 2　用 Tesseract 识别图片 media\text1.jpg，并将识别结果保存至 media\tresult.txt 文件中。

■3　识别过程中插入程序等待时间。

■4　读取识别结果文件。

■5　显示识别结果。

10.2.2 验证码识别的原理

许多网站是用很小的彩色杂点背景加上字符的图片作为验证码，现在我们以某银行网站的验证码为例，来学习这类验证码的破解：(bank.jpg>)

首先用 OpenCV 的 cvtColor 方法将图形转为灰度模式。cvtColor 方法的语法为：

```
cv2.cvtColor(图片变量, 颜色标识)
```

■ 颜色标识：OpenCV 提供了 150 多种格式，较常用的有：

cv2.COLOR_BGR2GRAY：转为灰度图形。

cv2.COLOR_BGR2RGB：转为 RGB 图形。

cv2.COLOR_BGR2HSV：转为 HSV 图形。

例如，img 变量保存的是一张验证码图片，首先把它转为灰度模式图片：

```
cv2.cvtColor(img, cv2.COLOR_BGR2GRAY)
```

再用 OpenCV 的 threshold 方法把图形转换为黑白。threshold 方法的语法为：

```
cv2.threshold(图片变量, 临界值, 指定值, 转换标识)
```

■ 图片变量：此图片必须是灰度图。

■ 转换标识：以下为常用值：

cv2.THRESH_BINARY：把大于临界值的颜色值者设为 255，否则为 0，所以结果是黑白图。

cv2.THRESH_BINARY_INV：与 cv2.THRESH_BINARY 的颜色反相。

cv2.COLOR_TRUNC：把大于临界值的颜色值设为指定值，否则不变。

cv2.THRESH_TOZERO：把小于临界值的颜色设为 0，否则不变。

cv2.THRESH_TOZERO_INV：与 cv2.THRESH_TOZERO 的颜色反相。

例如，将灰度验证码图形转换为反相黑白图形的代码，转换结果如下：

```
cv2.threshold(img, 150, 255, cv2.THRESH_BINARY_INV)
```

可以发现，黑白图形中有许多白色杂点。我们可手动编写代码进行去除：

```
 1 for i in range(len(inv)):  #i 为每一行
 2     for j in range(len(inv[i])):  #j 为每一列
 3         if inv[i][j] == 255:  # 颜色为白色
 4             count = 0
 5             for k in range(-2, 3):
 6                 for l in range(-2, 3):
 7                     try:
 8                         if inv[i + k][j + l] == 255:
 9                             count += 1
10                     except IndexError:
11                         pass
12             if count <= 6:  # 周围少于或等于 6 个白点
13                 inv[i][j] = 0  # 将白点去除
```

第 1 行及第 2 行代码会逐行、逐列检查图片中每一个点：以一个点为中心，第 5 行和第 6 行代码用 range(-2,3) 逐一检查其上下左右各两排的点，共计 5×5=25 个点（包含自身），如果是白色点就将计数器 count 加 1。第 12 行判断若这 25 个点中白点数量小于或等于 6 个，就视此点为杂点，把这个点删除（设为黑点）。例如下图检测点周围只有 5 个白点（含自身），执行的结果就会将其设置为黑点。

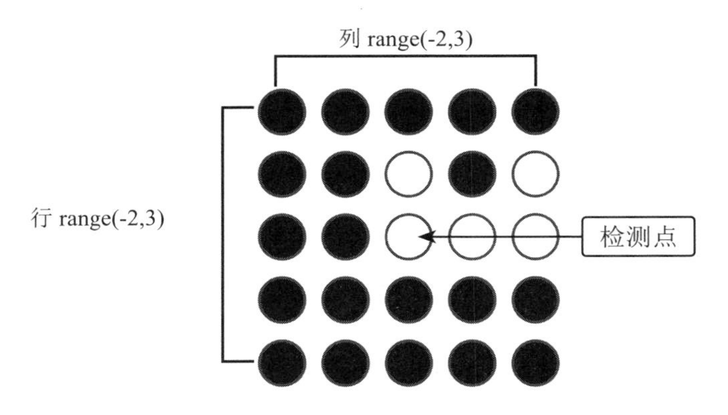

第 7 ～ 11 行代码是通过 try...except 来捕捉异常的，因为当 i、j 小于 2 时会使列

表索引为负数而造成错误，通过 try...except 语句可让程序继续执行而不会因错误使程序中断。

验证码图片经去除杂点后的效果如下：

可见图中的杂点大部分都已去除，但 Tesseract OCR 识别此图片时仍无法得到正确字符。所以，我们最后通过 OpenCV 的 dilate 方法把字体加粗，dilate 方法会把图片中的白点膨胀，语法为：

```
cv2.dilate(图片变量, 矩阵, iterations=数值)
```

- 矩阵：是数值元组，会先与图片运算再进行膨胀。
- iterations= 数值：设置膨胀次数。

例如，把去除杂点后的验证码进行膨胀一次的代码及结果如下：

```
cv2.dilate(img, (8,8), iterations=1)
```

可以看到白色笔画已变粗了。再用 Tesseract OCR 识别此图片，就得到了正确验证码。

10.2.3 实战：验证码破解

程序概述

程序执行后会显示验证码图形，按任意键后会在命令窗口显示识别结果。(format.py)

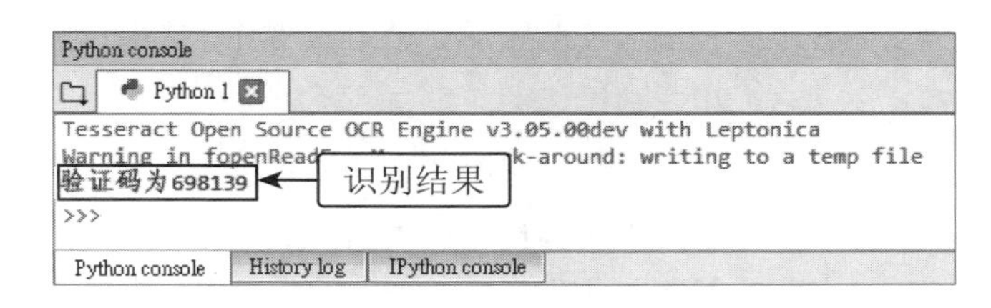

程序代码

程序代码：ch02\format.py

```
 1 import cv2, subprocess
 2 img = cv2.imread("media\\bank.jpg")  # 读取图片
 3 cv2.namedWindow("Image")
 4 cv2.imshow("Image", img) # 显示图形
 5 cv2.waitKey (0)
 6 cv2.destroyWindow("Image")
 7 gray = cv2.cvtColor(img, cv2.COLOR_BGR2GRAY)  # 转为灰度
 8 _, inv = cv2.threshold(gray, 150, 255, cv2.THRESH_BINARY_INV)
     # 转为反相黑白
 9 for i in range(len(inv)):  #i 为每一行
10     for j in range(len(inv[i])):  #j 为每一列
11         if inv[i][j] == 255:  # 颜色为白色
12             count = 0
13             for k in range(-2, 3):
14                 for l in range(-2, 3):
15                     try:
16                         if inv[i + k][j + l] == 255:
17                             count += 1
18                     except IndexError:
19                         pass
20             if count <= 6:  # 周围少于或等于 6 个白点
21                 inv[i][j] = 0  # 将白点去除
22 dilation = cv2.dilate(inv, (8,8), iterations=1)  # 图形加粗
23 cv2.imwrite("media\\bank_t.jpg", dilation)  # 保存
24 child = subprocess.Popen('tesseract media\\bank_t.jpg result') #OCR识别
25 child.wait()
26 text = open('result.txt').read().strip()
27 print(" 验证码为 " + text)
```

代码**说明**

- 2 ～ 5　读取验证码图形并显示，然后等待用户按键。
- 6　用户按键后关闭窗口。
- 7　将图形转为灰度图形。
- 8　将图形转为反相黑白图形：threshold 方法会有两个返回值，图片是第 2 个返回值。第 1 个返回值以“_”接收，表示放弃返回值。
- 9 ～ 21　去除杂点。

第 13 行和 14 行设置检查范围，例如改为 range(-3,4) 就会检查周边的 7 行，检查的点共 7×7=49 个。

第 20 行可控制要去除的杂点大小，将 if count <= n 的 n 值设为较大的值，可去除较大的杂点，但也可能造成字符的残缺。

■ 22　加粗字符。

■ 23　保存处理完的验证码图片。

■ 24 ～ 27　用 Tesseract OCR 识别并显示结果。

Memo

实战：Firebase 实时数据库应用

Firebase 是专为移动开发提供的后端服务平台，Firebase 数据库与传统数据库不同，它不是用数据表来存储数据，而是用 Key、Value 的字典型结构来存储数据，所以它不仅是轻量级的，在结构上非常具有弹性，而且可能做到实时响应。Python 可以通过 python-firebase 包来操作 Firebase 数据库，从而能够开发出实用的应用程序。

本章将通过在 Python 中使用 python-firebase 包，把英文单词的数据存储在 Firebase 实时数据库中，用户可以通过英文单词来查找其中文翻译。

11.1 Firebase 实时数据库

Firebase 数据库是一种新型数据库，它和传统数据库使用表格来存储数据的方式不同，它通过 Key、Value 的字典型结构来存储数据，在短时间内引起了数据库市场的极大关注。

11.1.1 Firebase 实时数据库简介

Firebase 数据库公司成立于 2011 年 9 月，主要提供云端服务与后端实时服务，该公司出品了不少可供用户开发网络或移动设备应用。其中，最主要的产品是实时数据库 Firebase，这个数据库的 API 允许开发人员从不同的客户端存储与同步数据，成立之初的 3 年时间内就吸引了近 11 万注册用户。

2014 年底，Firebase 被 Google 公司收购，其相关技术被纳入到 Google Cloud 平台，这让 Google Cloud 平台具备了更强的网络及移动开发能力。

简而言之，Firebase 数据库是一个云端实时数据库，其最特别之处在于：设计者可在应用程序中设定监听事件，当 Firebase 数据库的数据有变动时，应用程序会收到讯息，再根据讯息做出回应。

现在 Firebase 数据库的免费版本提供了以下支持能力：

- 100 个联机并发
- 1GB 存储
- 10GB 流量限制

11.1.2 创建 Firebase 实时数据库

要创建 Firebase 数据库，须先申请账号，登录后才能使用 Firebase 数据库。用户可以在 Firebase 网站申请账号，因 Firebase 已被 Google 公司收购，所以使用 Google 账号也可以登录 Firebase 网站。对于大部分已拥有 Google 账号的用户，使用 Google 账号登录 Firebase 是最常用的方式；如果还没有 Google 账号，那就先申请一个吧（注：访问谷歌网站需“翻墙”，不会的同学可在网上查一下具体方法）！

用 Google 账号登录 Firebase 并创建 Firebase 数据库 APP 的操作如下：

Step 1 在 Chrome 浏览器网址列输入 https://www.firebase.com/，打开 Firebase 网站，单击右上角的 LOGIN TO LEGACY CONSOLE，此时若浏览器

未登录，则会切换到登录页面，单击 Sign in with Google 可用 Google 账号登录。

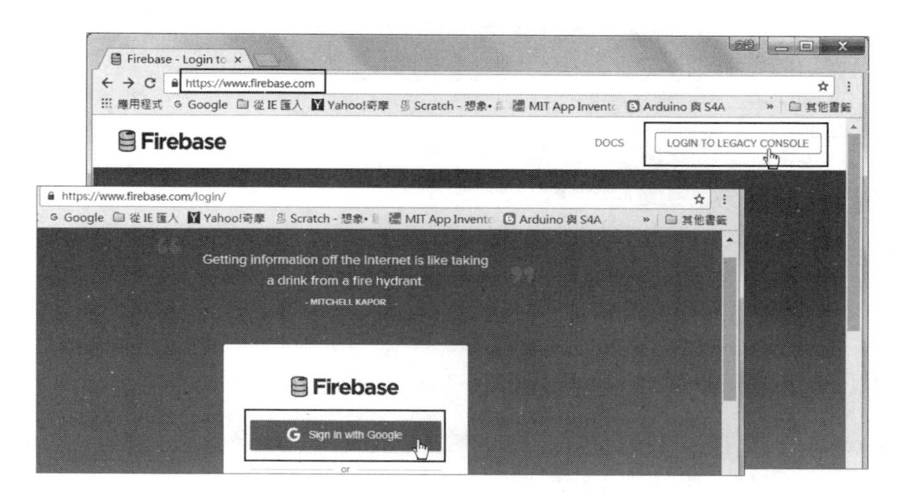

Step 2 进入 Firebase 网站，单击“创建新项目”按钮，出现“创建项目”对话框，在“项目名称”输入框中输入项目名称，在“国家 / 地区”下拉列表框中选择“中国”，然后单击“创建项目”按钮即完成 APP 的创建。

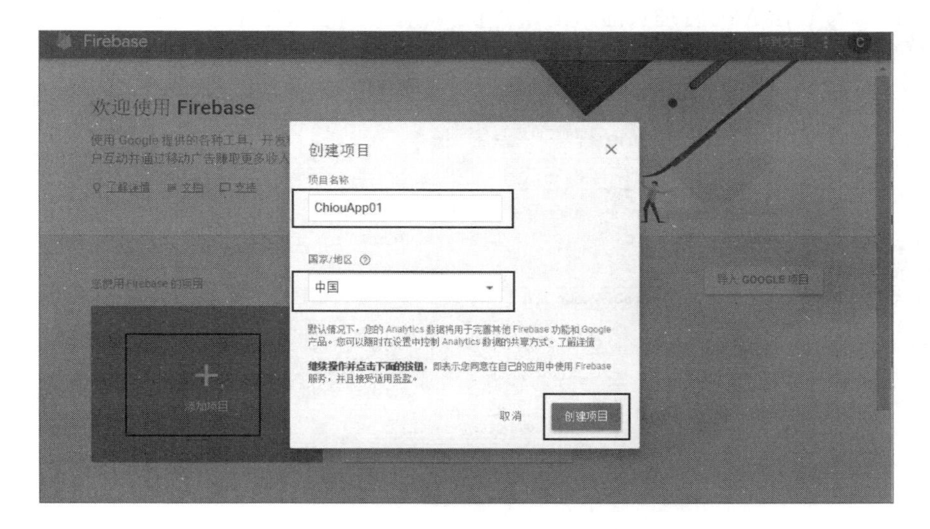

Step 3 单击 Database，可以看到创建的项目和数据库网址。如果创建的项目名称不够长，系统会自动在原来项目后面再加入字符，如本例把 chiouapp01 自动变为 chiouapp01-74bde。

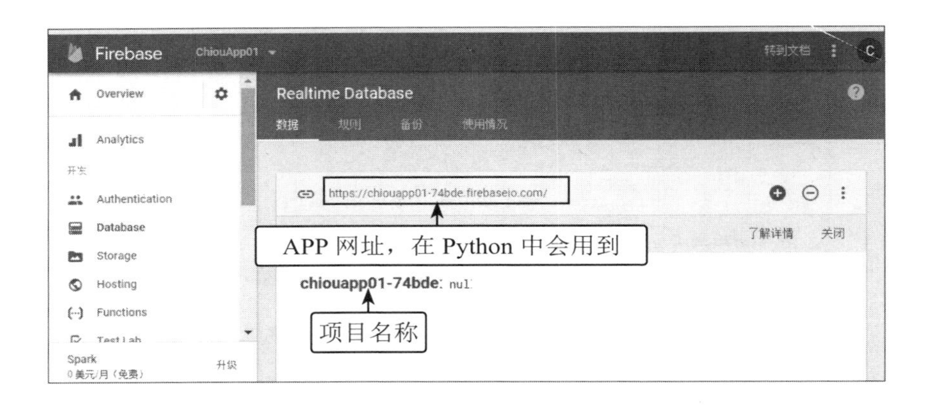

11.1.3 新增 Firebase 实时数据库资料

Firebase 的数据是树状结构，可以创建层次数据。每一条数据以“键—值（Key-Value）”形式存储，使用时可通过“键”名来取得其对应的“值”。

创建第一层数据

最简单的 Firebase 数据可以只有一层数据，创建方法如下：

Step 1 在 APP 管理页面单击 null 右方+图标就会新增第一层数据，接着在“名称”输入框输入“键”名（Key），“值”输入框输入数据（value），单击“添加”按钮就会新增一条数据。注意上方网址就是 Firebase 数据库地址，此网址在 Python 程序中会用到。

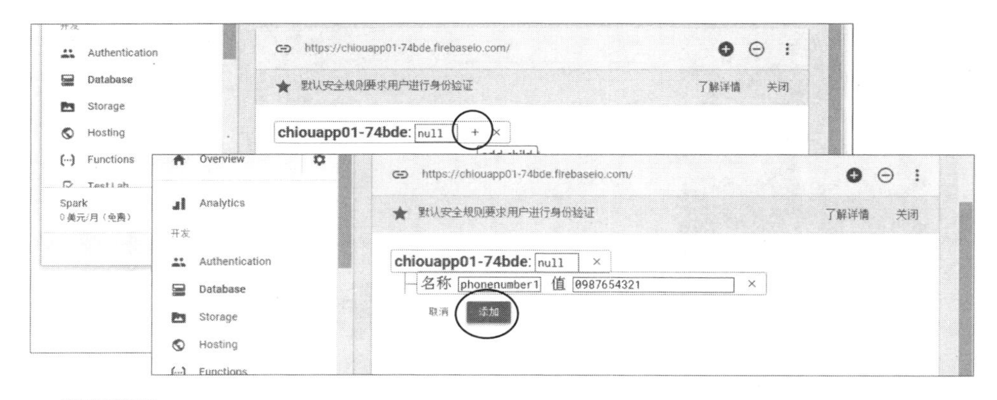

Step 2 若要继续新增数据，单击+图标重复 Step1 操作。

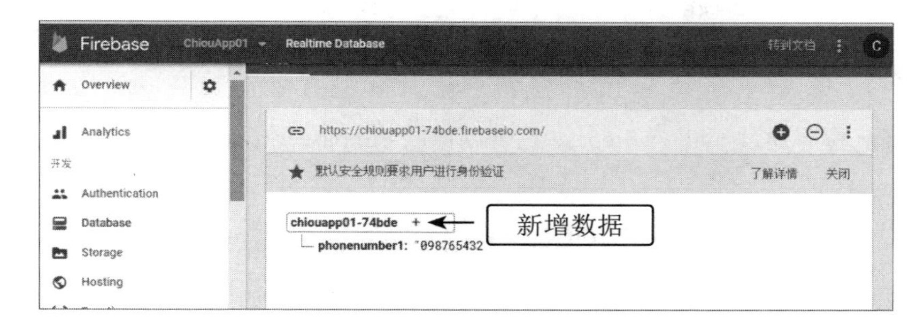

Step 3 若要删除数据，可单击该数据右方的✖图标，再在确认对话框中单击“删除”按钮即可。

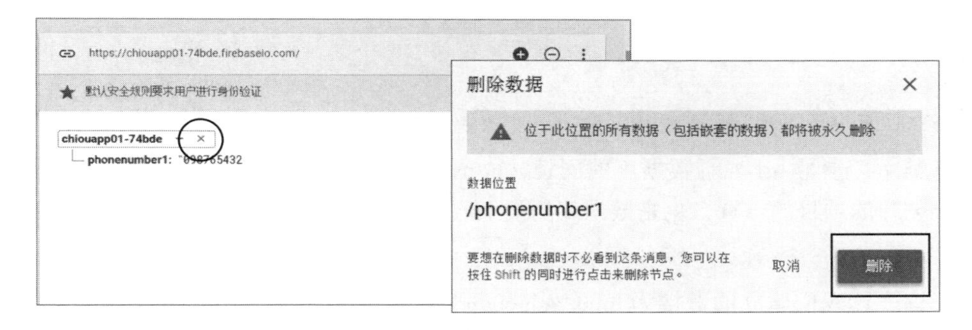

11.1.4 设置数据库权限

Firebase 默认只有自己经验证过的账号才能够读取（read）或写入（write）数据，如果想要让其他用户也能存取自己创建的数据库，必须在“规则”标签中设置 rules 中的 read 和 write 值，把 read 与 write 值都改为 true 后，单击“发布”按钮，可让新的规则生效（此处若不单击“发布”按钮，后面的实验将不能正常访问此数据库）。若设定为 false，则会取消其权限。

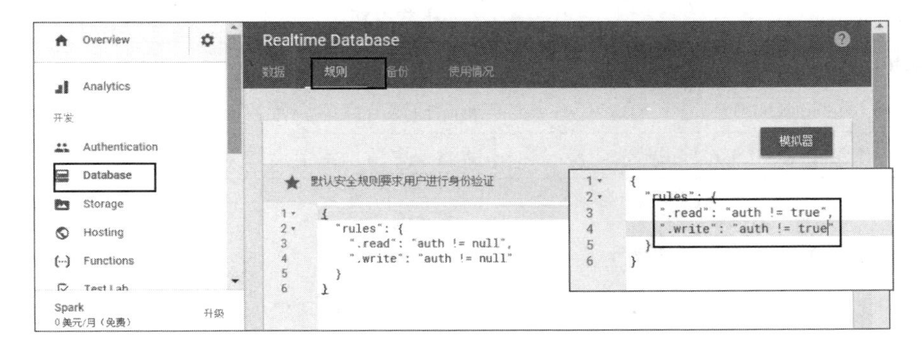

11.2 建立 Firebase 数据库连接

Python 程序通过 python-firebase 包可以存取 Firebase 数据库。

11.2.1 使用 python-firebase 包

首先必须安装 python-firebase 包，安装方法如下：

```
pip install python-firebase
```

python-firebase 包安装完成之后需要进行导入，用 FirebaseApplication 方法创建 firebase 对象：

```
from firebase import firebase
url = 'https://chiouapp01-74bde.firebaseio.com/'
fb = firebase.FirebaseApplication(url, None)
```

其中，参数 url 表示数据库的网址，https://chiouapp01-74bde.firebaseio.com/ 是我们刚创建的项目的位置，也是数据库的最上层节点。此参数可用相对路径，比如：

```
fb = firebase.FirebaseApplication('/student', None)
```

这表示我们建立的链接为 https://chiouapp01-74bde.firebaseio.com/student。第 2 个参数表示创建不成功的返回值，一般设为 None。

11.2.2 firebase 对象的方法

利用 firebase 对象方法可以对数据库进行操作，包括新增、修改和删除数据。

firebase 提供了下列方法：

方法	说明
post(url,dada)	在 url 节点新增一条数据
get(url,None)	读取指定节点的数据
delete(url+id,None)	删除指定节点中编号为 id 的数据
put(url,data=word,name=id)	新增或更新指定节点的数据

post(url,data) 方法

post 方法会在 url 节点新增一条数据，data 为数据内容。例如：在 test 节点新增

一条数据，数据内容为字符串“Python”，代码如下：(post.py)

```
from firebase import firebase
url = 'https://chiouapp01-74bde.firebaseio.com'
fb = firebase.FirebaseApplication(url, None)
fb.post('/test', "Python")
```

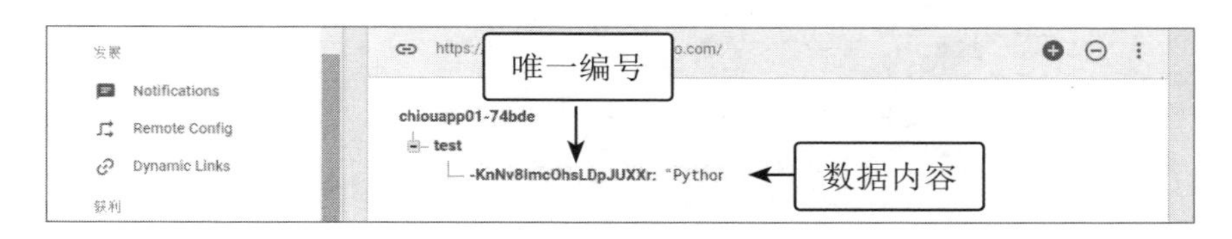

我们也可以创建 dict 类型的数据：

```
fb.post('/test', {"name":"David"})
```

执行之后就会在项目 chiouapp01 的 test 节点创建一条 dict 类型数据。

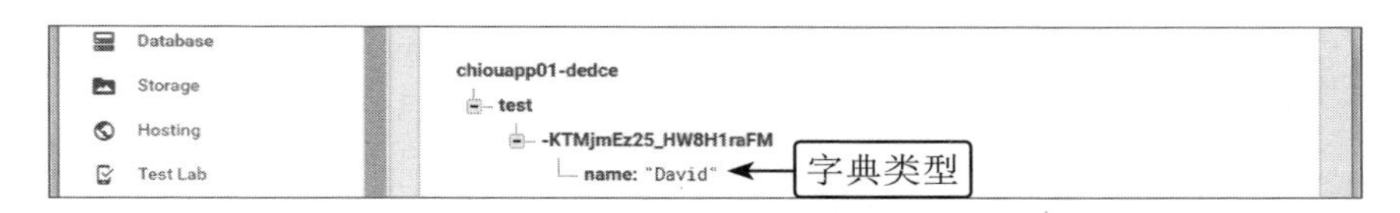

成功创建的数据会返回一个 dict 对象，并自动产生一个唯一编号，数据的查询、编辑或删除都必须根据这个编号。我们可以从返回值的 name 键中取得这个编号。(<post2.py>)

```
from firebase import firebase
url = 'https://chiouapp01-74bde.firebaseio.com'
fb = firebase.FirebaseApplication(url, None)
dict1 = fb.post('/test', {"name":"David"})
print(dict1["name"])  # -KnNwLnAZ1EbA9OJO7C6
```

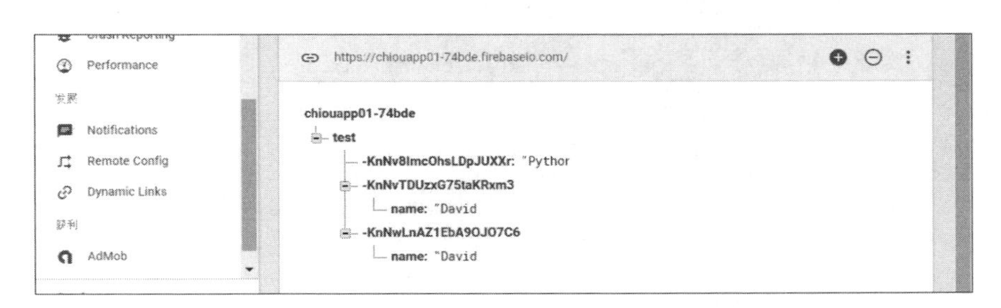

注意：再次执行后可看到同样数据又创建了一次，但其编号不同。这意味着新

增数据前需要先检查数据是否已存在，这一点后面我们还会详细说明。

现在，我们再做一些稍微复杂的操作：在 students 节点一次创建三条数据，而且每一条数据中都要包括 name 和 no 两个字段。(input.py)

```
from firebase import firebase
students = [{'no':1 ,'name':'李天龙'},
{'no':2,'name':'高一人'},
{'no':3,'name':'洪大同'}]
url = 'https://chiouapp01-74bde.firebaseio.com'
fb = firebase.FirebaseApplication(url, None)
for student in students:
    fb.post('/students', student)
    print("{} 保存完毕".format(student))
```

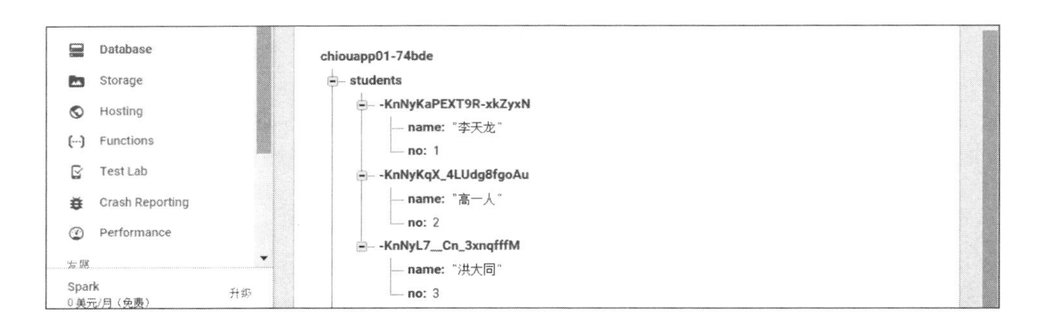

get(url, None) 方法

get 方法用于读取指定 url 节点的数据，如果成功返回 dict 类型数据，第 2 个参数设为 None，会返回节点的所有数据，也可以设为一个 id 来返回指定 id 的数据。

例如：读取 students 节点的数据。(read.py)

```
import time
from firebase import firebase
url = 'https://chiouapp01-74bde.firebaseio.com'
fb = firebase.FirebaseApplication(url, None)
students = fb.get('/students', None)
for key,value in students.items():
    print("id={}\tno={}\tname={}".format(key,value["no"],value["name"]))
    time.sleep(1)
```

本章案例使用 IPython console 执行。

```
id=-KTx9BHx5ztHU50ddJvU no=3     name=洪大同
id=-KTx9AuyT5TietO_J_sD no=1     name=李天龙
id=-KTx9B67fXytWUk_mYJI no=2     name=高一人
```

delete(url+id ,None) 方法

delete 方法删除指定 url 节点中编号为 id 的数据，第 2 个参数也可以设定 id 删除指定的数据。例如：删除 students 节点编号为“-KnNwLnAZ1EbA9OJO7C6”的数据。

```
id="-KnNwLnAZ1EbA9OJO7C6"
fb.delete('/students/' + key_id,None)
# 或 fb.delete('/students/',key_id)
```

在实际中，我们必须先根据这条数据的值去找出其 id，才能对该条数据进行操作。现在我们以前面创建的包括 name 和 no 两个字段的案例为例。

首先，把所有数据读取到 datas 字典变量中。

```
from firebase import firebase
url = 'https://chiouapp01-74bde.firebaseio.com'
fb = firebase.FirebaseApplication(url, None)
datas=fb.get('/students', None)
```

现在，datas 的结构及内容如下：

```
{id1:{'no':1 ,'name':' 李天龙 '},
 id2:{'no':2,'name':' 高一人 '},
 id3:{'no':3,'name':' 洪大同 '}}
```

然后我们再定义一个从 no 键中根据 no 的值来查询该数据 id 的自定义函数，如果数据存在则返回其 id（也就是 Key）；否则就返回空字符串。

```
def CkeckKey(no):
    key_id=""
    if datas != None:
        for key in datas:
            if no==datas[key]["no"]: # 如果找到了键名
                key_id = key
                break
    return key_id
```

利用 CkeckKey() 方法可以判断数据是否存在，并加以删除。例如，若 no=1 的

数据存在，就把它删除：

```
no = 1
key_id = CkeckKey(no)
if key_id != "":     # 判断键是否存在
    fb.delete('/students/' + key_id,None)
else:
    print(" 数据不存在 ")
```

案例：删除指定的数据

我们在 students 节点已经创建了三条数据，每一条数据中都包括 name 和 no 两个字段，现在我们要求程序能够实现以下图片所示功能：

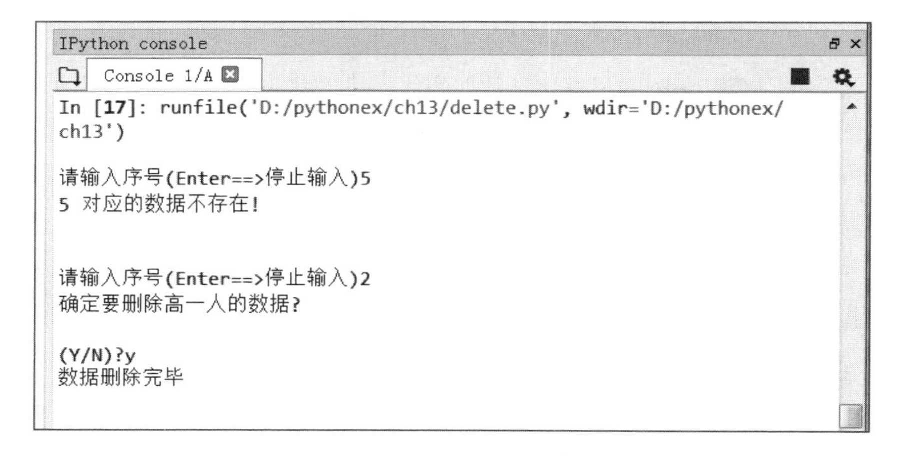

执行程序后，我们可看到 2 号数据已被删除。

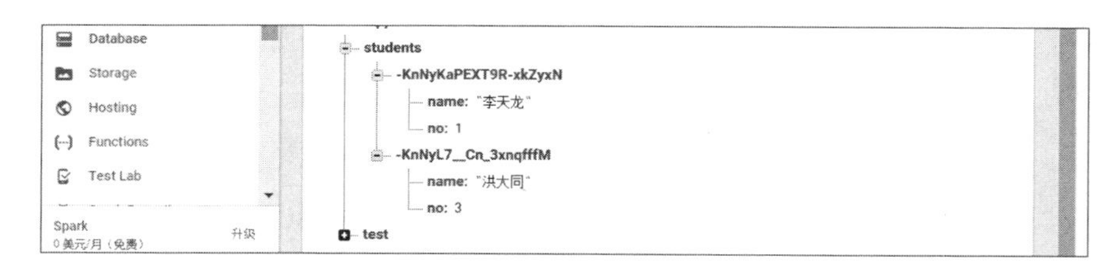

程序代码：ch11\delete.py

```
1    def CkeckKey(no):
2        key_id=""
3        if datas != None:
4            for key in datas:
```

```
5               if no==datas[key]["no"]: # 如果找到键名，则
6                   key_id = key
7                   break
8       return key_id
9
10  ### 主程序从这里开始 ###
11
12  from firebase import firebase
13  url = 'https://chiouapp01-74bde.firebaseio.com'
14  fb = firebase.FirebaseApplication(url, None)
15
16  while True:
17      datas=fb.get('/students', None)
18      no = input("请输入序号(Enter==>停止输入)")
19      if no=="": break
20      key_id = CkeckKey(int(no))
21      if key_id != "":     # 判断键是否存在
22          print("确定要删除{}的数据？".format(datas[key_id]["name"]))
23          yn=input("(Y/N)?")
24          if (yn=="Y" or yn=="y"):
25              fb.delete('/students/'+key_id,None)
26              print("数据删除完毕\n")
27      else:
28          print("{} 对应的数据不存在!\n".format(no))
```

程序说明

■ 1 ～ 8　　自定义函数 CkeckKey，实现根据 no 找到该数据的 id。

■ 16 ～ 28　根据输入的 no，删除指定 no 应对的数据。

■ 19　　　按 Enter 键结束程序。

■ 20　　　CkeckKey(int(no)) 查询该编号的 id 值，注意 no 必须转换为数值。

■ 25　　　用 fb.delete('/students/' + key_id,None) 删除 students 节点中指定 id(key_id) 的这条数据。

细心的读者可能会发现，第 17 行代码 datas=fb.get('/students', None) 放在了 while 循环之内。实际上是每执行一次就会再读取一次，这会降低程序的执行效率，尤其是在数据量很大的时候。我们在 delete_adv.py 中做了以下改进：把第 18 行代码取出放在第 15 行位置，这样只读取一次就可以进行多次删除操作了。但这样当数据删除之后，会造成 datas 字典变量和 students 节点不同步，必须再从 datas 字典变量中删除该条数据，而第 27 行代码 datas.pop(key_id) 就是起到这个作用。

```
1    def CkeckKey(no):
...
8
10   ### 主程序从这里开始 ###
11
12   from firebase import firebase
13   url = 'https://chiouapp01-74bde.firebaseio.com'
14   fb = firebase.FirebaseApplication(url, None)
15   datas=fb.get('/students', None)
16
17   while True:
18   #    datas=fb.get('/students', None)
19       no = input("请输入序号(Enter==>停止输入)")
20       if no=="": break
21       key_id = CkeckKey(int(no))
22       if key_id != "":    # 判断键是否存在
23           print("确定要删除{}的数据?".format(datas[key_id]["name"]))
24           yn=input("(Y/N)?")
25           if (yn=="Y" or yn=="y"):
26               fb.delete('/students/'+key_id,None)
27               datas.pop(key_id)
28               print("数据删除完毕\n")
29       else:
30           print("{} 对应的数据不存在!\n".format(no))
```

put(url , data=word, name=id) 函数

put 方法可更新指定 url 节点的数据，参数 data 表示数据内容，name 表示 id（即这条数据的 Key），若 id 不存在，就新增一条数据。

【例 1】(id 不存在的情况）在 test 节点下更新一条数据，数据的 id 为 "mykey"，数据内容为 {"name":"Lin"}。(put1.py)

```
fb.put(url + '/test/', data={"name":"Lin"}, name="mykey")
```

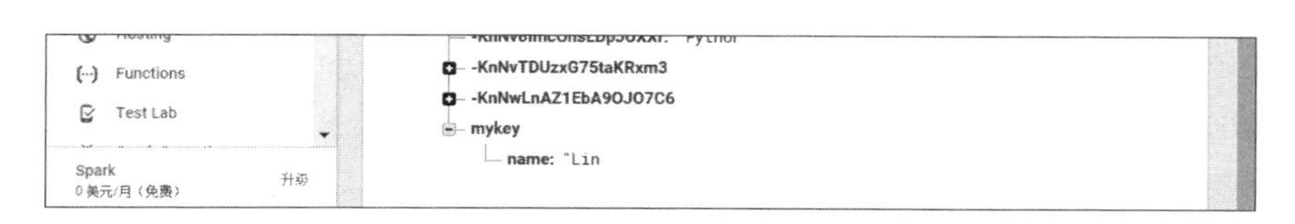

【例 2】(id 存在的情况）在 mykey 中更新一条 {"name":"Mary"} 数据。(put2.py)

```
fb.put(url + '/test/', data={"name":"Mary"}, name="mykey")
```

```
Functions                     -KnNvTDUzxG75taKRxm3
Test Lab                      -KnNwLnAZ1EbA9OJO7C6
                              mykey
Spark                             name: "Mary
0 美元/月（免费）    升级
```

案例：修改指定数据

程序要求如下：students 节点中的数据包括 name 和 no 两个字段，输入一个 no，如果存在，则可修改指定编号对应的数据。

```
In [23]: runfile('D:/pythonex/ch13/edit.py', wdir='D:/pythonex/ch13')

请输入编号(Enter==>停止输入)5
5 对应的数据不存在!


请输入编号(Enter==>停止输入)1
原来姓名：李天龙

请输入姓名：赵德方
{'no': 1, 'name': '赵德方'} 已修改完毕


请输入编号(Enter==>停止输入)
```

比如，输入 2，则 2 号数据可被修改。

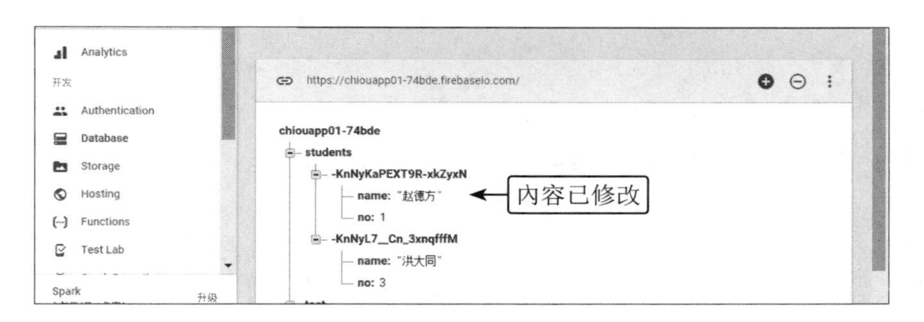

程序代码：ch11\edit.py

```
1     def CkeckKey(no):
2~7   ... 同上一案例
8         return key_id
9
10    ### 主程序从这里开始 ###
11
12    from firebase import firebase
```

```
13  import time
14
15  url = 'https://chiouapp01-74bde.firebaseio.com'
16  fb = firebase.FirebaseApplication(url, None)
17  datas=fb.get('/students', None)
18
19  while True:
20      no = input(" 请输入编号 (Enter==> 停止输入 )")
21      if no=="": break
22      key_id = CkeckKey(int(no))
23      if key_id != "":        # 判断键是否存在
24          print(" 原来姓名：{}".format(datas[key_id]["name"]))
25          name=input(" 请输入姓名：")
26          data = {"no":int(no),"name":name}
27          datas[key_id]=data
28          fb.put(url + '/students/', data=data, name=key_id)
29          time.sleep(2)
30          print("{} 已修改完毕 \n".format(data))
31      else:
32          print("{} 对应的数据不存在 !\n".format(no))
```

程序说明

- 1 ～ 8　自定义函数 CkeckKey，实现根据 no 获取该条数据的 id。
- 17　把 students 节点数据读取到 datas 变量中。
- 19 ～ 32　循环检测输入，并修改输入所指定的 no 数据。
- 21　按 Enter 键结束程序。
- 22　CkeckKey(int(no)) 查询该编号的 id 值，注意 no 必须转换为数值。
- 24　用 datas[key_id]["name"] 取得该 key_id 对应的 name 值。
- 25 ～ 26　把输入的新的姓名更新到 no 对应的字典数据中。
- 27　把 data 更新至 datas 字典列表变量中的 key_id 对应的字典数据中。
- 28　把 data 更新至 students 节点中 id 对应的记录中。

案例：避免数据新增

我们前面说过，使用 post 方法时会新增一条数据，但在数据内容不变的情况下重复执行 post 方法，会导致数据的重复创建（只不过对应的 Key 不一样而已）。为了避免这个问题，我们在新增数据前需要先检查数据是否已经存在。

在 students 节点创建三条数据，每一条数据中包括 name 和 no 两个字段，若数据已经存在，则不再重复插入。

```
IPython console
Console 1/A
runfile('D:/pythonex/ch13/input2.py', wdir='D:/pythonex/ch13')
{'no': 2, 'name': '高一人'} 储存完毕
```

程序再执行一次，数据并不会重复新增。

程序代码：ch11\input2.py

```
1    def CkeckKey(no):
2~7  ... 同上例
8        return key_id
9
10   ### 主程序从这里开始 ###
11
12   from firebase import firebase
13
14   students = [{'no':1 ,'name':'李天龙'},
15   {'no':2,'name':'高一人'},
16   {'no':3,'name':'洪大同'}]
17
18   url = 'https://chiouapp01-74bde.firebaseio.com'
19   fb = firebase.FirebaseApplication(url, None)
20
21   datas=fb.get('/students', None)
22
23   for student in students:
24       no=student["no"] # 读取键名称
25       if CkeckKey(no) == "":        # 判断键是否存在
26           fb.post('/students', student)
27           print("{} 存储完毕".format(student))
```

程序说明

- 1 ～ 11　自定义函数 CkeckKey，实现根据 no 找到该条数据的 id。
- 23 ～ 27　依次新增每一条数据。
- 25　用 CkeckKey 自定义函数检查数据是否已经存在。

11.3 实战：Firebase 版电子词典

学英语是许多人一辈子的麻烦。所以本例中，我们开发一个英汉词典，用户执行程序后，单击“翻译”按钮即可显示该单词的中文翻译。

11.3.1 英汉词典标准版

因为这个案例的数据必须要存储在 Firebase 数据库中，所以我们先通过以下程序来完成单词数据的导入。

数据导入

这个案例中将使用 CSV 文件作为数据来源，CSV 是一种通用而简单的数据格式，我们首先利用程序把 eword.csv 文件中的英文单词全部保存至 Firebase 数据库的 English 节点中。

```
Console 1/A
In [5]: runfile('D:/pythonex/ch13/readcsv.py', wdir='D:/pythonex/
ch13')
{'eword': 'agree', 'cword': '同意'}
{'eword': 'airplane', 'cword': '飞机'}
{'eword': 'almost', 'cword': '几乎'}
{'eword': 'always', 'cword': '总是'}
```

每一条数据的格式为 {id:{'eword':' 英文单词 ','cword':' 中文翻译 '}}。其中 eword 和 cword 都是字符串类型。

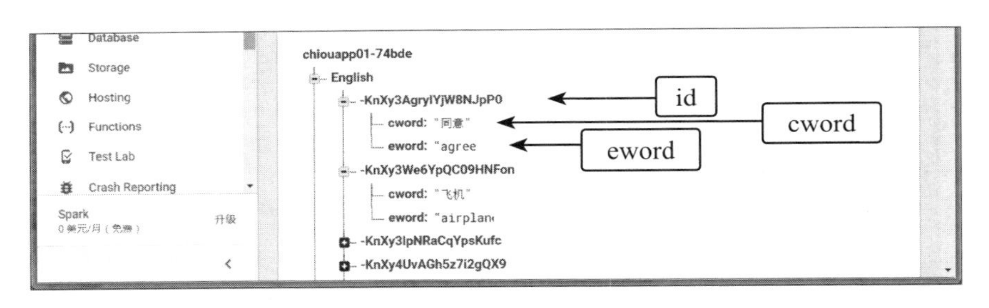

程序代码：ch11\readcsv.py

```
1   def CkeckKey(no):
2       key_id=""
3       if datas != None:
4           for key in datas:
5               if no==datas[key]["eword"]: # 读取键名称
6                   key_id = key
7                   break
8       return key_id
9
10  ### 主程序从这里开始 ###
11
```

```
12 from firebase import firebase
13
14 url = 'https://chiouapp01-74bde.firebaseio.com/English'
15 fb = firebase.FirebaseApplication(url, None)
16 datas=fb.get(url, None)
17
18 with open('eword.csv','r', encoding = 'gbk') as f:
19     for line in f:
20         eword,cword = line.rstrip('\n').split(',')
21         word={'eword':eword,'cword':cword}
22         if CkeckKey(eword) == "":        # 判断键是否存在
23             fb.post(url, word)
24             print(word)
25     print("\n 转换完毕！")
```

程序说明

- 1 ～ 8　自定义函数 CkeckKey，实现根据 no 找到该条数据的 id。
- 14　请注意 url 节点设为 https://chiouapp01-74bde.firebaseio.com/English，而不是 https://chiouapp01-74bde.firebaseio.com。
- 16　读取 https://chiouapp01-74bde.firebaseio.com/English 节点。
- 18 ～ 25　读取 csv 文件后把每条数据逐个插入到数据库中。
- 22 ～ 24　若该条数据不存在，就把该条数据插入到数据库。

应用程序总览

本例已经通过执行前面的 readcsv.py 程序创建了 English 节点数据库，单击“翻译”按钮可以显示该单词的中文翻译，也对单词进行增、删、改操作。(eword.py)

执行程序后，在主菜单中选择 3，可显示已创建的数据库中的单词和中文翻译。

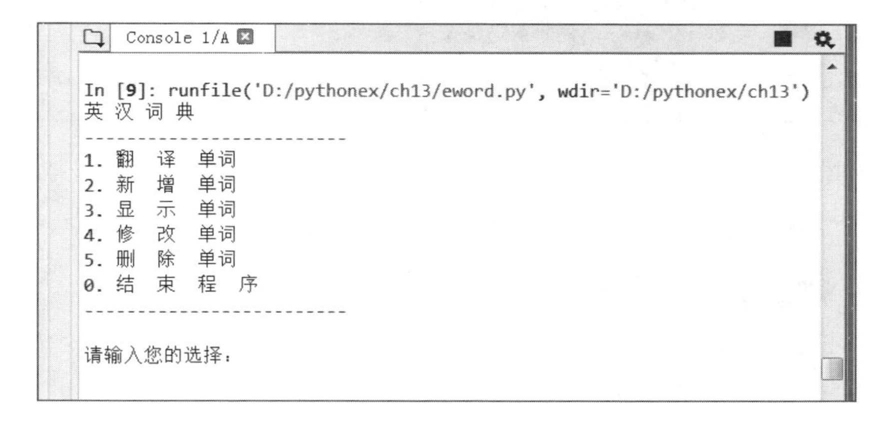

在主菜单中选择 3，可以显示英文单词，每一页会显示 15 条数据。此值可通过第 44 行的 page 值改变，按 Enter 键会显示下一页，按 Q 键会返回主菜单。

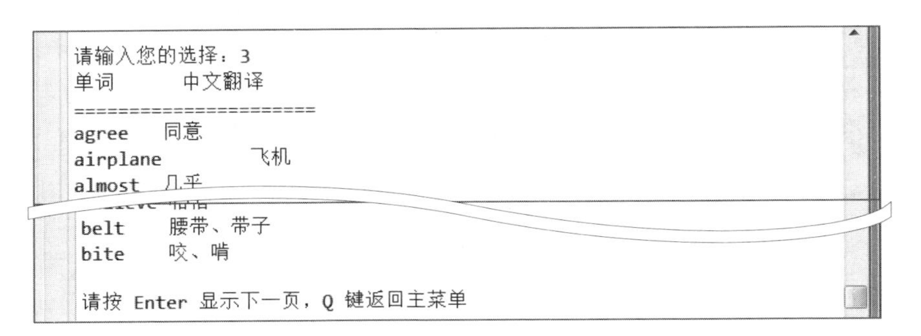

在主菜单中选择 1，可以翻译英文单词，并显示其中文翻译。

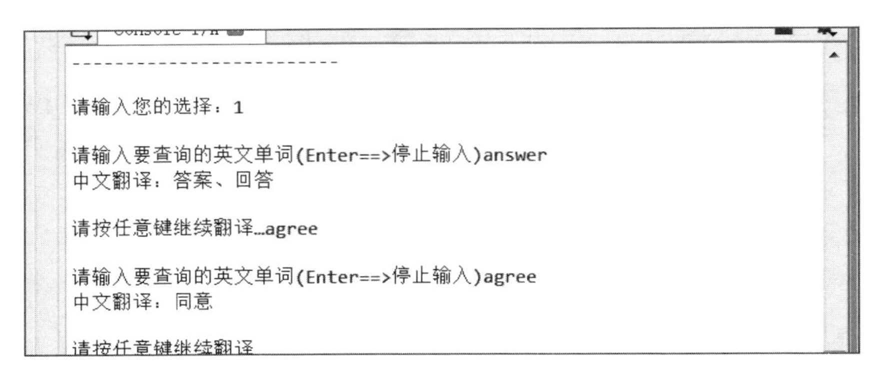

在主菜单中选择 2，可以增加新的单词，例如输入单词 test；中文翻译为“测试”。

```
请输入您的选择：2

请输入英文单词(Enter==>停止输入)test

请输入中文翻译：测试
{'eword': 'test', 'cword': '测试'}已被储存完毕
```

在主菜单中选择 4，可以修改英文单词，例如更改单词 test 的中文翻译为“测验”。

```
请输入您的选择：4

请输入要修改的英文单词(Enter==>停止输入)test
原来中文翻译：测试

请输入中文翻译：测验
```

在主菜单中选择 5，可以删除指定的英文单词，例如删除单词 test 。

```
请输入您的选择：5

请输入要删除的英文单词(Enter==>停止输入)test
确定删除{'eword': 'test', 'cword': '测验'}的数据!:

(Y/N)?y
数据删除完毕


请输入要删除的英文单词(Enter==>停止输入)
```

应用程序内容

程序代码：ch11\eword.py

```
1    def menu():
2        os.system("cls")
3        print(" 英 汉 词 典 ")
4        print("-------------------------")
5        print("1. 翻   译   单   词 ")
6        print("2. 新   增   单   词 ")
7        print("3. 显   示   单   词 ")
8        print("4. 修   改   单   词 ")
9        print("5. 删   除   单   词 ")
10       print("0. 结   束   程   词 ")
11       print("-------------------------")
```

第 1 ～ 11 行，自定义一个函数 menu，用于实现主菜单显示。

程序代码：ch11\eword.py

```
13   def CkeckKey(no):
14       key_id=""
15       if datas != None:
16           for key in datas:
17               if no==datas[key]["eword"]: # 读取键名
18                   key_id = key
19                   break
20       return key_id
```

程序说明

- 13 ～ 20　自定义函数 CkeckKey，实现根据 no 找到该条数据的 id，注意参数 no 为字符串类型。

程序代码：ch11\eword.py

```
22  def input_data():
23      global datas
24      while True:
25          eword =input(" 请输入英文单词 (Enter==> 停止输入 )")
26          if eword=="": break
27          key_id = CkeckKey(eword)
28          if key_id != "":        # 判断键是否存在
29              print("{} 单词已存在 !".format(datas[key_id]))
30              continue
31          cword=input(" 请输入中文翻译 : ")
32          word={'eword':eword,'cword':cword}
33          key_id=fb.post(url, word)["name"]
34          time.sleep(2)
35          if datas == None: datas = dict()
36          datas[key_id]=word
37          print("{} 已被存储完毕 ".format(word))
```

程序说明

■22 ～ 37　自定义函数 input_data，可连续新增数据，按 Enter 键后才会停止输入并返回主菜单。

■27　查询该单词是否已存在，并取回其 id。

■28 ～ 30　若数据已存在，不再新增该数据。

■31 ～ 33　若数据不存在，则输入中文翻译并将数据写回数据库。数据输入成功后会返回一个 dict 对象，并自动产生唯一编号，通过 key_id=fb.post(url, word)["name"] 可以从 name 键中取得这个编号。

■35　如果数据库中不存在任何数据，则把 datas 设为空 dict，这样可避免第 36 行代码设定 datas[key_id]=word 时找不到 datas 的错误。

■36　将该条数据加入 datas 字典变量，以保持 datas 变量和数据库同步。

程序代码：ch11\eword.py

```
39  def disp_data():
40      global datas
41      datas=fb.get(url, None)
42      if datas != None:
43          n,page=0,15
44          for key in datas:
45              if n % page ==0:
```

```
46                 print(" 单词 \t 中文翻译 ")
47                 print("======================")
48             print("{}\t{}".format(datas[key]["eword"],
                 datas[key]["cword"]))
49             n+=1
50             if n == page:
51                 c=input(" 请按 Enter 显示下一页，Q 键返回主菜单 ")
52                 if c.upper() == "Q":return
53                 n=0
54         c=input(" 请按任意键返回主菜单 ")
```

程序说明

■39 ～ 54　自定义函数 disp_data，实现以每页 15 条数据的分页显示效果。

■40 ～ 41　声名 datas 为全局变量，这样在第 41 行才会把 datas 变量更新为数据库取得的数据。

程序代码：ch11\eword.py

```
56  def search_data():
57      while True:
58          eword =input(" 请输入要查询的英文单词 (Enter==> 停止输入 )")
59          if eword=="": break
60          key_id = CkeckKey(eword)
61          if key_id != "":        # 判断键是否存在
62              print(" 中文翻译：{}".format(datas[key_id]["cword"]))
63          else:
64              print("{} 单词不存在 !\n".format(eword))
65          input(" 请按任意键继续查询……")
```

程序说明

■56 ～ 65　自定义函数 search_data，用于查询英文单词。

■62　根据该数据的 id，即可取得其内容。datas[key_id]["cword"] 可以取得中文翻译。

程序代码：ch11\eword.py

```
67  def edit_data():
68      while True:
69          eword =input(" 请输入要修改的英文单词 (Enter==> 停止输入 )")
70          if eword=="": break
71          key_id = CkeckKey(eword)
72          if key_id != "":        # 判断键是否存在
```

```
73              print("原来中文翻译：{}".format(datas[key_id]["cword"]))
74              cword=input("请输入中文翻译：")
75              word={'eword':eword,'cword':cword}
76              datas[key_id]=word
77              fb.put(url + '/', data=word, name=key_id)
78              time.sleep(2)
79              print("{} 已修改完毕 \n".format(word))
80          else:
81              print("{} 单词不存在 !\n".format(eword))
```

程序说明

■67 ～ 81　自定义函数 edit_data，用于修改英文单词。

■72 ～ 74　英文单词存在才允许修改，并输入新的中文翻译。

■75 ～ 77　将数据写回数据库中，同时用 datas[key_id]=word 把该数据更新到 datas 字典变量中。

程序代码：ch11\eword.py

```
83  def delete_data():
84      while True:
85          eword =input("请输入要删除的英文单词 (Enter==> 停止输入 )")
86          if eword=="": break
87          key_id = CkeckKey(eword)
88          if key_id != "":          # 判断键是否存在
89              print("确定删除 {} 的数据 !：".format(datas.get(key_id)))
90              yn=input("(Y/N)?")
91              if (yn=="Y" or yn=="y"):
92                  fb.delete(url + '/' + key_id,None)
93                  datas.pop(key_id)
94                  print("数据删除完毕 \n")
95          else:
96              print("{} 单词不存在 !\n".format(eword))
```

程序说明

■83 ～ 96　自定义函数 delete_data，实现单词的删除。

■88 ～ 94　检查数据是否存在，若数据存在，输入 Y 进行删除。

程序代码：ch11\eword.py

```
99  ### 主程序从这里开始 ###
100
101 import time,os
```

```
102  from firebase import firebase
103
104  url = 'https://chiouapp01-74bde.firebaseio.com/English'
105  fb = firebase.FirebaseApplication(url, None)
106  datas=fb.get(url, None)
107
108  while True:
109      menu()
110      choice = input("请输入您的选择：")
111      try:
112          choice = int(choice)
113          if choice==1:
114              search_data()
115          elif choice==2:
116              input_data()
117          elif choice==3:
118              disp_data()
119          elif choice==4:
120              edit_data()
121          elif choice==5:
122              delete_data()
123          else:
124              break
125      except:
126          print("\n 非法按键！")
127          time.sleep(1)
128  print("程序执行完毕！ ")
```

程序说明

- 104 ～ 106　创建 Firebase 数据库连接。
- 104　读取 https://chiouapp01-74bde.firebaseio.com/English 节点数据。注意：本例将 url 节点设为 https://chiouapp01-74bde.firebaseio.com/English，而不是 https://chiouapp01-74bde.firebaseio.com。
- 108 ～ 129　根据选择的输入值执行各项操作，同时捕捉非法的按键。

11.3.2 英汉词典进阶版

用 post 方法创建的数据会自动产生一个 id（Key），但有时也常常为了取得这个 id 而让程序难以处理。以英汉词典标准版来说，它的数据结构如下：

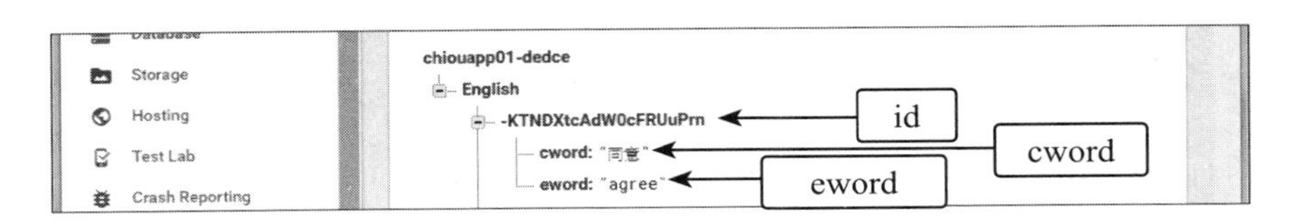

如果将每条数据都改为 {eword:cword} 结构，则会让代码更简化。也就是 id（Key）就是英文单词，而数据内容（Value）就是中文翻译。如下：

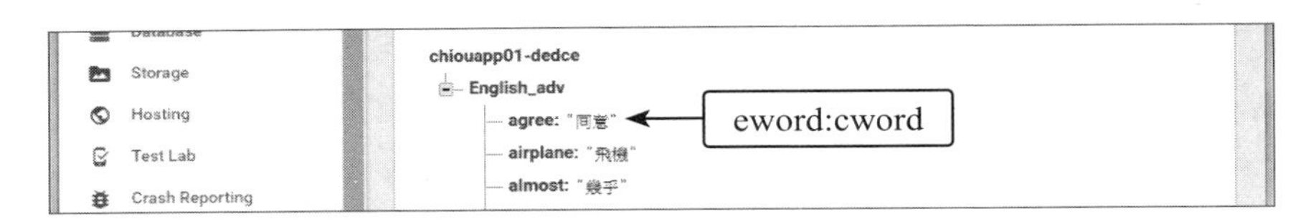

要完成这个要求，则需要用到 put 方法。例如：在 English_adv 节点创建 {'agree':'同意'} 这条数据。

```
url = 'https://chiouapp01-74bde.firebaseio.com/English_adv/'
fb = firebase.FirebaseApplication(url, None)
eword='agree'
cword=' 同意 '
fb.put(url, data=cword,name=eword)
```

导入程序数据

本例的执行结果和前面的例子非常相似，本例在“3. 显示单词”的功能中，加入了以英文单词由小到大排序的功能。

先执行 readcsv_adv.py 程序，以创建 English_adv 节点数据库。执行后会读取 eword_less.csv 文件中的实验数据，我们只加载 6 条数据。

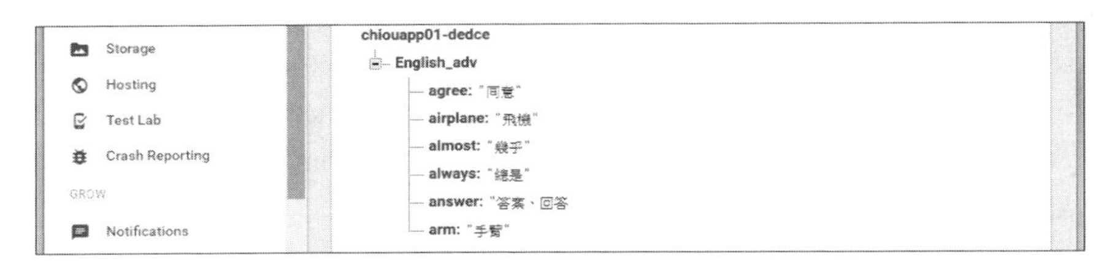

应用程序内容

程序代码：ch11\eword_adv\readcsv_adv.py

```
1    def CkeckKey(no):
```

```
…    同上
13
14  url = 'https://chiouapp01-74bde.firebaseio.com/English_adv/'
15  fb = firebase.FirebaseApplication(url, None)
16  datas=fb.get(url, None)
17
18  with open('eword_less.csv','r', encoding = 'Gbk') as f:
19      for line in f:
20          eword,cword = line.rstrip('\n').split(',')
21          if CkeckKey(eword) == "":        # 判断键是否存在
22              fb.put(url, data=cword,name=eword)
23              print(eword,":",cword)
24      print("\n 转换完毕 !")
```

程序说明

■22　　用 put 方法新增数据，数据的 Key 为 eword，Value 为 cword。

因为大部分代码和前面例子相似，我们只列出需要对照的部分。

程序代码：ch11\eword_adv\eword_adv.py

```
22   def input_data():
23       global datas
24       while True:
25           eword =input(" 请输入英文单词 (Enter==> 停止输入 ) ")
26           if eword=="": break
27           key_id = CkeckKey(eword)
28           if key_id != "":        # 判断键是否存在
29               print("{} 单词已存在 !".format(datas.get(key_id)))
30               continue
31           cword=input(" 请输入中文翻译 : ")
32           fb.put(url, data=cword,name=eword)
33           time.sleep(2)
34           if datas == None: datas = dict()
35           datas[eword]=cword
36           print(eword,":",cword," 已存储完毕 !")
```

程序说明

■25　　输入英文单词，这个英文单词就是 dict 数据的 Key。

■29　　datas.get(key_id) 可以取得值，即中文翻译。

■32　　新增数据。

■35　　将该条数据加入 datas 字典变量中，保持 datas 变量和数据库同步。

程序代码：ch11\eword_adv\eword_adv.py

```
38  def disp_data():
39      global datas
40      datas=fb.get(url, None)
41      if datas != None:
42          dc_sort = sorted(datas.items(),key = operator.itemgetter(0))
43          n,page=0,15
44          for item in dc_sort:
45              if n % page ==0:
46                  print(" 单词 \t 中文翻译 ")
47                  print("======================")
48              key=item[0]
49              print("{}\t{}".format(key,item[1]))
...
```

程序说明

■42　将 datas 字典根据字母进行排序后赋给 dc_sort 列表变量，key=operator.itemgetter(0) 表示按第 0 个字段（Key 字段）排序。

■49　列表对象 item 中的 item[0] 和 item[1] 分别是单词和中文翻译 。

程序代码：ch11\eword_adv\eword_adv.py

```
57  def search_data():
58      while True:
59          eword =input(" 请输入要翻译的英文单词 (Enter==> 停止输入 )")
60          if eword=="": break
61          key_id = CkeckKey(eword)
62          if key_id != "":        # 判断键是否存在
63              print(" 中文翻译 : {}".format(datas[key_id]))
...
```

程序说明

■63　根据该条数据的 id 可以取得其内容，所以通过 datas.get(key_id) 可以取得单词的中文翻译。

程序代码：ch11\eword_adv\eword_adv.py

```
68  def edit_data():
69      while True:
70          eword =input(" 请输入要修改的英文单词 (Enter==> 停止输入 )")
71          if eword=="": break
72          key_id = CkeckKey(eword)
```

```
73            if key_id != "":         # 判断键是否存在
74                print(" 原来中文翻译：{}".format(datas[key_id]))
75                cword=input(" 请输入中文翻译：")
76                datas[key_id]=cword
77                fb.put(url + '/', data=cword, name=key_id)
...
```

程序说明

■75 ～ 77　把 key_id 的内容赋给 Key，同时通过 datas[key_id]=cword 更新 datas 字典中的该条数据。

程序代码：ch11\eword_adv\eword_adv.py

```
83  def delete_data():
84      while True:
85          eword =input(" 请输入要删除的英文单词（Enter==> 停止输入）")
86          if eword=="": break
87          key_id = CkeckKey(eword)
88          if key_id != "":         # 判断键是否存在
89              print(" 确定删除 {} 的数据！".format(datas[key_id]),end="")
90              yn=input("(Y/N)?")
91              if (yn=="Y" or yn=="y"):
92                  fb.delete(url + '/' + key_id,None)
93                  datas.pop(key_id)
...
```

程序说明

■92　删除指定的英文单词（Key 为 key_id）。

■93　从 datas 定典中删除该条数据。

```
99  ### 主程序从这里开始 ###
100
101 import time,os
102 from firebase import firebase
103 import operator
104
105 url = 'https://chiouapp01-74bde.firebaseio.com/English_adv'
106 fb = firebase.FirebaseApplication(url, None)
107 datas=fb.get(url, None)
108
...（选项选择程序略）
```

程序说明

- ■103　要对数据进行排序，需要导入 operator 包。
- ■104　url 为 https://chiouapp01-74bde.firebaseio.com/English_adv，即项目下的 English_adv 节点。

实战：批量更改文件夹、文件名及文件查找

Python 在文件处理方面表现突出，关于文件的处理也是很多人经常用到的功能。所以，我们在本章中将对 Python 的文件处理的技巧进行综合应用，比如把大量文件的复制、按指定的文件名进行保存、找出重复的照片、将所有的图片更改为相同大小等。

除此之外，用户还可以利用 Python 程序来实现文件的查找功能。

12.1 文件管理应用

本章我们要利用前面学会的基础知识，设计一些实用的案例，包括大量文件的复制、根据指定的名称保存文件、找出重复照片、将所有的图片更改为相同的大小。

在日常生活中，我们也许还有过这样的体会：经常忘记以前创建的文件的保存位置，这也可以利用 Python 程序来解决。

12.1.1 实战：根据指定的编号保存文件

首先用 os.walk 方法把批量的图片按指定的编号进行复制，os.walk 方法可以搜索指定目录及子目录下的所有文件。

应用程序概述

读取当前目录及子目录下的所有 jpg 文件，并复制到该目录下的 output2 目录，文件名以 p0.jpg、p1.jpg 的形式进行编号。

```
In [72]: runfile('D:/pythonex/ch14/photoRenum.py', wdir='D:/
pythonex/ch14')
D:/pythonex/ch14\pic/output2/p0.jpg
D:/pythonex/ch14\pic/output2/p1.jpg
D:/pythonex/ch14\pic/output2/p2.jpg
D:/pythonex/ch14\pic/output2/p3.jpg
D:/pythonex/ch14\pic/output2/p4.jpg
D:/pythonex/ch14\pic/output2/p5.jpg
D:/pythonex/ch14\pic/output2/p6.jpg
完成...
```

从本例文件的 pic 子目录中找到 jpg 文件，并将文件名改为 p0.jpg ~ p6.jpg，然后保存至 output2 目录下。

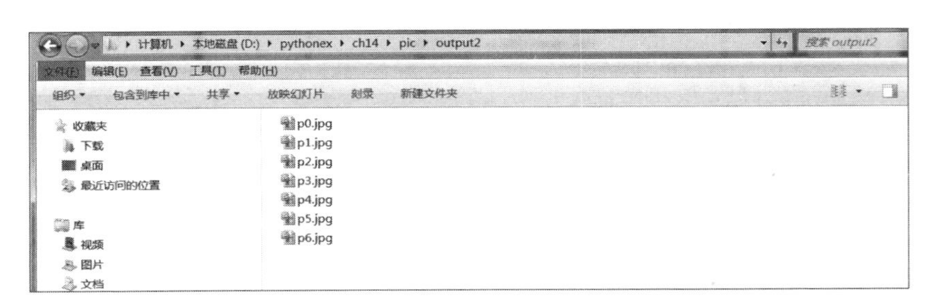

应用程序内容

程序代码：ch12\photoRenum.py

```
1   import os,shutil
2   cur_path=os.path.dirname(__file__) # 取得当前路径
3   sample_tree=os.walk(cur_path)
4   output_dir = 'output2'
5
6   for dirname,subdir,files in sample_tree:
7       allfiles=[]
8       basename= os.path.basename(dirname)
9       if basename == output_dir:  # output2 目录不再重复处理
10          continue
11
12      for file in files:  # 读取所有 jpg 文件名，存入 allfiles 串行中
13          ext=file.split('.')[-1]
14          if ext=="jpg": # 读取 *.jpg to allfiles
15              allfiles.append(file)
16
17      if len(allfiles)>0: # 将 jpg 存入 output 目录中
18          target_dir = dirname + '/' + output_dir
19          if not os.path.exists(target_dir):
20              os.mkdir(target_dir)
21          counter=0
22          for file in allfiles:
23              filename=file.split('.')[0] # 取主文件名
24              ext=file.split('.')[1]      # 取扩展文件名
25              m_filename = "p" + str(counter)
26              destfile = "{}.{}".format(target_dir+'/'+
                  m_filename, ext) # 加上完整路径
27              srcfile=dirname + "/" + file
28              print(destfile)
29              shutil.copy(srcfile,destfile); # 复制文件
30              counter +=1
31
32  print("完成...")
```

程序说明

■ 2 ～ 3　取得当前路径，并以 os.walk() 查找当前路径及其子目录。

■ 4　储存文件的文件夹为 output2。

■ 6 ～ 30　读取文件夹名、下一层文件夹列表和文件夹中所有文件列表。

■ 8 ～ 10　如果文件夹中存在名为 output2 的文件夹，则此文件夹不处理。23 ～ 30 行中会生成 output2 文件夹，并将 .jpg 复制到 output2 文件夹中。为了避免第二次执行再对 output2 进行处理，因此在第 9 行中单独对名为 output2 的文件夹进行处理。

■ 12 ～ 15　读取所有后缀为 jpg 的文件，存入 allfiles 列表中。

■ 13　将文件的扩展名存至 ext 变量中。

■ 17 ～ 30　确认有文件才处理，以免做无谓的操作。

■ 18 ～ 20　如果 output2 文件夹不存在，则创建 output2 文件夹。

■ 23 ～ 30　逐个复制所有的 jpg 文件，源文件为 srcfile，用 srcfile=dirname + "/" + file 组成文件完整的路径名。

■ 26　destfile 是目标文件，通过 target_dir + '/' + m_filename + ext 来生成完整路径名，即 output2\p0.jpg，output2\p1.jpg 等。

■ 29　复制文件。

12.1.2 实战：大批文件复制搬移及重新命名

在计算机文件的操作中，常会有需要将大量的文件重新命名后再分别整理到指定的文件夹，Python 可以利用它特殊的文件处理能力，轻松地完成任务。

应用程序总览

在这个范例中，用户希望能对当前目录及子目录下的所有 mp3 文件进行处理，除了滤除不合法字符，再依新的命名原则更改档名后复制到 <output> 目录中。

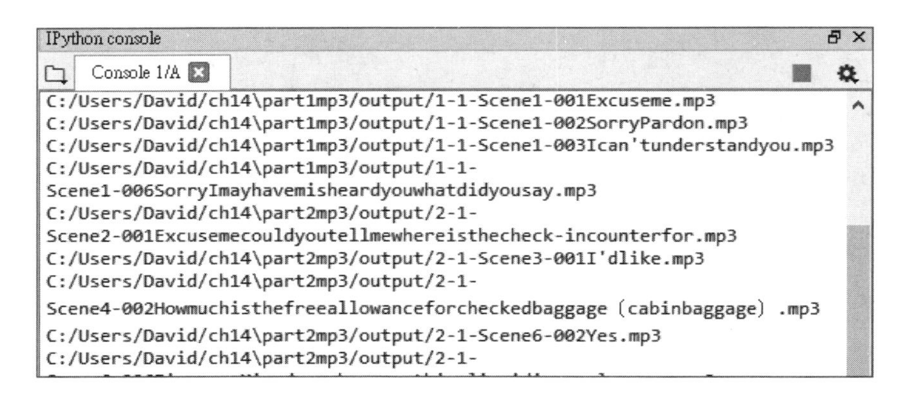

在本范例文件的 <part1mp3>、<part2mp3>、<part3mp3> 子目录中找到 mp3 文件，

并将文件名中的不合法字符滤除，将新的合法文件名复制到 <output> 目录。

例如：执行后 <part1mp3> 的 <output> 有 4 个文件，文件名中不合法的字符已被去除。

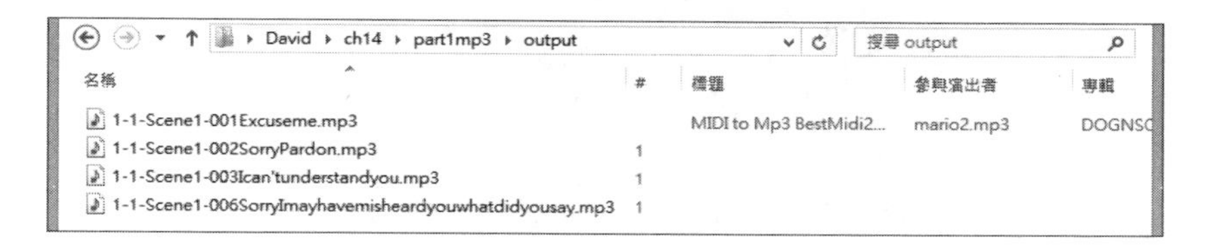

应用程序内容

程序代码：ch12\mp3Copy.py

```
1   import os,shutil
2   output_dir = 'output'
3   cur_path=os.path.dirname(__file__) # 取得当前路径
4   sample_tree=os.walk(cur_path)
5
6   for dirname,subdir,files in sample_tree:
7       allfiles=[]
8       basename= os.path.basename(dirname)
9       if basename == output_dir:  # output 目录不再重复处理
10          continue
11
12      for file in files:  # 读取所有 mp3 文件名，存入 allfiles 列表中
13          ext=file.split('.')[-1]
14          if ext=="mp3": # 读取 *.mp3 to allfiles
15              allfiles.append(file)
16
17      if len(allfiles)>0: # 将 mp3 存入 output 目录中
18          target_dir = dirname + '/' + output_dir
19          if not os.path.exists(target_dir):
20              os.mkdir(target_dir)
21
22          for file in allfiles:
23              filename=file.split('.')[0] # 主档名
24              m_filename =""
25              for c in filename: # 将主文件名中不合法的字符去除
26                  if c==" " or c=="." or c=="," or c=="、"
                         or c=="，" or c=="(" or c==")":
27                      m_filename += ""  # 去除不合法字符
```

```
28                else:
29                    m_filename += c
30
31            destfile = "{}.{}".format(target_dir+'/'+
                m_filename, ext) # 加上完整路径
32            srcfile=dirname + "/" + file
33            print(destfile)
34            shutil.copy(srcfile,destfile); # 复制文件
35
36    print(" 完成 ...")
```

程序说明

- 2　　　　储存文件的文件夹为 output。
- 8 ～ 10　　如果是 output 文件夹，不必重复处理。
- 12 ～ 15　读取所有 mp3 文件名，存入 allfiles 列表中。
- 22 ～ 34　逐一处理所有的 mp3 文件。
- 23　　　　取得文件的主文件名。
- 25 ～ 29　去除文件名中不合法的字符，包括“" "”“.”“,”“、”“，”“(」、「)”等，这些要滤除的字符可视实际状况调整。
- 34　　　　复制文件到 <output> 文件夹。

12.1.3 实战：找出重复的照片

电脑中的照片经过复制及移动，难免有些名称相同的照片，但内容可能不一样。利用 hashlib.md5() 可以轻松比较两张照片是否相同。

应用程序概括

读取当前目录及子目录下的所有 png 和 jpg 文件，比较重复的照片。

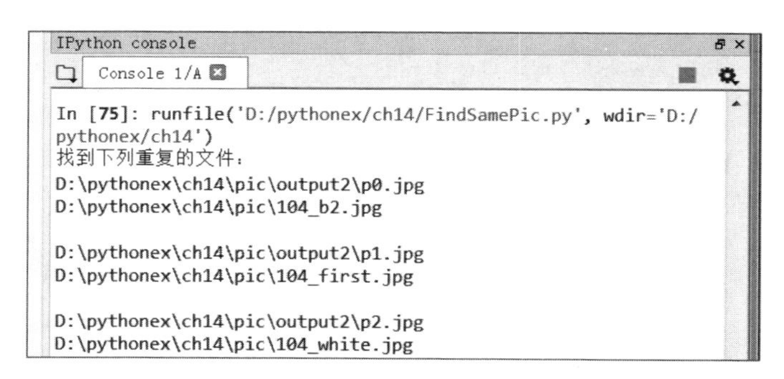

应用程序代码

程序代码：ch12\FindSamePic.py

```
1   import os,hashlib
2   cur_path=os.path.dirname(__file__) # 取得当前路径
3   sample_tree=os.walk(cur_path)
4
5   allmd5s = dict()
6   n=0
7   for dirname,subdir,files in sample_tree:
8       allfiles=[]
9       for file in files:  # 取得所有.png和.jpg文件，存入 allfiles 列表中
10          ext=file.split('.')[-1]
11          if ext=="png" or ext=="jpg":
12              allfiles.append(dirname +'/'+file)
13
14      if len(allfiles)>0:
15          for imagefile in allfiles:
16              img_md5 = hashlib.md5(open(imagefile,'rb').read()).digest()
17              if img_md5 in allmd5s:
18                  if n==0:
19                      print("找到下列重复的文件：")
20                      n+=1
21                  print(os.path.abspath(imagefile))
22                  print(allmd5s[img_md5] + "\n")
23              else:
24                  allmd5s[img_md5] = os.path.abspath(imagefile)
25
26  print("完成...")
```

程序说明

- 1　导入 hashlib 包。
- 8 ～ 12　读取所有 png 和 jpg 文件，存入 allfiles 列表中。
- 14 ～ 24　逐个取出照片文件并与其目录下（包含所有子目录）的所有照片进行比较。
- 16　创建 md5 编码并存至 img_md5。
- 17 ～ 22　如果 img_md5 编码在 allmd5s 列表中已经存在，表示该照片重复。
- 23 ～ 24　否则将 img_md5 加入 allmd5s 列表中。

12.1.4 实战：把图片文件改为相同大小

制作网页或往网站传输图片时，很多时候会要求规定大小的图片，遇到这种情况，如果只有少量文件，手动改一下图片尺寸就可以了；但如果需要调整大小的图片量非常多，我们就可以用 Python 来进行自动处理。

更改图片大小的操作必须要用 Image 对象，所以首先要导入 Image 包：

```
from PIL import Image
```

导入之后就可通过 Image.open(file) 来建立编辑该照片的 Image 对象，再通过该对象的方法来更改照片大小。

例如：创建 Image 对象 img，先以 size 属性取得照片的宽和高，再用 resize() 方法调整其宽度和高度，然后用 save() 方法进行保存，最后用 close() 方法关闭对象。

```
from PIL import Image
img = Image.open(file)
w,h = img.size
img = img.resize((image_width,int(image_width/float(w)*h)))
img.save(target_dir+'/'+filename)
img.close()
```

应用程序总览

读取当前目录及子目录下的所有 png 和 jpg 文件，把照片宽度设为 800pixel，高度按比例调整，并把新的文件复制到 resized_photo 目录下。

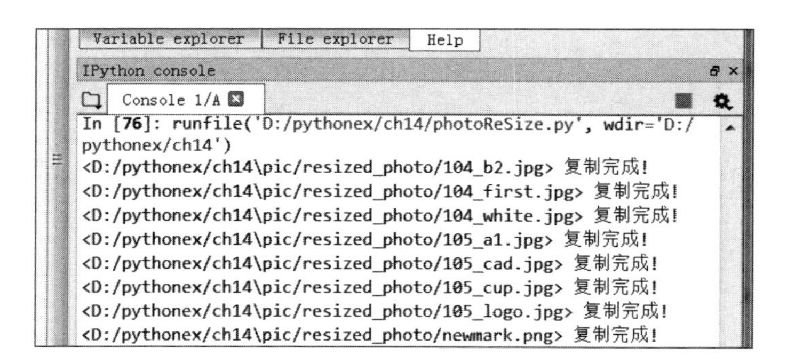

程序代码

程序代码：ch12\photoReSize.py

```
1    import os
```

```
2   from PIL import Image
3
4   image_dir = 'resized_photo'
5   image_width = 800
6
7   cur_path=os.path.dirname(__file__) # 取得当前路径
8   sample_tree=os.walk(cur_path)
9
10  for dirname,subdir,files in sample_tree:
11      allfiles=[]
12      basename= os.path.basename(dirname)
13      if basename == image_dir:  # resized_photo 目录不再重复处理
14          continue
15      for file in files:  # 取得所有 .png 和 .jpg 文件，存入
                              allfiles 列表中
16          ext=file.split('.')[-1]
17          if ext=="png" or ext=="jpg":
18              allfiles.append(dirname +'/'+file)
19
20      if len(allfiles)>0:
21          target_dir = dirname + '/' + image_dir
22          if not os.path.exists(target_dir):
23              os.mkdir(target_dir)
24          for file in allfiles:
25              pathname,filename = os.path.split(file)
26              img = Image.open(file)
27              w,h = img.size
28              img = img.resize((image_width,int(image_width/float(w)*h)))
29              img.save(target_dir+'/'+filename)
30              print("<{}> 复制完成 !".format(target_dir+'/'+filename))
31              img.close()
32
33  print(" 完成 ...")
```

程序说明

■ 2　导入 Image 包。

■ 5　把图片宽度设为 800 pixel。

■ 15 ～ 18　读取所有 png 和 jpg 文件，存入 allfiles 列表中。

■ 24 ～ 31　逐个取出图片文件并调整其宽度、高度后，保存于 resized_photo 目录下。

12.2 在多个文件中查找指定的字符

本单元中我们用 Python 程序来实现在多文件中查找指定字符的功能，包括文本文件 Word 文件，当然也可以通过其它的包来扩充文件查找的种类。

12.2.1 实战：在多个文本文件中查找

我们首先来学习文本文件的查找字符。我们通过 os.walk 扩大查找范围，以实现查找指定目录和子目录下的文件。

应用程序总览

读取当前目录及子目录下的所有 py 和 txt 文本文件，搜索这些文件中是否包含指定的字符“shutil”。

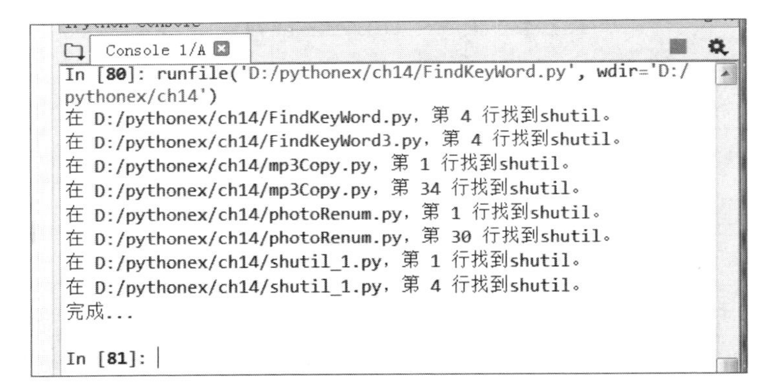

应用程序内容

程序代码：ch12\FindKeyWord.py

```
1   import os
2   cur_path=os.path.dirname(__file__) # 取得当前路径
3   sample_tree=os.walk(cur_path)
4   keyword="shutil"
5
6   for dirname,subdir,files in sample_tree:
7       allfiles=[]
8       for file in files:   # 取得所有 .py 和 .txt 文件，存入 allfiles 列表中
9           ext=file.split('.')[-1]
```

```
10          if ext=="py" or ext=="txt":
11              allfiles.append(dirname +'/'+file)
12
13      if len(allfiles)>0:
14          for file in allfiles:  # 读取 allfiles 列表所有文件
15              try:
16                  fp = open(file, "r", encoding = 'UTF-8')
17                  article = fp.readlines()
18                  fp.close
19                  line=0
20                  for row in article:
21                      line+=1
22                      if keyword in row:
23                          print("在 {}, 第 {} 行找到 {}。"
                              .format(file,line,keyword))
24              except:
25                  print("{} 无法读取 ..." .format(file))
26
27  print("完成 ...")
```

程序说明

■ 8 ～ 11　读取所有 py 和 txt 文件，存入 allfiles 列表中。

■ 18 ～ 25　逐个读取所有文件后逐行进行对比，看是否包含指定字符。读取文件时通过 try...except 语句来捕捉异常，以防程序中止。

12.2.2 实战：在 Word 文件中查找指定字符

接着我们来学习在 Word 文件中查找指定的字符。对以 docx 为后缀的文件进行搜索，需要先安装 python-docx 包：

```
pip install python-docx
```

安装完毕后导入 docx 包，再用 docx.Document() 方法创建 docx 对象来读取指定的 docx 文件，每个 docx 文件包含多个 paragraphs 段落，可通过 text 属性来读取 paragraphs 段落的内容。

例如：读取“简介 .docx”文件并显示所有段落内容。(readdocx.py)

```
import docx
doc = docx.Document("简介 .docx")
for p in doc.paragraphs:
    print(p.text)
```

应用程序总览

读取当前目录及子目录下所有 docx 格式的 Word 文件，并在这些文件中查找是否包含“篮球”字符。

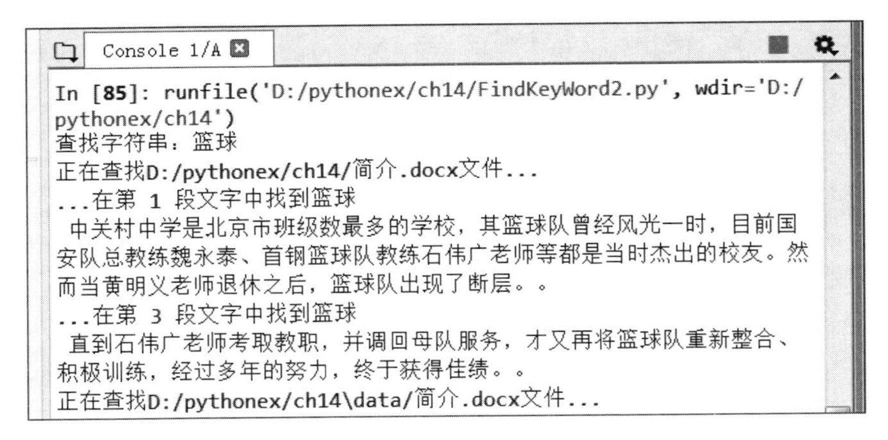

应用程序内容

程序代码：ch12\FindKeyWord2.py

```
1   import os,docx
2   cur_path=os.path.dirname(__file__) # 取得当前路径
3   sample_tree=os.walk(cur_path)
4
5   keyword="篮球"
6   print("查找字符串：{}" .format(keyword))
7
8   for dirname,subdir,files in sample_tree:
9       allfiles=[]
10      for file in files:   # 取得所有 .docx 文件并存入 allfiles 列表中
11          ext=file.split('.')[-1]
12          if ext=="docx": # get *.docx to allfiles
13              allfiles.append(dirname +'/'+file)
14
15      for file in allfiles:
16          print("正在查找 {} 文件 ...".format(file))
17          try:
18              doc = docx.Document(file)
19              line=0
20              for p in doc.paragraphs:
```

```
21                  line+=1
22                  if keyword in p.text:
23                      print("... 在第 {} 段文字中找到 {}\n {}。"
                          .format(line,keyword,p.text))
24          except:
25              print(" 无法读取 {} 文件 ..." .format(file))
26
27  print("\n 查找完毕 ...")
```

程序说明

- 1,18　　导入 docx 包，创建 docx 对象。
- 8 ～ 13　　读取所有 docx 文件，存入 allfiles 列表中。
- 15 ～ 25　　逐个读取所有文件，通过 try...except 捕捉异常，以防程序中止。
- 20 ～ 23　　逐段读取所有段落，对比该段是否包含指定字符。

另一种比较好的查找方式是在 Anaconda Prompt 窗口中，通过 python FindKeyWord3.py 命令行来执行查找字符的程序。

例如：查找“shutil”字符。

```
python FindKeyWord3.py shutil
```

例如：查找“篮球”字符。

```
python FindKeyWord3.py 篮球
```

注意：Python 应用程序 FindKeyWord3.py 的路径中不能包含中文路径，本例是把光盘中的所有内容复制到 D:\pythonex 目录下，即 D:\pythonex\ch12，然后再在 Anaconda Prompt 窗口中进行执行。如下图：

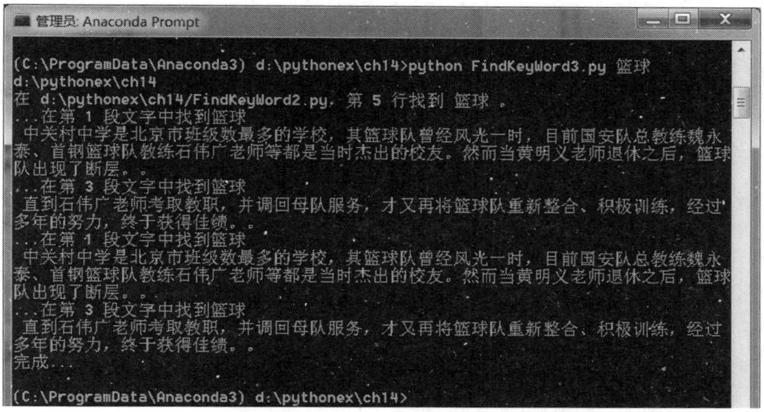

```
管理员: Anaconda Prompt
(C:\ProgramData\Anaconda3) d:\pythonex\ch14>python FindKeyWord3.py 篮球
d:\pythonex\ch14
在 d:\pythonex\ch14/FindKeyWord2.py，第 5 行找到 篮球 。
...在第 1 段文字中找到篮球
 中关村中学是北京市班级数最多的学校，其篮球队曾经风光一时，目前国安队总教练魏永泰、首钢篮球队教练石伟广老师等都是当时杰出的校友。然而当黄明义老师退休之后，篮球队出现了断层。。
...在第 3 段文字中找到篮球
 直到石伟广老师考取教职，并调回母队服务，才又再将篮球队重新整合、积极训练，经过多年的努力，终于获得佳绩。。
...在第 1 段文字中找到篮球
 中关村中学是北京市班级数最多的学校，其篮球队曾经风光一时，目前国安队总教练魏永泰、首钢篮球队教练石伟广老师等都是当时杰出的校友。然而当黄明义老师退休之后，篮球队出现了断层。。
...在第 3 段文字中找到篮球
 直到石伟广老师考取教职，并调回母队服务，才又再将篮球队重新整合、积极训练，经过多年的努力，终于获得佳绩。。
完成...

(C:\ProgramData\Anaconda3) d:\pythonex\ch14>
```

完整程序请参考 FindKeyWord3.py，因大部分程序代码已在前面讲过，这里只列出需要对照的部分。

程序代码：ch12\FindKeyWord3.py

```
1    import os,docx,sys
2
3    if len(sys.argv) == 1:
4        keyword="shutil"
5        print(" 语法：Python FindKeyWord3.py 查找字符串 \n")
6    else:
7        keyword=sys.argv[1]
8
9   #cur_path=os.path.dirname(__file__) # 取得当前路径
10   cur_path=os.getcwd()
```

程序说明

■1,3　导入 sys 包，通过 len(sys.argv) 取得参数的个数，如果我们是在 Anaconda Prompt 窗口执行 python FindKeyWord3.py 篮球指令，则参数的个数是 2，第 0 和第 1 个参数分别是 FindKeyWord3.py 和篮球。

■7　设定第 1 个参数为“篮球”。

■10　改用 os.getcwd() 取得现在的路径名称。

程序代码：ch12\FindKeyWord3.py

```
21      if len(allfiles)>0:
22          for file in allfiles:  # 读取 allfiles 列表中的所有文件
23              try:
24                  if file.split('.')[-1]=="docx": # .docx
25~30                     处理 docx 查找
31                  else:  # .py or .txt
32~39                     处理 .py or .txt 查找
40              except:
41                  print("{} 无法读取 ..." .format(file)
```

■21 ～ 41　同时加入 .docx、.py 和 .txt 文件的查找。

Chapter 13

实战：音乐播放器

除了对图片、Word 等普通格式的文件进行处理外，Python 还有强大的多媒体文件操作能力，如对音频、视频文件的操作。

如果要播放音乐，我们可以用 pygame 包中的 mixer 对象。mixer 对象中可以用 Sound 和 music 对象进行音乐播放。Sound 对象适合播放较短的音乐，如 OGG 和 WAV 格式的音频文件；而 music 对象除了可播放 OGG 和 WAV 音频文件外，还可以播放 MP3 文件，并进行相关的控制。

13.1 关于音乐与音乐的播放

pygame 是一个适合开发游戏的包，可以创建包括卷标、按钮、图形等接口的应用程序，也可以用来播放音乐。

13.1.1 使用 pygame 包

首先必须安装 pygame 包，如下：

```
pip install pygame
```

安装完 pygame 包，就可以从 pygame 导入 mixer 对象。

```
from pygame import mixer
```

13.1.2 mixer 对象

mixer 对象可以播放音乐，使用 mixer 前必须用 init() 方法进行初始化。

```
from pygame import mixer
mixer.init()
```

mixer 对象中提供了 Sound 和 music 两个对象用于播放音乐，其中 Sound 可播放 OGG 和 WAV 等较短的音频文件；而 music 除了可播放 OGG 和 WAV 音频文件外，还可以播放 MP3 音频文件，较适合播放较长的音乐。

音频文件不可使用中文

注意：不管是Sound还是music对象，其播放的音频文件名中都不能包含中文，否则执行会产生错误。

13.2 音效播放

13.2.1 Sound 对象

mixer 对象的 Sound 方法可以创建 Sound 对象，再利用 Sound 对象播放音效。语法如下：

```
对象 = mixer.Sound(音频文件名)
```

例如：创建 Sound 对象 sound，播放 hit.wav 音效一次。（sound1.py）

```
from pygame import mixer
mixer.init()
sound = mixer.Sound("wav/hit.wav")
sound.play()
```

利用 Sound 提供的方法，可以控制音乐的播放，Sound 对象提供下列方法：

方法	说明
play(loops=0)	播放音效，loops 表示播放次数，默认值为 0，表示播放 1 次；loops=5 可播放 6 次；loops=-1 可重复播放
stop()	结束播放
set_volume(value)	设置音量，音量由最小至最大为 0.0 ～ 1.0
get_volume(value)	取得当前音量

13.2.2 实战：制作一个音效播放器

现在，我们要在这个案例中用 Sound 对象制作一个音效播放器。

应用程序总览

程序在执行后默认会把 WAV 音频文件加载到清单中，单击“播放”按钮可开始播放，同时显示“正在播放 xxx 音效”的信息。

播放过程中，可以通过单击“上一首”“下一首”按钮播放列表中的上一首或下一首音效；单击“停止播放”按钮可停止播放；单击“结束”按钮则可结束应用程序并结束音效播放。

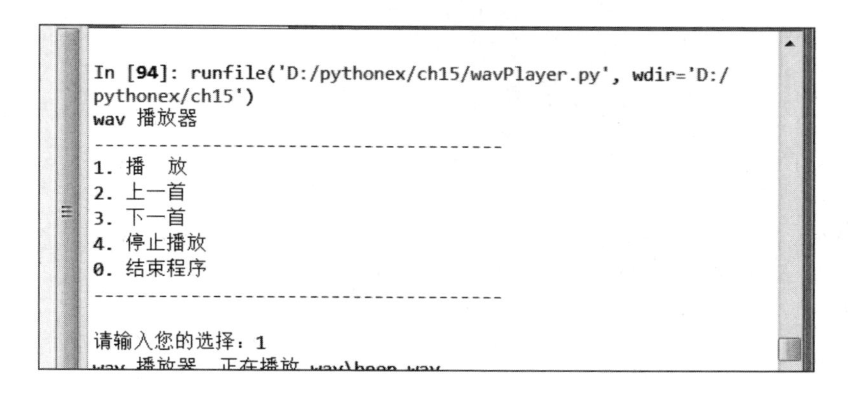

应用程序内容

程序代码：ch13\wavPlayer.py

```
...
25  ### 主程序从这里开始 ###
26
27  from pygame import mixer
28  import glob,os
29  mixer.init()
30
31  source_dir = "wav/"
32  wavfiles = glob.glob(source_dir+"*.wav")
33  index=0
34  status=""
35  sound = mixer.Sound(wavfiles[index])
36
37  while True:
38      menu(status)
39      choice = int(input("请输入您的选择："))
40      if choice==1:
41          playwav(wavfiles[index])
42      elif choice==2:
43          index +=1
44          if index==len(wavfiles):
45              index=0
46          playNewwav(wavfiles[index])
47      elif choice==3:
48          index -=1
49          if index<0:
50              index=len(wavfiles)-1
51          playNewwav(wavfiles[index])
52      elif choice==4:
53          sound.stop()
54          status="停止播放"
55      else:
56          break
57
58  sound.stop()
59  print("程序执行完毕！")
```

程式说明

■ 31 ~ 32　加载 WAV 文件到 wavfiles 清单中。

■ 35　创建 Sound 音效播放对象。

■ 40 ~ 41　输入 1，通过自定义函数 playwav() 播放音频文件。

■ 42 ~ 51　输入 2 或 3，通过函数 playNewwav() 重新加载音频文件并播放。

■ 52 ~ 54　输入 4，通过 stop() 方法停止音效播放。

程序代码：ch13\wavPlayer.py

```
1    def menu(status):
2        os.system("cls")
3        print("wav 播放器  {}".format(status))
4        print("----------------------------------------")
5        print("1. 播  放 ")
6        print("2. 上一首 ")
7        print("3. 下一首 ")
8        print("4. 停止播放 ")
9        print("0. 结束程序 ")
10       print("----------------------------------------")
11
12   def playwav(song):
13       global status,sound
14       sound = mixer.Sound(wavfiles[index])
15       sound.play(loops = 0)
16       status=" 正在播放 {}".format(wavfiles[index])
17
18   def playNewwav(song):
19       global status,sound
20       sound.stop()
21       sound = mixer.Sound(wavfiles[index])
22       sound.play(loops = 0)
23       status=" 正在播放 {}".format(wavfiles[index])
```

程序说明

■ 1 ~ 10　创建菜单。

■ 12 ~ 16　播放音频文件一次，并显示正在播放的音频文件名。

■ 18 ~ 23　停止正在播放的音效，重新加载音频文件并播放。

13.3 音乐播放

13.3.1 music 对象

music 除了可播放 OGG 和 WAV 文件外，还可以播放 MP3 文件。它比较适合播放较长的音乐，可以调整音乐播放的位置，并且可以暂停播放，其功能较Sound对象强大。

mixer 的 music 对象提供下列方法：

方法	说明
load(filename)	停止正在播放的歌曲，载入名为 filename 的歌曲
play(loops=0, start=0.0)	播放歌曲，loops 表示播放次数，默认为 0，表示播放 1 次；loops=5 可播放 6 次；loops=-1 可重复播放
stop()	结束播放
pause()	暂停播放
unpause()	用 pause() 暂停后必须使用 unpause() 来继续播放
set_volume(value)	设置音量，音量由小至大范围为 0.0 ～ 1.0
get_busy()	检查歌曲播放状态，True 为在播，Flase 为不在播

例如：播放 mario.mp3 歌曲一次。（music1.py）

```
from pygame import mixer
mixer.init()
mixer.music.load('mp3/mario.mp3')
mixer.music.play()
```

13.3.2 实战：制作 MP3 音乐播放器

在本例中，我们要利用 music 对象来制作一个 MP3 音乐播放器。

应用程序总览

从歌曲清单中选择指定的歌曲，单击“播放”按钮可开始播放，同时显示“正在播放 xxx 歌曲”的信息。

歌曲播放的过程中，可以暂停、停止，也可以调整声音大小，单击“结束”按钮则会结束应用程序并结束音乐播放。

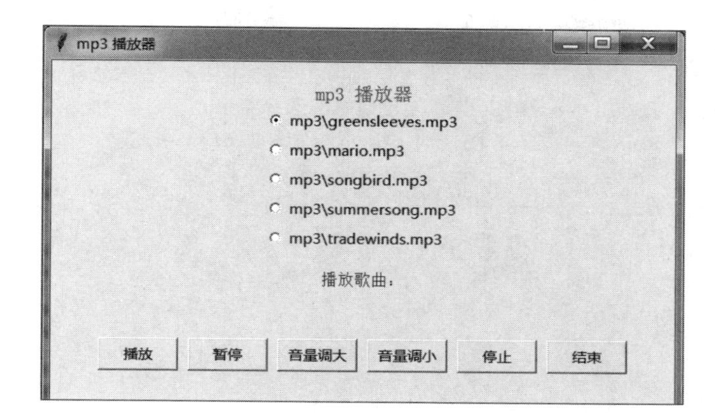

应用程序内容

程序代码：ch13\mp3Play.py

```
...
52    ### 主程序从这里开始 ###
53
54    import tkinter as tk
55    from pygame import mixer
56    import glob
57
58    mixer.init()
59    win=tk.Tk()
60    win.geometry("640x380")
61    win.title("mp3 播放器 ")
62
63    labeltitle = tk.Label(win, text="\nmp3 播放器 ",
        fg="red",font=(" 新细明体 ",12))
64    labeltitle.pack()
65
66    frame1 = tk.Frame(win)   # mp3 歌曲容器
67    frame1.pack()
68
69    source_dir = "mp3/"
70    mp3files = glob.glob(source_dir+"*.mp3")
71
72    playsong=preplaysong = ""
73    index = 0
74    volume=0.6
```

```
75    choice = tk.StringVar()
76
77    for mp3 in mp3files:   # 创建歌曲选择菜单
78        rbtem = tk.Radiobutton(frame1,text=mp3,variable=choice,
            value=mp3,command=choose)
79        if(index==0):   # 选取第 1 个按钮
80            rbtem.select()
81            playsong=preplaysong=mp3
82        rbtem.grid(row=index, column=0, sticky="w")
83        index += 1
84
85    msg = tk.StringVar()
86    msg.set("\n 播放歌曲 :")
87    label = tk.Label(win, textvariable=msg,fg="blue",font=("新细明体",10))
88    label.pack()
89    labelsep = tk.Label(win, text="\n")
90    labelsep.pack()
91
92    frame2 = tk.Frame(win)   # 按钮容器
93    frame2.pack()
94    button1 = tk.Button(frame2, text=" 播放 ", width=8,command=playmp3)
95    button1.grid(row=0, column=0, padx=5, pady=5)
96    button2 = tk.Button(frame2, text=" 暂停 ", width=8,command=pausemp3)
97    button2.grid(row=0, column=1, padx=5, pady=5)
98    button3 = tk.Button(frame2,text=" 音量调大", width=8,command=increase)
99    button3.grid(row=0, column=2, padx=5, pady=5)
100   button4 = tk.Button(frame2,text=" 音量调小", width=8,command=decrease)
101   button4.grid(row=0, column=3, padx=5, pady=5)
102   button5 = tk.Button(frame2, text=" 停止 ", width=8,command=stopmp3)
103   button5.grid(row=0, column=4, padx=5, pady=5)
104   button6 = tk.Button(frame2, text=" 结束 ", width=8,command=exitmp3)
105   button6.grid(row=0, column=5, padx=5, pady=5)
106   win.protocol("WM_DELETE_WINDOW", exitmp3)
107   win.mainloop()
```

程序说明

- 77 ～ 83　创建歌曲选择菜单。
- 85 ～ 88　创建显示播放歌曲的 label。
- 92 ～ 105　创建 6 个按钮。
- 106　单击窗口右上角的 ✕ 钮会触发 exitmp3 自定义函数，结束应用程序，并强制将音乐停止。

程序代码：ch13\mp3Play.py

```
1    def choose(): # 选曲
2        global playsong
3        msg.set("\n 播放歌曲：" + choice.get())
4        playsong=choice.get()
5
6    def pausemp3(): # 暂停
7        mixer.music.pause()
8        msg.set("\n 暂停播放 {}".format(playsong))
9
10   def increase(): # 调大音量
11       global volume
12       volume +=0.1
13       if volume>=1:
14           volume=1
15       mixer.music.set_volume(volume)
16
17   def decrease(): # 调小量小
18       global volume
19       volume -=0.1
20       if volume<=0.3:
21           volume=0.3
22       mixer.music.set_volume(volume)
23
24   def playmp3(): # 播放
25       global status,playsong,preplaysong
26       if playsong==preplaysong: # 同一首歌曲
27           if not mixer.music.get_busy():
28               mixer.music.load(playsong)
29               mixer.music.play(loops=-1)
30           else:
31               mixer.music.unpause()
32           msg.set("\n 正在播放：{}".format(playsong))
33       else: # 更换歌曲
34           playNewmp3()
35           preplaysong=playsong
36
37   def playNewmp3(): # 播放新曲
38       global playsong
39       mixer.music.stop()
40       mixer.music.load(playsong)
41       mixer.music.play(loops=-1)
```

```
42        msg.set("\n 正在播放：{}".format(playsong))
43
44    def stopmp3(): # 停止播放
45        mixer.music.stop()
46        msg.set("\n 停止播放 ")
47
48    def exitmp3(): # 结束
49        mixer.music.stop()
50        win.destroy()
```

程序说明

■ 1 ～ 4　自定义函数 choose，用于选择要播放的歌曲。

■ 6 ～ 8　自定义函数 pausemp3，用于暂停播放歌曲。

■ 10 ～ 15　自定义函数 increase，用于调大音量，音量大小设为 0.3 ～ 1.0。

■ 17 ～ 22　自定义函数 decrease，用于将音量调小。

■ 24 ～ 35　自定义函数 playmp3，用于播放歌曲。

■ 26　判断单击“播放”按钮时，是否是同一首歌曲。

■ 27　通过 mixer.music.get_busy() 来检查该歌曲是否正在播放，若是，则通过 mixer.music.unpause() 继续播放；否则加载歌曲并播放。

■ 33 ～ 35　如果不是同一首歌曲，表示用户在歌曲选择菜单中改变了歌曲，这时就要用 playNewmp3 播放新曲。

■ 37 ～ 42　自定义函数 playNewmp3 播放新的歌曲。

■ 44 ～ 46　自定义函数 stopmp3，用于停止播放。

■ 48 ～ 50　自定义函数 exitmp3，用于结束程序，强制将音乐停止并关闭窗口。

Chapter 14

实战：Pygame 游戏开发

游戏开发在软件开发领域占据了非常重要的位置。游戏开发需要用到的技术相当广泛，除了多媒体、图片、动画的处理外，程序设计更是游戏开发的核心内容。

Pygame 是为了让 Python 能够进行游戏开发而发展出来的包，通过它，Python 可以实现对音效、音乐、图片、动画的控制，可以说这是一个功能强大而完整的包。

本章我们将详细讲解 Pygame 的使用方法，并通过实例来带领读者学习其中重要的技巧，最后我们会通过一个有趣的游戏来进行综合开发，使读者可通过 Python 来快速进入游戏开发的精彩世界。

14.1 Pygame 入门

Pygame 是专门为游戏开发而推出的 Python 包，它是从 Simple Directmedia Layer（SDL）延伸而来的。SDL 与 DirectX 类似，都可通过简练的方式来实现对声音、图片或视频的控制，并大幅简化了程序代码，使游戏开发工作更为容易。

14.1.1 Pygame 的基本架构

上一章我们已安装过 Pygame 包。在开发 Pygame 程序之前，我们首先要导入 Pygame 包，语法为：

```
import pygame
```

然后对 Pygame 进行初始化（启动），语法为：

```
pygame.init()
```

接着再创建绘图窗口作为图形显示区域，语法为：

```
窗口变量 = pygame.display.set_mode(窗口尺寸)
```

例如，创建一个宽 640、高 320 的绘图窗口，并保存至 screen 变量：

```
screen = pygame.display.set_mode((640, 320))
```

绘图窗口的原点（0,0）位于左上角，坐标值向右、向下递增：

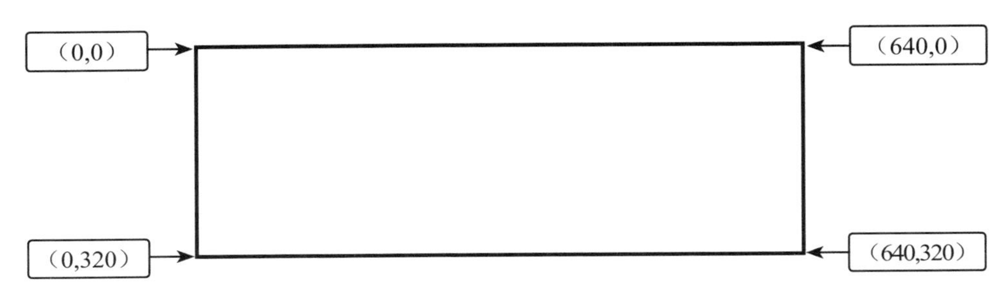

Pygame 包的 display.set_caption 方法可设置窗口标题，例如：

```
pygame.display.set_caption("这是绘图窗口标题")
```

通常情况下，图形并不是直接画在绘图窗口中，而是在绘图窗口创建一块与绘

图窗口同样大小的画布，然后将图形画在画布上。创建画布的语法为：

```
背景变量 = pygame.Surface(screen.get_size())
背景变量 = 背景变量 .convert()
```

Surface 方法可创建画布，screen.get_size() 方法可取得绘图窗口大小，因此画布会填满绘图窗口。画布变量的 convert 方法可为画布创建一个副本，加快画布在绘图窗口的显示速度。例如创建 background 画布变量：

```
background = pygame.Surface(screen.get_size())
background = background.convert()
```

画布变量的 fill 方法的功能是为画布填充指定颜色。例如设定画布为红色：

```
background.fill((255,0,0))
```

创建画布后并不会在绘图窗口中显示，需以窗口变量的 blit 方法绘制于窗口中，语法为：

```
窗口变量 .blit( 画布变量 , 绘制位置 )
```

例如，把 background 画布从绘图窗口左上角 (0,0) 开始绘制，覆盖整个窗口：

```
screen.blit(background, (0,0))
```

最后更新绘图窗口，才能显示绘制的图形，语法为：

```
pygame.display.update()
```

侦测并关闭绘图窗口

用户若想通过单击绘图窗口右上角的 ✕ 按钮来关闭绘图窗口，则需要通过一个循环来检查用户是否单击了 ✕ 按钮，程序代码为：

```
1 running = True
2 while running:
3     for event in pygame.event.get():
4         if event.type == pygame.QUIT:
5             running = False
6 pygame.quit()
```

当 running 为 True 时，会重复执行第 3 ～ 5 行代码来检查按钮事件；若用户单击了 ✕ 按钮，则会返回 pygame.QUIT，那么我们通过第 5 行代码把 running 设为 False，从而跳出循环，然后执行第 6 行代码来关闭绘图窗口。

案例：用 Pygame 创建绘图窗口

用 Pygame 创建绘图窗口，单击 按钮会关闭窗口。

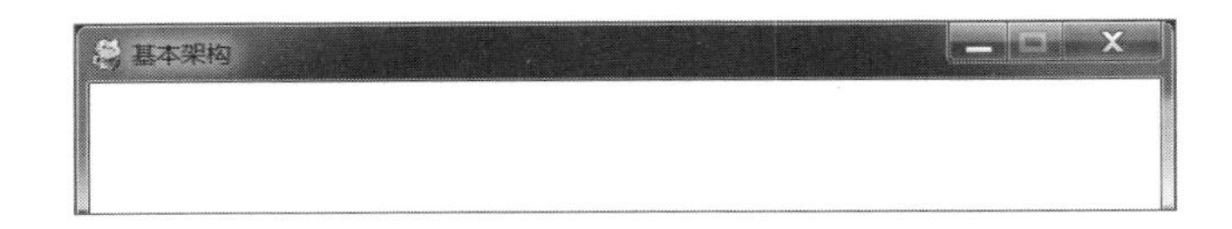

程序代码：ch14\basic.py

```
 1 import pygame
 2 pygame.init()  #Pygame 初始化
 3 screen = pygame.display.set_mode((640, 320))  # 创建绘图窗口
 4 pygame.display.set_caption("基本架构")  # 绘图窗口标题
 5 background = pygame.Surface(screen.get_size())  # 创建画布
 6 background = background.convert()
 7 background.fill((255,255,255))  # 画布为白色
 8 screen.blit(background, (0,0))  # 在绘图窗口绘制画布
 9 pygame.display.update()  # 更新绘图窗口
10 running = True
11 while running:  # 创建循环来侦测鼠标事件
12     for event in pygame.event.get():
13         if event.type == pygame.QUIT: # 如果用户单击了关闭按钮，则
14             running = False
15 pygame.quit()  # 关闭绘图窗口
```

14.1.2 基本绘图

绘制几何图形是游戏包的基本功能，很多游戏角色都是由基本图形组合而成的。

绘制矩形：pygame.draw.rect

Pygame 绘制矩形的语法为：

```
pygame.draw.rect(画布, 颜色, [x坐标, y坐标, 宽度, 高度], 线宽)
```

- 颜色：由 3 个从 0 至 255 的整数组成，如（255,0,0）为红色，（0,255,0）为绿色，（0,0,255）为蓝色。
- 线宽：若线宽大于0，则其值表示矩形线宽；等于0表示实心矩形，默认值为0。

例如，在（100,100）处绘制线宽为 2、宽 80、高 50 的红色矩形：

```
pygame.draw.rect(background, (255,0,0), [100, 100, 80, 50], 2)
```

绘制圆形：pygame.draw.circle

Pygame 绘制圆形的语法为：

```
pygame.draw.circle(画布, 颜色, (x坐标, y坐标), 半径, 线宽)
```

例如，在（100,100）处绘制半径为 50 的蓝色实心圆形：

```
pygame.draw.circle(background, (0,0,255), (100,100), 50, 0)
```

绘制椭圆形：pygame.draw.ellipse

Pygame 绘制椭圆形的语法为：

```
pygame.draw.ellipse(画布, 颜色, [x坐标, y坐标, x直径, y直径], 线宽)
```

例如，在（100,100）处绘制线宽为 5、x 直径为 120、y 直径为 70 的绿色椭圆形：

```
pygame.draw.ellipse(background, (0,255,0), [100, 100, 120, 70], 5)
```

绘制圆弧：pygame.draw.arc

Pygame 绘制圆弧的语法为：

```
pygame.draw.arc(画布,颜色,[x坐标,y坐标,x直径,y直径],起始角,结束角,线宽)
```

- 起始角及结束角：单位为弧度，以右方为 0，逆时针旋转递增角度。

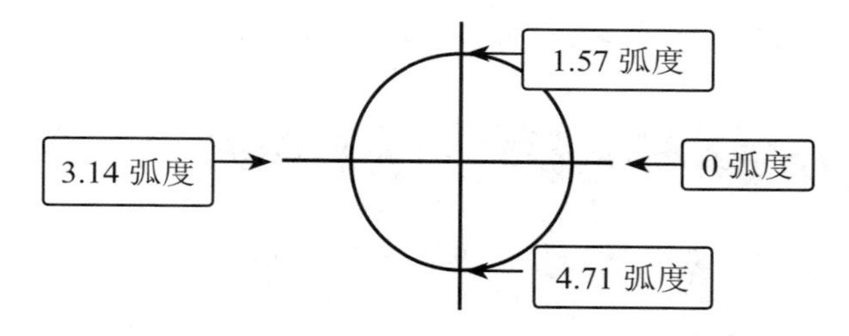

例如，在（300,150）处绘制线宽为 5、直径为 150 的红色半圆形：

```
pygame.draw.arc(background, (255,0,0), [300, 150, 150, 150],
  0, 3.14, 5)
```

绘制直线：pygame.draw.line

Pygame 绘制直线的语法为：

```
pygame.draw.line(画布,颜色,(x坐标1,y坐标1),(x坐标2,y坐标2),线宽)
```

例如，绘制线宽为 3、从（100,100）到（300,400）的紫色直线：

```
pygame.draw.line(background, (255,0,255), (100,100), (300,400), 3)
```

绘制多边形：pygame.draw.polygon

Pygame 绘制多边形的语法为：

```
pygame.draw.polygon(画布，颜色，点坐标列表， 线宽)
```

例如，绘制由（200,100）、（100,300）、（300,300）三点组成的蓝色实心三角形：

```
points = [(200,100), (100,300), (300,300)]
pygame.draw.polygon(background, (0,0,255), points, 0)
```

案例：用基本绘图绘制一个人脸

用基本绘图功能绘制人脸。

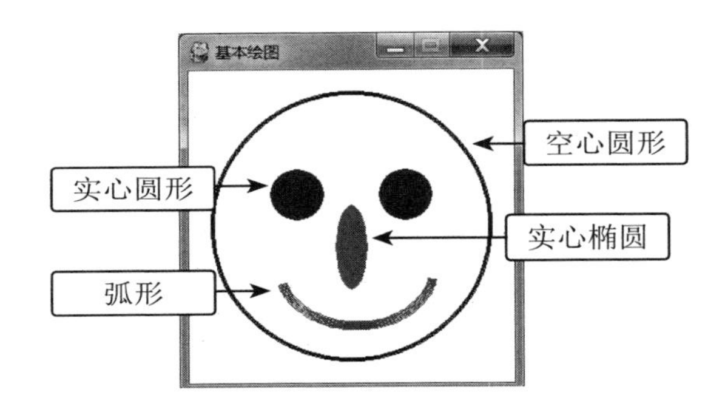

程序代码：ch14\basicplot.py

```
...
 8 pygame.draw.circle(background, (0,0,0), (150,150), 130, 4)
 9 pygame.draw.circle(background, (0,0,255), (100,120), 25, 0)
10 pygame.draw.circle(background, (0,0,255), (200,120), 25, 0)
11 pygame.draw.ellipse(background, (255,0,255),[135, 130, 30, 80], 0)
12 pygame.draw.arc(background, (255,0,0), [80, 130, 150, 120],
     3.4, 6.1, 9)
...
```

14.1.3 加载图片

使用几何绘图无法画出精细的图形，所以我们可以把现成的图片加载到 Pygame 中直接使用。加载图片的语法为：

```
图片变量 = pygame.image.load(图片文件路径)
```

图片加载后通常会用 convert 方法加以处理，以增加显示速度，语法为：

```
图片变量 .convert()
```

例如，载入 media 文件夹中的 img01.jpg 图片文件并保存至 image 变量：

```
image = pygame.image.load("media\\img01.jpg")
image.convert()
```

Pygame 可加载的图片格式有 JPG、PNG、GIF、BMP、PCX、TIF、LBM 等。如果图片经过去背景处理，Pygame 显示图片时会呈现去背景效果。

案例：显示加载的图片

加载图片并显示，右边的指南针是经过去背景效果的图片。

程序代码：ch14\loadpic.py

```
...
 7 background.fill((0,255,0))
 8 image = pygame.image.load("media\\img01.jpg")
 9 image.convert()
10 compass = pygame.image.load("media\\compass.png")
11 compass.convert()
12 background.blit(image, (20,10))
13 background.blit(compass, (400,50))
...
```

程序说明

■ 7　　设定背景为绿色，方便观察去背景效果。

■ 8 ～ 11　　载入 media 文件夹下的 img01.jpg 及 compass.png 图片。

■ 12 ~ 13　绘制两张图片，其中 compass.png 图片有去背景效果。

14.1.4 插入文本

Pygame 可用绘图的方式向图片中插入文本，这样就可将文本与图形合为一体。插入文本前需先指定文本字体，语法为：

```
字体变量 = pygame.font.SysFont( 字体名称 , 字体尺寸 )
```

■ 字体名称：如果要同时显示中文及英文，字体名称需用中文字体，常用的中文字体有 simhei（黑体）、fangsong（仿宋体）等，否则无法显示中文。

Pygame 插入文字的语法为：

```
文本变量 = 字体变量 .render( 文本 , 平滑值 , 文字颜色 , 背景颜色 )
```

■ 平滑值：布尔值。True 表示平滑文字，文字较美观但费时较多；False 表示文字可能有锯齿但费时较少。

例如，插入中文及英文文本：(<plottext.py>)

```
...
background.fill((0,255,0))  # 背景为绿色
font1 = pygame.font.SysFont("simhei", 24)
text1 = font1.render(" 显示中文 ", True, (255,0,0),
  (255,255,255))  # 中文 , 不同背景色
background.blit(text1, (20,10))
text2 = font1.render("Show english.", True,
  (0,0,255), (0,255,0))  # 英文 , 相同背景色
background.blit(text2, (20,50))
...
```

执行结果如下：

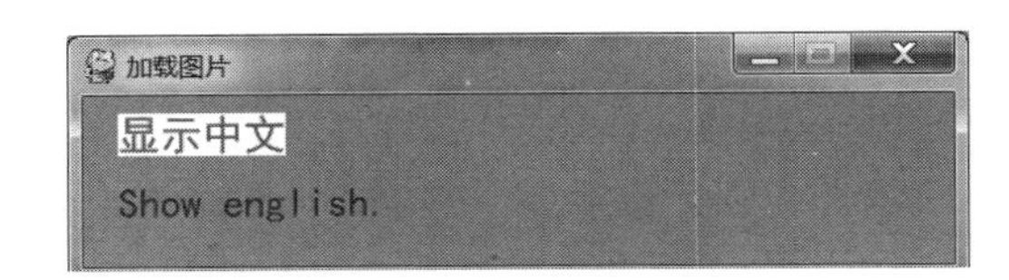

14.2 Pygame 动画——让图片动起来

动画是游戏开发中不可或缺的要素，游戏中的角色只有动起来才会拥有“生命”，但动画处理也是最让游戏开发者头痛的部分。Pygame 包通过不断重新绘制绘图窗口，

短短几行代码就可以让图片动起来！

14.2.1 动画处理程序的基本架构

在前面的 Pygame 基本绘图程序架构中，通过循环来侦测用户是否单击了按钮来关闭绘图窗口，我们把不断重新绘制绘图窗口的代码放到循环内，即可实现基本的动画功能：（basicmotion.py）

```
...
 7 background.fill((255,255,255))
 8
 9 clock = pygame.time.Clock()   # 创建时间组件
10 running = True
11 while running:
12     clock.tick(30)   # 每秒执行 30 次
13     for event in pygame.event.get():
14         if event.type == pygame.QUIT:
15             running = False
16     screen.blit(background, (0,0))   # 清除绘图窗口
17
18     pygame.display.update()   # 更新绘图窗口
19 pygame.quit()   # 关闭绘图窗口
```

第 9 行创建 clock 组件。第 12 行利用此组件的 tick 方法设定每秒重绘的次数，此处设为每秒重绘 30 次。重绘次数越多，动画越流畅，但 CPU 负担越重，如果超过负荷，程序可能引起死机。如无特殊需求，一般设为 30。

第 16 行是用 background 背景画布去覆盖绘图窗口，会将绘图窗口中所有的内容清除，让用户再重新绘制。

开发人员可把一次性的工作（如创建几何图形、加载图片、变量初始化等）代码放在第 8 行，再把移动后绘制图片的代码放在第 17 行，相当于图片一秒会移动 30 次，形成流畅的动画效果。

14.2.2 水平移动的蓝色球体

下面我们通过一个水平移动的蓝色球体的例子来学习简单的动画处理程序。

案例：蓝色球体水平移动

开始时，蓝色球体位于水平的中央位置并向右移动，碰到右边界时会反弹向左

侧，碰到左边界时再反弹回右侧。

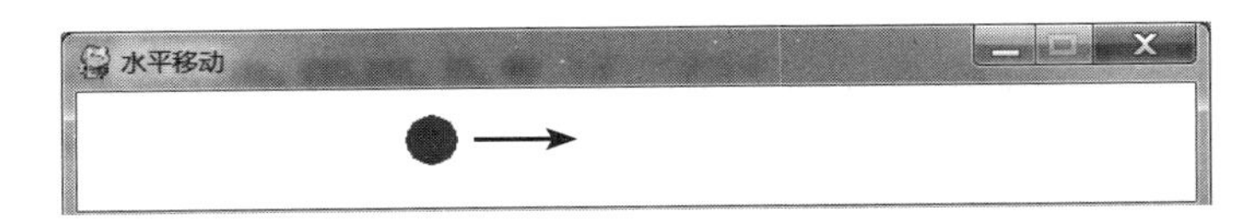

程序代码：ch16\horizontalmotion.py

```
...
 8 ball = pygame.Surface((30,30))   # 创建矩形绘图区
 9 ball.fill((255,255,255))   # 矩形区域的背景设为白色
10 pygame.draw.circle(ball, (0,0,255), (15,15), 15, 0)
                              # 画一个蓝色的球
11 rect1 = ball.get_rect()   # 取得球矩形区域
12 rect1.center = (320,45)   # 设定球的起始位置
13 x, y = rect1.topleft   # 取得球左上角的坐标
14 dx = 3   # 设定球每次移动的距离
15 clock = pygame.time.Clock()
16 running = True
17 while running:
18     clock.tick(30)   # 每秒执行 30 次
19     for event in pygame.event.get():
20         if event.type == pygame.QUIT:
21             running = False
22     screen.blit(background, (0,0))   # 清除绘图窗口
23     x += dx   # 改变水平位置
24     rect1.center = (x,y)
25     if(rect1.left <= 0 or rect1.right >= screen.get_width()): # 到达左右边界
26         dx *= -1
27     screen.blit(ball, rect1.topleft)
28     pygame.display.update()
29 pygame.quit()
```

程序说明

■ 8 ～ 14　创建球体及设置变量。

■ 8-9　创建球体的绘图区并将背景设为与 background 背景色相同（白色），否则显示的就是矩形的底色。

■ 10　绘制蓝色球体。

■ 11 ～ 12　取得球体矩形区域并设定球体起始位置。

■ 13　取得球体左上角坐标，通过 blit 方法绘图时会以此点作为球体位置。

■ 14　设定球体位移距离，数值越大，每一次移动的距离越大。

■ 2 ～ 27　改变球体位置后重新绘图并显示，刷新速度为每秒 30 次。

■ 23　改变球体水平位置：dx 为正表示向右，dx 为负表示向左。

■ 24　更新位置。

■ 25 ～ 26　球体碰到左、右边界时改变 dx 正、负号，这样就可改变移动方向。

■ 27　重新绘制球体。

14.2.3 制作一个可自由移动的蓝色球体

要想让一个球体可以向任何方向移动，需要把运动速度分解为水平速度及垂直速度，我们通过控制水平与垂直两个方向的速度就能实现自由移动了。水平及垂直速度可用三角函数取得，计算方式如下图：

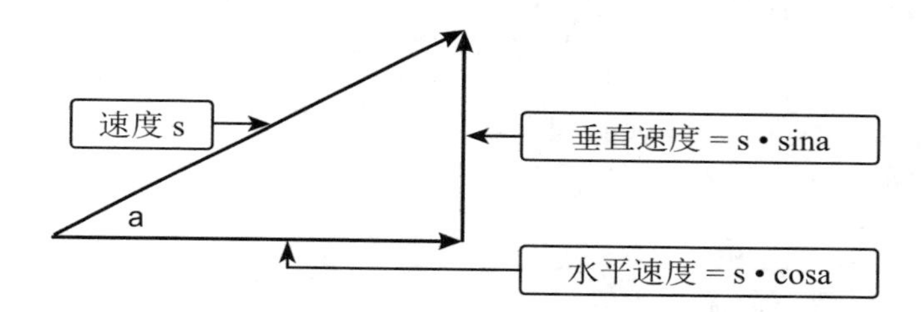

设定移动方向与水平线的夹角 a，可通过 cos、sin 函数来求得水平与垂直速度。

案例：蓝色球体自由移动

开始时蓝色球体以随机角度向右上方移动，撞到边缘后会反弹并继续移动。

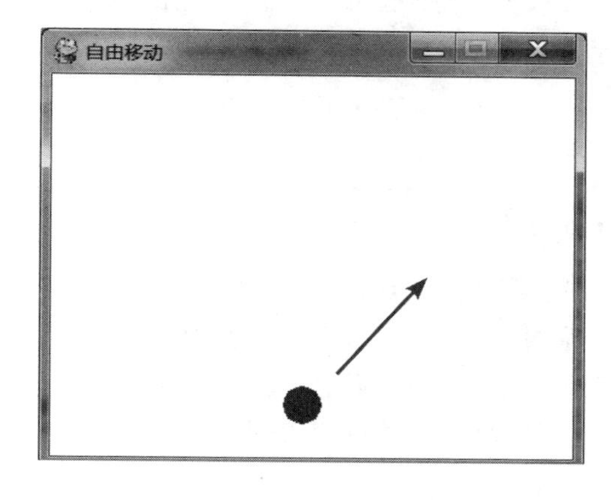

程序代码：ch16\freemotion.py

```
...
14 direction = random.randint(20,70)  # 起始角度
15 radian = math.radians(direction)  # 换算为弧度
16 dx = 5 * math.cos(radian)  # 球水平运动速度
17 dy = -5 * math.sin(radian)  # 球垂直运动速度
...
25      screen.blit(background, (0,0))  # 清除绘图窗口
26      x += dx  # 改变水平位置
27      y += dy  # 改变垂直位置
28      rect1.center = (x,y)
29      if(rect1.left <= 0 or rect1.right >=
            screen.get_width()): # 到达左右边界
30          dx *= -1  # 水平速度变符号
31      elif(rect1.top <= 5 or rect1.bottom >=
            screen.get_height()-5): # 到达上下边界
32          dy *= -1  # 垂直速度变符号
33      screen.blit(ball, rect1.topleft)
34      pygame.display.update()
35 pygame.quit()
```

程序说明

- ■ 1 ～ 13　创建一个蓝色球体。
- ■ 14　用随机数设定起始角度，这样每次执行程序球的运动路径才会不同。
- ■ 15　三角函数的参数单位是弧度，本行代码将角度转换为弧度。
- ■ 16 ～ 17　计算水平、垂直速度，因为向右上方移动，所以垂直速度为负值。
- ■ 26 ～ 27　同时改变水平及垂直位移，就会让球在指定方向移动。
- ■ 29 ～ 30　撞到左、右边界就将改变水平速度符号。
- ■ 31 ～ 32　撞到上、下边界就将改变垂直速度符号。

14.2.4 角色类 (Sprite)

Pygame 游戏中有许多组件会重复用到，比如射击宇宙飞船的游戏中，外星宇宙飞船可能多达数十艘，通过创建“角色类”，可以生成多个相同的对象。

Pygame 角色类是游戏设计者最喜爱的功能，它不但能复制多个对象，还能进行动画绘制、碰撞侦测等。创建角色类的基本语法为：

```
class 角色名称 (pygame.sprite.Sprite):
    属性 1 = 值 1
    属性 2 = 值 2
    ...
    def __init__(self, 参数 1, 参数 2, ...):
        pygame.sprite.Sprite.__init__(self)
        程序代码
```

属性 1，属性 2，……是可选项，通常作为类别中不同函数的共享变量。

init 为类的构造函数，类中只有包含了这个函数，创建对象时才会执行此函数，且仅执行一次。此函数通常用于创建图形、加载图片、初始化变量等。

类中可根据需要编写特定功能的函数，如绘制动画，然后就可以在对象中调用。

用角色类创建的角色对象不能直接在画布中显示，需要先加入角色组后才能显示。创建角色组的语法为：

```
角色组名 = pygame.sprite.Group()
```

用角色组的 add 方法可把角色对象加入角色组，语法为：

```
角色组名 .add( 角色对象 )
```

角色组中可包含多个角色对象。通过角色组的 draw 方法可把组内全部角色对象绘制到画布上，语法为：

```
角色组名 .draw( 画布 )
```

现在我们以上例的自由移动球体为例，来讲解创建球体角色类的过程。

案例：通过角色类生成自由移动的球体

红色球及蓝色球角色可独立自由移动，碰到边界后反弹。

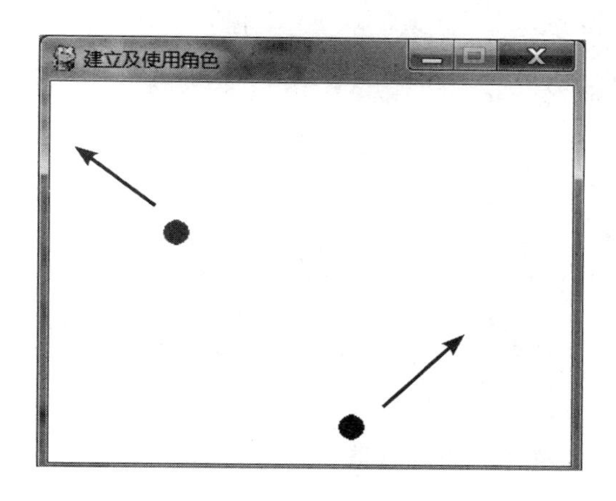

程序代码：ch16\sprite.py

```
1 import pygame, random, math
2
3 class Ball(pygame.sprite.Sprite):
4     dx = 0   #x 位移量
5     dy = 0   #y 位移量
6     x = 0  # 球 x 坐标
7     y = 0  # 球 y 坐标
8
9     def __init__(self, speed, srx, sry, radium, color):
10        pygame.sprite.Sprite.__init__(self)
11        self.x = srx
12        self.y = sry
13        self.image = pygame.Surface([radium*2,
              radium*2]) # 创建球的背景区
14        self.image.fill((255,255,255))    # 球的背景区设为白色
15        pygame.draw.circle(self.image, color,
             (radium,radium), radium, 0) # 画实心圆
16        self.rect = self.image.get_rect()   # 取得球体区域
17        self.rect.center = (srx,sry)   # 把坐标
            (sry,sry) 设为球体区域的中心点
18        direction = random.randint
            (20,70)   # 从随机数得到一个初始角度
19        radian = math.radians(direction)   # 把角度转为弧度
20        self.dx = speed * math.cos(radian)   # 球水平运动速度
21        self.dy = -speed * math.sin(radian)   # 球垂直运动速度
22
23    def update(self):
24        self.x += self.dx   # 计算球体新的 x 坐标
25        self.y += self.dy    # 计算球体新的 y 坐标
26        self.rect.x = self.x   # 设置球体移动后的新的 x 坐标
27        self.rect.y = self.y   # 设置球体移动后的新的 y 坐标
28        if(self.rect.left <= 0 or self.rect.right >=
                screen.get_width()):   # 到达左右边界
29            self.dx *= -1   # 水平速度变符号
30        elif(self.rect.top <= 5 or self.rect.bottom >=
                screen.get_height()-5):   # 到达上下边界
31            self.dy *= -1   # 垂直速度变符号
```

程序说明

■ 3　　创建名为 Ball 的角色类。

■ 4 ～ 7　dx、dy 位移量及球的 x、y 坐标在 update 函数也要用，故设为属性。

■ 9　参数 speed 为球的移动速度，srx、sry 为球体初始位置，radium 为球的半径，color 为球的颜色。

■ 11 ～ 12　把 x、y 的初值设为 srx、sry 的值，即球体初始位置。

■ 13 ～ 17　设定球体的背景区并在背景区上画实心圆作为球体。

■ 18 ～ 21　通过随机数取得初始移动角度并计算水平、垂直方向的移动速度。

■ 23 ～ 31　自定义函数 update 实现球体的移动。

■ 24 ～ 27　计算球体新位置并在新位置显示球体。

■ 18 ～ 31　碰到边界反弹。

程序代码：ch16\sprite.py（续）

```
...
40 allsprite = pygame.sprite.Group()   # 创建角色组
41 ball1 = Ball(8, 100, 100, 20, 20, (0,0,255))   # 创建蓝色球对象
42 allsprite.add(ball1)   # 把蓝色球加入角色組
43 ball2 = Ball(6, 200, 250, 20, 20, (255,0,0))   # 创建红色球对象
44 allsprite.add(ball2)   # 把红色球加入角色組
...
52       screen.blit(background, (0,0))   # 清除绘图窗口
53       ball1.update()   # 对象更新
54       ball2.update()
55       allsprite.draw(screen)
56       pygame.display.update()
57 pygame.quit()
```

程序说明

■ 40　创建角色组变量 allsprite。

■ 41 ～ 44　创建两个球体（蓝色及红色）并加入角色组。

■ 53 ～ 54　每秒执行球体移动函数（update 函数）30 次。

■ 55　绘制所有球体角色（蓝色及红色球体）。

14.2.5 碰撞侦测

角色对象提供了多个碰撞侦测的方法，以便实现对角色对象的碰撞做不同形式的侦测，常用的碰撞侦测方法有以下两种：

角色对象与角色对象的碰撞

侦测两个角色对象的碰撞一般使用 collide_rect 方法，语法为：

```
侦测变量 = pygame.sprite.collide_rect(角色对象 1, 角色对象 2)
```

侦测变量：布尔值。True 表示两角色对象发生碰撞，False 表示没有碰撞。

角色对象与角色组的碰撞

侦测一个角色对象与角色组的碰撞一般使用 spritecollide 方法，语法为：

```
侦测变量 = pygame.sprite.spritecollide(角色对象 , 角色组 , 移除值 )
```

- 侦测变量：返回在角色组中发生碰撞的角色对象的列表，由列表长度可知是否发生碰撞：列表长度为 0 表示未发生碰撞，大于 0 表示发生碰撞。
- 移除值：布尔值。True 表示会把发生碰撞的角色对象从角色组中移除，False 表示不从角色组中移除。

下面我们通过上例创建的球体角色来讲解两个角色对象的碰撞侦测，角色对象与角色组碰撞的侦测在 14.3 节的“俄罗斯方块游戏”中进行讲解。

案例：球体对象碰撞

红色及蓝色球体角色会独立自由移动，碰到边界会反弹，发生撞时也会反弹。

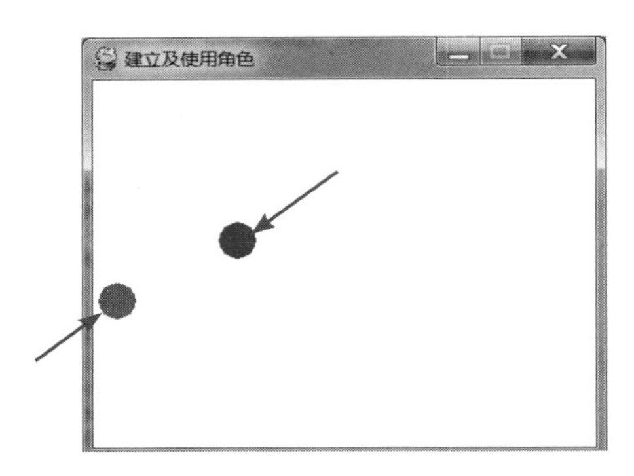

在 Ball 角色类中新增 collidebounce 函数，作为发生碰撞时的处理代码。

程序代码：ch16\collide.py

```
 1 import pygame, random, math
 2
 3 class Ball(pygame.sprite.Sprite):
...
33      def collidebounce(self):
```

```
34            self.dx *= -1
```

程序说明

■ 33 ～ 34　球体碰撞后改变水平速度符号（运动方向反向）。

无穷循环中加入侦测碰撞程序代码。

程序代码：ch16\collide.py（续）

```
...
55        ball1.update()    # 对象刷新
56        ball2.update()
57        allsprite.draw(screen)
58        result = pygame.sprite.collide_rect(ball1, ball2)
59        if result == True:
60            ball1.collidebounce()
61            ball2.collidebounce()
62        pygame.display.update()
63 pygame.quit()
```

程序说明

■ 58　进行两球体对象碰撞侦测。

■ 59　返回值为 True 表示发生碰撞，那就就执行 60 ～ 61 行。

■ 60 ～ 61　两球体都反弹。

14.2.6 检测键盘事件

用户可通过键盘输入来操控游戏中角色的运动，取得键盘事件的方法有以下两种：

pygame.KEYDOWN、pygame.KEYUP 事件

当用户按下按键时，触发 pygame.KEYDOWN 事件；放开按键时，触发 pygame.KEYUP 事件，其语法为：

```
for event in pygame.event.get():
  if event.type == 键盘事件：
    if event.key == pygame.键盘常数：
      处理代码
```

■ 键盘事件：pygame.KEYDOWN 或 pygame.KEYUP。

■ 键盘常数：每个按键对应一个键盘常数，如键 0 对应的键盘常数为 K_0。

pygame.key.get_pressed 事件

pygame.key.get_pressed 会返回当前所有键状态的列表，若指定键的值为 True，则表示该键被按下，语法为：

```
按键变量 = pygame.key.get_pressed()
if 按键变量 [pygame. 键盘常数 ]:
   处理代码
```

常用的按键与键盘常数对应表：

按键	键盘常数	按键	键盘常数
0 到 9	K_0 到 K_9	上箭头	K_UP
a 到 z	K_a 到 K_z	下箭头	K_DOWN
F1 到 F12	K_F1 到 K_F12	右箭头	K_RIGHT
空格	K_SPACE	左箭头	K_LEFT
Enter	K_RETURN	Esc	K_ESCAPE
Tab	K_TAB	退格	K_BACKSPACE
+	K_PLUS	-	K_MINUS
Insert	K_INSERT	Home	K_HOME
End	K_END	Caps Lock	K_CAPSLOCK
右方 Shift	K_RSHIFT	PgUp	K_PAGEUP
左方 Shift	K_LSHIFT	PgDn	K_PAGEDOWN
右方 Ctrl	K_RCTRL	右方 Alt	K_RALT
左方 Ctrl	K_LCTRL	左方 Alt	K_LALT

案例：用键盘控制球体移动

按下右箭头键，蓝色小球会向右移动；按住右箭头键不放，球体会快速向右移动，若到达边界则停止移动；按左箭头键，蓝色小球会向左移动，到达边界则停止。

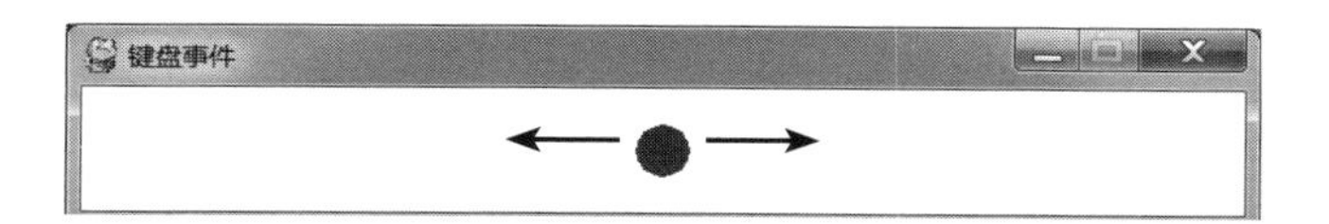

程序代码：ch16\keyevent.py

```
……略
22      keys = pygame.key.get_pressed()  # 取得所有按键的状态
23      if keys[pygame.K_RIGHT] and rect1.right <
            screen.get_width():  # 如果按键是右箭头且未到达右边界
24          rect1.centerx += dx  # 则向右移动
25      elif keys[pygame.K_LEFT] and rect1.left > 0:
            # 按下左键且未达左边界
26          rect1.centerx -= dx  # 向左移动
27      screen.blit(background, (0,0))  # 清除绘图窗口
28      screen.blit(ball, rect1.topleft)
29      pygame.display.update()
30 pygame.quit()
```

程序说明

■ 22　取得所有按键状态。

■ 23 ～ 24　如果按的是右箭头且球尚未到达右边界，则球向右移动。

■ 25 ～ 26　如果按的是左箭头且球尚未到达左边界，则球向左移动。

14.2.7 鼠标事件

游戏中的角色除了可用键盘来操作外，还可以用鼠标来操作。鼠标事件包括鼠标按键事件及鼠标移动事件两大类。

鼠标按钮事件

pygame.mouse.get_pressed 返回鼠标按键状态的列表，若指定按键的值为 True，则表示该按键被按下，语法为：

```
按键变量 = pygame.mouse.get_pressed()
if 按键变量 [ 按键索引 ]:
   处理代码
```

■ 按键索引：0 表示按下鼠标左键，1 表示按下鼠标滚轮，2 表示按下鼠标右键。

鼠标移动事件

pygame.mouse.get_pos 返回当前鼠标位置的坐标列表，语法为：

```
位置变量 = pygame.mouse.get_pos()
```

■ 位置变量：列表第一个元素为 x 坐标，第二个元素为 y 坐标。

案例：让蓝色球体随鼠标移动

开始时蓝色球不会移动，单击或按下鼠标左键后，移动鼠标则球会跟着鼠标移动；按鼠标右键后，球不会跟着鼠标移动。

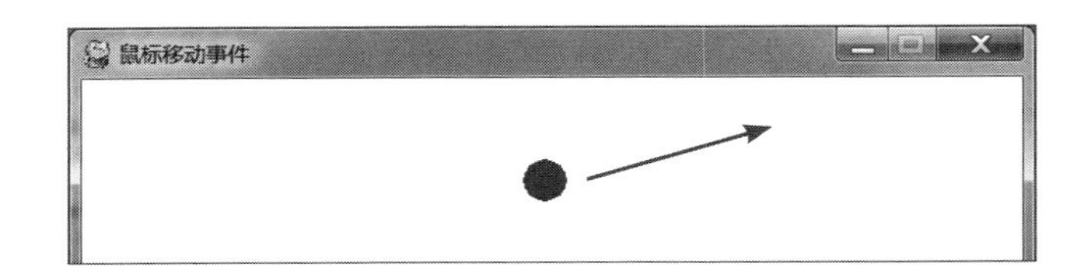

程序代码：ch16\mouseevent.py

```
...
16 playing = False   # 开始时球不能移动
17 while running:
18     clock.tick(30)  # 每秒执行 30 次
19     for event in pygame.event.get():
20         if event.type == pygame.QUIT:
21             running = False
22     buttons = pygame.mouse.get_pressed()
23     if buttons[0]:  # 按下左键后，移动鼠标则球可移动
24         playing = True
25     elif buttons[2]:  # 按下右键后球不能移动
26         playing = False
27     if playing == True:  # 如果按下的是鼠标左键可移动状态
28         mouses = pygame.mouse.get_pos()  # 取得鼠标坐标
29         rect1.centerx = mouses[0]  # 移动鼠标
30         rect1.centery = mouses[1]
……略
```

程序说明

- 16　playing 作为球的移动标识：True 表示可移动，False 表示不可移动。
- 22　获取鼠标状态列表。
- 23 ～ 24　如果按下的是鼠标左键，把 playing 设为 True，表示球体可移动。
- 25 ～ 26　如果按下的是鼠标右键，把 playing 设为 False，表示球体不能移动。
- 27 ～ 30　若 playing 值为 True，就取鼠标的坐标，并把球移到鼠标位置。

14.3 实战：俄罗斯方块游戏

多年前，游戏机中最流行的游戏就是“俄罗斯方块”了。时至今日，虽然网络游戏日新月异，但“俄罗斯方块”这款小游戏仍在许多人心中占有一席之地。本例中，我们将亲手设计一个简单的俄罗斯方块游戏。

14.3.1 应用程序总览

开始时游戏窗口的下方会显示“单击鼠标左键开始游戏”的提示信息，用户单击左键后显示游戏画面。用户移动鼠标控制滑板，滑板只能左右移动，其位置与鼠标的 x 坐标相同；共有 60 个方块，被球撞到的方块会消失，同时分数会增加，球撞到方块及滑板会发出不同声音。

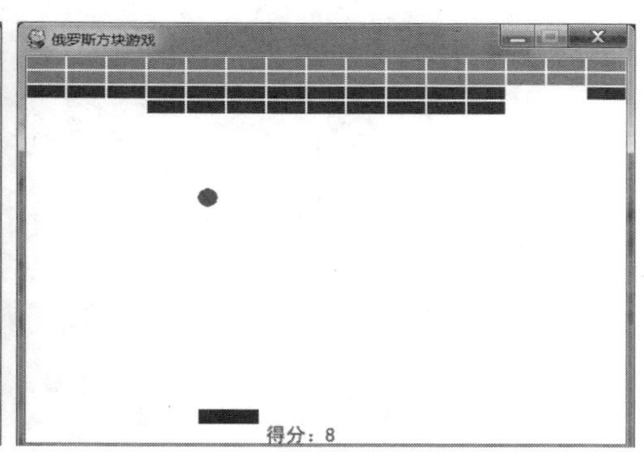

如果球体碰到下边界就表示球体已出界，显示“失败，再接再厉！”的信息并结束游戏；若全部方块都消失则显示“恭喜，挑战成功！”的信息并结束游戏。

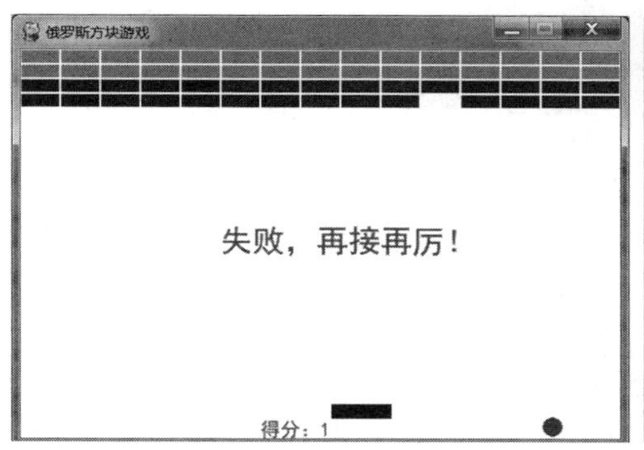

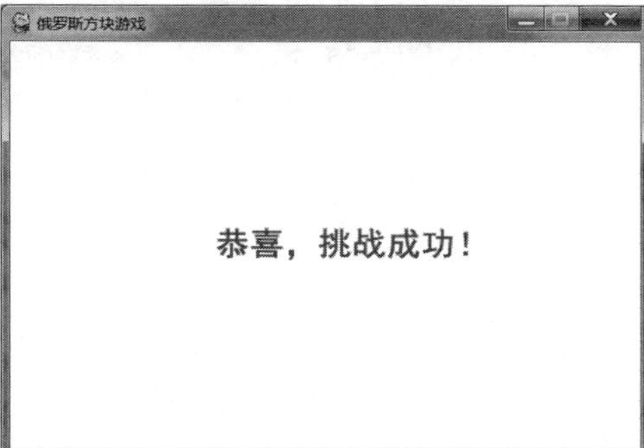

14.3.2 球体、方块、滑板的角色类

本游戏主角是球体、方块及滑板，都设计为角色类。首先是球体角色，与前面章节所讲的球体角色类似：

程序代码：ch16\brickgame.py

```
1 import pygame, random, math, time
2
3 class Ball(pygame.sprite.Sprite):  # 球体角色
4     dx = 0   #x 位移量
5     dy = 0   #y 位移量
6     x = 0   # 球 x 坐标
7     y = 0   # 球 y 坐标
8     direction = 0  # 球移动方向
9     speed = 0   # 球移动速度
10
11     def __init__(self, sp, srx, sry,
       radium, color):  # 对象初始化方法
12         pygame.sprite.Sprite.__init__(self)
13         self.speed = sp     # 初始速度
14         self.x = srx       # 初始位置 x 坐标
15         self.y = sry    ## 初始位置 y 坐标
16         self.image = pygame.Surface([radium*2,
             radium*2]) # 绘制球体背景区域
17         self.image.fill((255,255,255))  # 设背景区域为白色（与窗口
              背景同色）
18         pygame.draw.circle(self.image, color,
            (radium,radium), radium, 0)  #背景上画实心圆
19         self.rect = self.image.get_rect()  # 取得球体背景区域
20         self.rect.center = (srx,sry)  # 以初始位置作为背景区域的
              中心点
21         self.direction = random.
             randint(40,70)  # 用随机值设置初始运动角度
22
23     def update(self):  # 球体移动方法
24         radian = math.radians(self.direction)  #把移动角度转为弧度
25         self.dx = self.speed * math.cos(radian)  # 水平速度（单次
             水平位移量）
26         self.dy = -self.speed * math.sin(radian)
             # 垂直速度（单次垂直位移量）
27         self.x += self.dx  # 计算移动后新的 x 坐标
```

```
28            self.y += self.dy   # 计算移动后新的 y 坐标
29            self.rect.x = self.x   # 把新的 x 坐标作为球体背景区域的 x 坐标
30            self.rect.y = self.y    # 把新的 y 坐标作为球体背景区域的 y 坐标
31            if(self.rect.left <= 0 or self.rect.right >=
                  screen.get_width()-10):   # 如果到达左右边界
32                self.bouncelr()    # 则调用左右边界方法进行边界碰撞处理
33            elif(self.rect.top <= 10):   # 如果到达上边界
34                self.rect.top = 10   # 设定背景顶边坐标为 10
35                self.bounceup()
36            if(self.rect.bottom >= screen.get_height()-10):
                  # 到达下边界出界
37                return True
38            else:
39                return False
40
41        def bounceup(self):   # 上边界反弹
42            self.direction = 360 - self.direction
43
44        def bouncelr(self):   # 左右边界反弹
45            self.direction = (180 - self.direction) % 360
```

代码说明

■ 11 ～ 21　创建球体，设定球体背景初始位置，随机设定起始移动方向。

■ 23 ～ 39　定义球体移动方法。

■ 24 ～ 26　根据移动方向计算水平及垂直速度（实际上计算出单次位移量）。

■ 27 ～ 30　计算球体新坐标并移到新位置。

■ 31 ～ 32　球体碰到左、右边界时进行反弹。

■ 33 ～ 35　球体碰到上边界时进行反弹：在碰到上边界时通过第 34 行代码将其 y 坐标设为 10，这样可以避免连续碰撞上边界。

■ 36 ～ 39　若球体碰到下边界，返回 True 表示球出界；否则返回 False，表示球未出界。

■ 41 ～ 42　球体碰到上边界时的反弹处理函数：反弹角度 =360- 原来角度。例如下图中原来角度为 30°，则反弹后的角度为 330°。

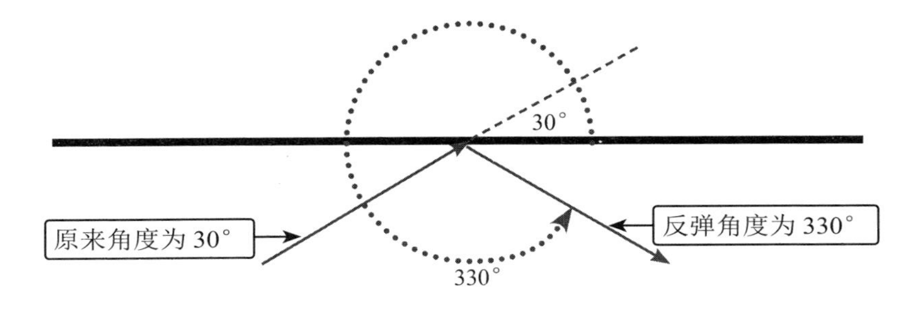

■ 44 ～ 45　球体碰到左、右边界时的反弹处理函数：反弹角度 =180- 原来角度。因为反弹角度可能得到负值，所以通过除以 360 取余的方法将其转化为正数。例如下图中运动角度为 30°，反弹角度为 150°。

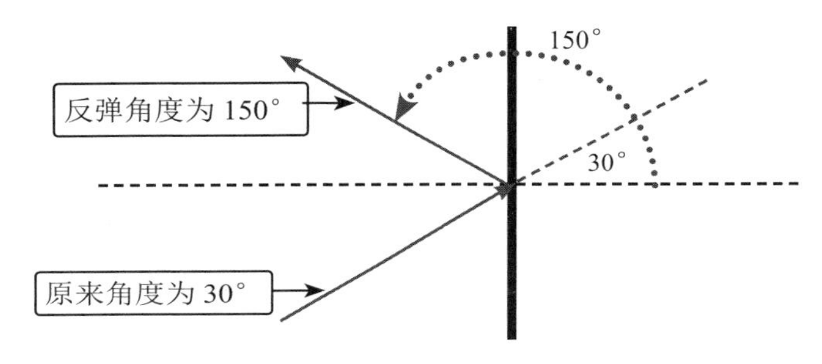

方块及滑板类的程序代码为：

程序代码：ch16\brickgame.py（续）

```
47 class Brick(pygame.sprite.Sprite):  # 方块角色
48     def _init_(self, color, x, y):
49         pygame.sprite.Sprite._init_(self)
50         self.image = pygame.Surface([38, 13])  # 方块 38×13
51         self.image.fill(color)
52         self.rect = self.image.get_rect()
53         self.rect.x = x
54         self.rect.y = y
55 
56 class Pad(pygame.sprite.Sprite):  # 滑板角色
57     def _init_(self):
58         pygame.sprite.Sprite._init_(self)
59         self.image = pygame.image.load("media\\pad.png") # 滑板图片
60         self.image.convert()
61         self.rect = self.image.get_rect()
62         self.rect.x = int((screen.get_width() -
```

```
                self.rect.width)/2) #滑板位置
63          self.rect.y = screen.get_height() -
                self.rect.height - 20
64
65      def update(self):   #滑板位置随鼠标移动
66          pos = pygame.mouse.get_pos()   #取得鼠标坐标
67          self.rect.x = pos[0]   #鼠标 x 坐标
68          if self.rect.x > screen.get_width() -
                self.rect.width:   #不要移出右边界
69              self.rect.x = screen.get_width() - self.rect.width
```

代码说明

- ■ 47 ~ 54　方块角色类：创建方块图形并设定初始位置，参数 color 为方块颜色，x、y 为方块初始位置。
- ■ 56 ~ 69　滑板角色类。
- ■ 59　使用 pad.png 图片作为滑板图形。
- ■ 65 ~ 69　自定义滑板随鼠标移动而移动的方法：滑板的 y 坐标不变，故只需在第 67 行设定 x 坐标即可。

14.3.3 自定义方法及主程序

自定义 gameover 方法，实现在球出界或全部方块消失的情况下结束程序的功能。

程序代码：ch16\brickgame.py（续）

```
71 def gameover(message):   #结束程序
72     global running
73     text = font1.render(message, 1, (255,0,255))   #显示信息
74     screen.blit(text, (screen.get_width()/2-100,screen.get_height()/2-20))
75     pygame.display.update()   #更新画面
76     time.sleep(3)   #暂停 3 秒
77     running = False   #结束程序
```

- ■ 71　参数 message 用于传递所需显示的信息。
- ■ 72 及 77　设定主程序 running 为 False 可结束程序，所以需要声明为全局变量。
- ■ 73 ~ 74　显示提示信息。
- ■ 75　更新画面后提示信息才会显示。
- ■ 76　等 3 秒钟再结束程序。

主程序创建各种角色及初值设定。

程序代码：ch16\brickgame.py（续）

```
79 pygame.init()
80 score = 0  # 得分
81 font = pygame.font.SysFont("SimHei", 20)   # 提示信息的字体
82 font1 = pygame.font.SysFont("SimHei", 32)  # 结束程序信息的字体
83 soundhit = pygame.mixer.Sound("media\\hit.wav")  # 接到方块音效
84 soundpad = pygame.mixer.Sound("media\\pad.wav")  # 接到滑板音效
85 screen = pygame.display.set_mode((600, 400))
86 pygame.display.set_caption(" 俄罗斯方块游戏 ")
87 background = pygame.Surface(screen.get_size())
88 background = background.convert()
89 background.fill((255,255,255))
90 allsprite = pygame.sprite.Group()   # 创建全部角色组
91 bricks = pygame.sprite.Group()   # 创建方块角色组
92 ball = Ball(10, 300, 350, 10, (255,0,0))  # 创建红色球对象
93 allsprite.add(ball)  # 加入全部角色组
94 pad = Pad()  # 创建滑板球对象
95 allsprite.add(pad)  # 加入全部角色组
96 clock = pygame.time.Clock()
97 for row in range(0, 4):  #3 行方块
98     for column in range(0, 15):  # 每行 15 方块
99         if row == 0 or row == 1:  #1,2 行为绿色方块
100            brick = Brick((0,255,0), column * 40 + 1, row * 15 + 1)
101         if row == 2 or row == 3:  #3,4 行为蓝色方块
102            brick = Brick((0,0,255), column * 40 + 1, row * 15 + 1)
103         bricks.add(brick)  # 加入方块角色组
104         allsprite.add(brick)  # 加入全部角色组
105 msgstr = "单击鼠标左键开始游戏! "  # 开始信息
106 playing = False  # 开始时球不会移动
107 running = True
```

■ 80　初始化 score 变量，用于记录得分，每打到一个方块得 1 分。

■ 81 ～ 82　设定两种不同的字号以显示不同的提示信息。

■ 83 ～ 84　载入碰撞方块及滑板的声音文件。

■ 90 ～ 91　创建两个角色组，一个保存全部角色，另一个保存方块角色。

■ 92 ～ 95　分别创建球体角色及滑板角色，并加入全部角色组。

■ 97 ～ 102　创建 4 行 15 列的方块：长宽为 38×13，第 100 行和第 102 行代码设定方块的位置为 40×15，留 2 像素作为方块间隔。

■ 103 ～ 104 方块要同时加入全部角色组及方块角色组。全部角色组用于绘制图形，方块角色组用于侦测与球体的碰撞。

■ 105 设定程序开始时显示的信息。

■ 106 设定程序开始时球体不会移动。

主程序（无限循环动画）代码。

程序代码：ch16\brickgame.py（续）

```
108 while running:
109     clock.tick(30)
110     for event in pygame.event.get():
111         if event.type == pygame.QUIT:
112             running = False
113     buttons = pygame.mouse.get_pressed()  # 获取鼠标按键状态
114     if buttons[0]:  # 单击鼠标左键后球可移动
115         playing = True
116     if playing == True:  # 游戏进行中
117         screen.blit(background, (0,0))  # 清除绘图窗口
118         fail = ball.update()  # 移动球体
119         if fail:  # 球出界
120             gameover("失败，再接再厉！")
121         pad.update()  # 更新滑板位置
122         hitbrick = pygame.sprite.spritecollide(ball,
               bricks, True)  # 检查球和方块碰撞
123         if len(hitbrick) > 0:  # 球和方块发生碰撞
124             score += len(hitbrick)  # 计算分数
125             soundhit.play()  # 球撞方块声
126             ball.rect.y += 20  # 球向下移
127             ball.bounceup()  # 球反弹
128             if len(bricks) == 0:  # 所有方块消失
129                 gameover("恭喜，挑战成功！")
130         hitpad = pygame.sprite.collide_rect(ball,
               pad)  # 检查球和滑板碰撞
131         if hitpad:  # 球和滑板发生碰撞
132             soundpad.play()  # 球撞滑板声
133             ball.bounceup()  # 球反弹
134         allsprite.draw(screen)  # 绘制所有角色
135         msgstr = "得分：" + str(score)
136     msg = font.render(msgstr, 1, (255,0,255))
137     screen.blit(msg, (screen.get_width()/2-60,
          screen.get_height()-20))  # 显示提示信息
```

```
138        pygame.display.update()
139 pygame.quit()
```

- 113 ～ 115 检查鼠标按键，若用户单击了左键就将 playing 设为 True，表示开始游戏。
- 116 ～ 135 当 playing 为 True 时，开始执行 117 ～ 135 行代码，游戏开始进行。
- 118 ～ 120 球体通过 update 方法移动后，检查球体是否出界，若返回 True 表示出界，则结束程序并显示失败信息。
- 121 滑板通过 update 函数随鼠标移动。
- 122 检查球体与方块组是否碰撞：注意第 3 个参数要设为 True，这样在发生碰撞后被撞的方块才能被移除（同时从方块角色组及全部角色组移除）。
- 123 hitbrick 会返回被撞方块列表，len(hitbrick) 表示被撞方块数量，若大于 0 表示发生碰撞。
- 124 ～ 125 计算分数及播放声音。
- 126 球撞到方块后常会再连续撞旁边方块，将球下移避免此现象。
- 127 球撞到方块后反弹。
- 128 ～ 129 若全部方块都消失，就结束程序并显示成功信息。
- 130 检查球体与滑板是否碰撞。
- 131 ～ 133 若球体与滑板发生碰撞，就播放声音并将球反弹。
- 134 重绘所有角色。
- 135 若游戏进行中就把提示信息设为所得分数。
- 136 ～ 137 在屏幕下方显示信息。

把 Python 打包成可执行文件

要想在没有安装 Python 集成环境的电脑上运行开发的 Python 程序，必须把 Python 文件打包成 .exe 格式的可执行文件。

Python 的打包工作 PyInstaller 提供了两种把 .py 文件包成 .exe 文件的方式：

第一种方式是把由 .py 文件打包而成的 .exe 文件及相关文件放在一个目录中。这种方式是默认方式，称为 onedir 方式。

第二种方式是加上 -F 参数后把制作出的 .exe 打包成一个独立的 .exe 格式的可执行文件，称为 onefile 方法。

15.1 打包前的准备

15.1.1 安装 PyInstaller

用 PyInstaller 工具可把 Python 程序打包成可执行文件，PyInstaller 工具在使用之前首先要进行安装，安装方法如下：

```
pip install https://github.com/pyinstaller/pyinstaller/archive/develop.zip
```

注意：我们在用以上的 pip install pyinstaller 方法首次进行安装时并未安装成功。经分析是由于电脑自身的杀毒软件引起的，杀毒软件误认为其中的某些安装文件是病毒，从而阻止安装。出现这种情况时，关闭杀毒软件再进行安装即可。另外注意，本版本的 PyInstaller 并不支持 3.x 版本的 Python，所以选择在 Python 2.7 版本的虚拟环境下安装。

我们还可以通过以下命令进行安装，这个命令更简单，但会自动连接与上相同的资源：

```
pip install pyinstaller
```

15.1.2 PyInstaller 使用方法

PyInstaller 有两种制作 exe 文件的方法。

onedir 方法

第一种方法是把生成的所有文件都放在同一个目录下，这是默认的方式，称为 onedir。语法为：

```
pyinstaller 应用程序
```

例如：

```
pyinstaller Hello.py
```

onefile 方法

第二种方法是加上 -F 参数，把生成的所有文件打包成一个独立的 .exe 可执行文件，称为 onefile 方法，语法为：

```
pyinstaller -F 应用程序
```

例如：

```
pyinstaller -F Hello.py
```

15.2 制作 .exe 可执行文件

我们先以 <ch15\Hello\Hello.py> 这个较简单的程序为例进行操作。程序内容如下：

程序代码：ch15\Hello\Hello.py

```
print("Hello Python")
a=input(" 请按任意键结束！")
```

15.2.1 以 onedir 方式制作 .exe 可执行文件

首先打开 Anaconda Prompt 窗口，切换到 Hello.py 应用程序所在的目录，然后用 pyinstaller Hello.py 命令把 Hello.py 程序打包成 onedir 方式的 .exe 文件。

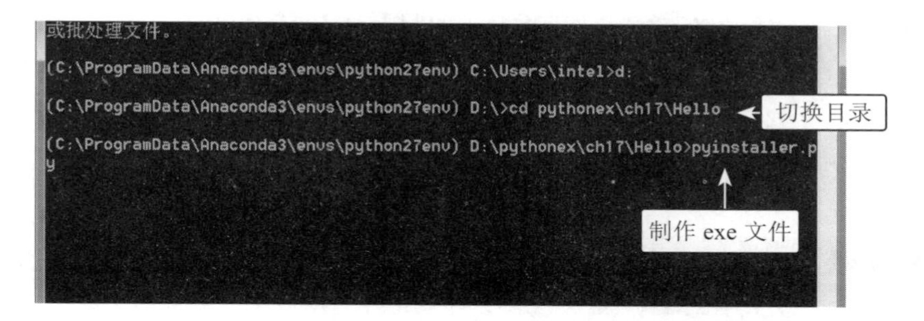

打包完成后，在 Hello.py 所在的目录下生成了 Hello.spec 文件和 build、dist 两个子目录。其中 dist 子目录中又创建了 Hello 子目录，Hello 子目录中生成了许多文件，其中就有一个名为 Hello.exe 的文件，我们只要把整个 Hello 目录复制到其他计算机中，就可以在其他计算机上执行这个 Hello.exe 文件。

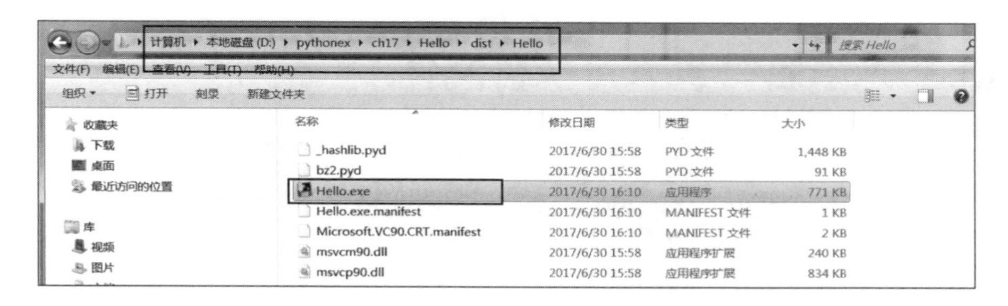

15.2.2 实际制作 onefile 式的 .exe 文件

现在我们通过下列程序来学习 onfile 式的打包方法。程序内容如下：

程序代码：ch15\Hello2\Hello2.py

```
print("Hello Python")
a=input("请按任意键结束！")
```

打开 Anaconda Prompt 窗口，切换到 Hello2.py 文件夹，然后用 pyinstaller-F Hello2.p 把 Hello2.py 程序打包成 onefile 式的 exe 可执行文件。

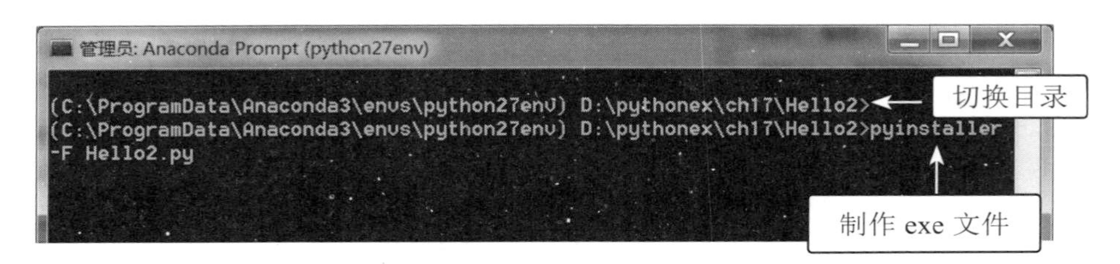

完成之后，会在 Hello2.py 程序所在的目录下生成 Hello2.spec 文件和 build、dist 两个子目录，其中 dist 子目录中只建立了一个 Hello2.exe 可执行文件，因为 pyinstaller 已将所有相关的包都包含在了 Hello2.exe 文件中，所以我们只要把 Hello2.exe 文件复制到其他计算机上就可以运行了。

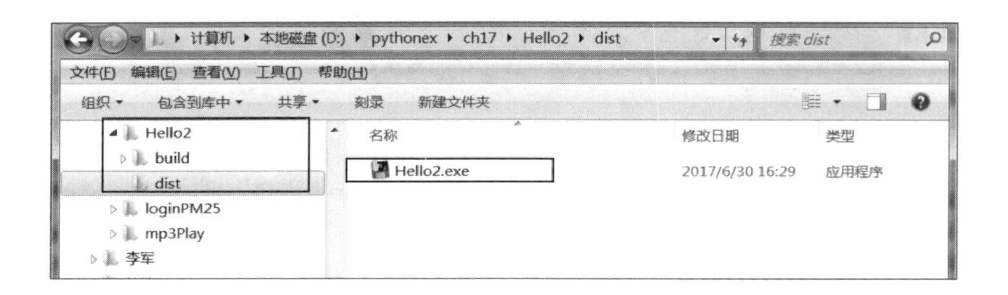

15.3 把项目打包为可执行文件

在实际应用上，一般的 Python 程序不会这么简单，可能还包含很多包或是相关的资源文件，如图片、声音，甚至用 selenium 执行 webdriver 时，还必须用到 ChromeDriver.exe 建立 Google Chrome 浏览器等复杂情况。

以 onefile 方式打包 mp3player 声音播放程序

首先用 ch15\mp3player 文件夹中的 mp3player.py 为例（从光盘的第 ch13 章下的 mp3player.py 文件和 mp3 声音文件复制而来）。这个程序中包含了 tkinter、pygame 和 glob 包，同时还需要 mp3 的文件。

程序代码：ch15\mp3player\mp3player.py

```
...
52  ### 主程序从这里开始 ###
53
54  import tkinter as tk
55  from pygame import mixer
56  import glob
57
58  mixer.init()
59  win=tk.Tk()
60  win.geometry("640x380")
61  win.title("mp3 播放器 ")
...
69  source_dir = "mp3/"
70  mp3files = glob.glob(source_dir+"*.mp3")
```

打开 Anaconda Prompt 窗口，切换到 mp3player.py 所在的目录，然后用 pyinstaller -F mp3player.py 把 mp3player.py 程序打包成 onefile 式的 exe 可执行文件。这个程序较复杂，编译需要几分钟，一定要有耐心。

完成之后，会在 mp3player.py 目录下生成 mp3Player.spec 文件和 build、dist 两个子目录，生成的 mp3player.exe 可执行文件就位于 dist 子目录下。但这时 mp3player.exe 并不能正常播放 MP3 文件，因为它找不到 MP3 文件，我们需要把 mp3player.py 目录下的 mp3 目录全部复制到 mp3player.exe 文件所在的目录中才可以（注：如果在 Python 2.7 虚拟环境下打包不成功，是由于该案例中的所有包都是在原来的 Python 3.x 环境下安装导入的，只有在 Python 2.7 虚拟环境下重新安装以前安装过的包，或者重新生成 Python 2.7 虚拟环境，才可以进行打包成功）。

现在您就可以直接双击执行 mp3player.exe 文件了。你一定会很惊讶，这么复杂的程序，pyinstaller 竟然办到了，而且除了 MP3 歌曲文件，其他相关的包都包含在了 mp3player.exe 可执行文件中。记得在其他计算机中执行时，必须复制 dist 整个目录，包括 MP3 的歌曲文件也必须复制。当然可以使用不同的 MP3 文件来播放不同的歌曲，也可以把 dist 名称改为较有意义的名称，如 MyMp3Player。

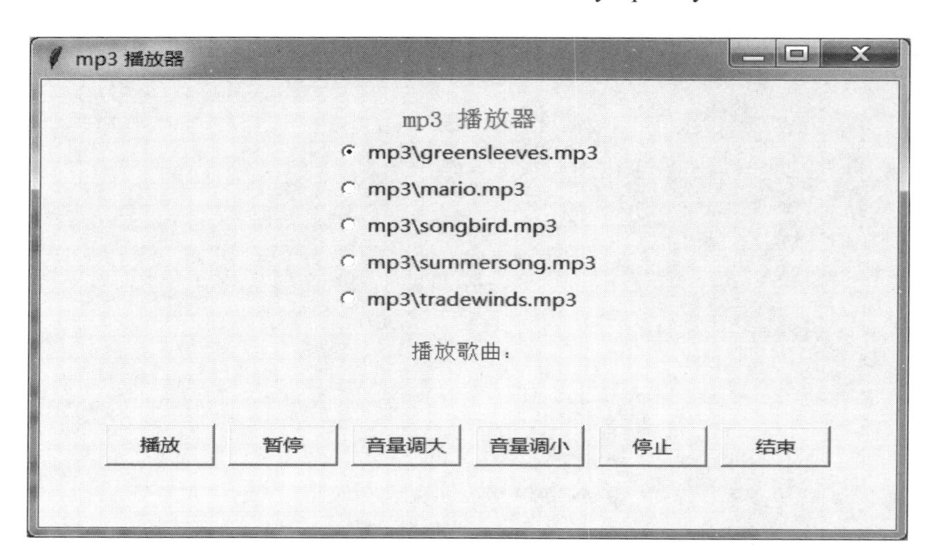